KB008885

가장 큰 걱정 :

먹고
늙는 것의
과학

류형돈 지음

과학자가 대중을 상대로 글을 쓰기란 쉽지 않다. 쉽게 쓰려다 자칫 과장되어 오해를 일으키지 않을까 전전긍긍하고, 정확한 내용을 전하려다 전문용어에 의지하면 어려운 내용이 돼버리니 이 또한 난감하다. 노화 연구에 전념하면서 세계적인 전문가들과 많은 교류를 통해 생생하게 경험하고 깨달은 바를 논리적이면서도 위트 있게 전달한 이 책은 정확성과 흥미라는 두 마리 토끼를 잡는데 성공했다. 무병장수를 꿈꾸는 독자라면 소식, 원시인, 생식, 진화론, 인슐린, 성장 호르몬, 미토콘드리아, 줄기세포 등 저자가 명쾌한 설명과 함께 귀띔해주는 단어들에 주목하기 바란다.

강봉균 · 서울대학교 생명과학부 교수

류형돈 교수는 이 책에서 생명체가 나이를 먹고 늙어가는 과정, 그리고 영양섭취와 노화의 속도가 어떤 관계에 있는가라는 궁극적 질문에 대한 과학자들의 노력과 대답을 매우 흥미롭고 이해하기 쉽게 설명했다. 과학적 지식뿐 아니라 역사와 문화 등 다양한 분야를 넘나들며 제시한 풍부한 사례를 통해 '건강히 오래 살고 싶은' 사람들의 과학적 호기심을 충족시키고 실생활에서 활용할 수 있는 조언도 건넸다.

곽준명 · **DGIST 뉴바이올로지학과 교수, 전 학장**

인류의 평균수명은 20세기에 30년 가량 늘었고, 21세기 인간의 한계수명은 최소 120세에서 최대 150세까지로 전망된다. 세계에서 가장 빠르게 고령화사회로 진입하고 있는 대한민국에서 우리의 관심사는 당연히 노화일 수밖에 없다. 노화를 연구하는 과학자들의 이야기를 일반인들이 이해하기 쉽게 풀어쓴 이 책을 읽고 나면 노화와 관련된 과학적 지식이 풍성해질 것이다. "얼마나 오래 살 것인가"가 아닌 "얼마나 건강하게 오래 살 것인가"에 관심이 많은 독자들에게 일독을 권한다.

민경진 · 인하대학교 생명과학과 교수

이 책은 주제인 노화와 영양분 섭취의 배경이 되는 식량혁명과 노화 과학의 발전을 흥미롭고 적절하게 설명하고 노화 연구 현장에 참여하는 과학자들의 활동을 생생하게 소개한다. 역사적 배경과 현대의 여러 이슈들을 연결한 쉬운 설명 덕분에 과학적 지식뿐 아니라 인문학적인 통찰도 제공한다. 100세 시대를 앞둔 현대인들의 가장 큰 관심이자 걱정인 건강하게 늙어가는 방법에 대한 해답을 주는 이 책을 생명과학을 공부하는 학생은 물론 노화에 관한 지식과 이해를 넓히고자 하는 독자들에게 적극 권한다.

강민지 · 울산대학교 의과대학 교수

프롤로그

3부 노인성 질병과 치료제

프롤로그

인생에서 가장 큰 걱정거리는 무엇일까? 젊은 시절엔 사랑, 중년이 되어서는 돈, 그다음은 건강과 죽음일 것이다. 노화 현상에 대해서는 중년을 지나며 자연스럽게 관심을 갖게 될 텐데 이 문제를 젊어서부터 걱정하는 사람은 드물다. 나도 그랬다. 사랑과 더불어 과학뿐 아니라 인문사회과학에도 관심이 많아 진로에 대한 고민이 많았던 기억이 있다. 여러 생각 끝에 나는 생화학이라는 학문을 공부해 보기로 했다. 그리고 미국에서 박사과정을 밟던 중에 우연한 기회로 노화에 관심을 갖게 되었다.

내가 컬럼비아대학에 박사과정을 밟을 당시 신시아 케년(Cynthia Kenyon) 박사가 세미나 연사로 왔다. 그는 유전자가 노화의 속도에 영향을 미칠 수 있다는 것을 일찍이 과학적으로 보여줬던 노화 연구 분야의 선구자였다. 당시는 연구 초창기라 강연 시간 한 시간을 채울 정도로 내용이 충분하지 않았다. 그래서인지 첫 50분가량은 그가 왜 노화를 결정할 유전자가 있을 거라고 생각했는지 연구배경을 설명했다. 그리고 마지막 10분 정도만 새로 발견한 데이터를 보여주며 결과를 설명했다. 돌연변이를 발견했는데 그것이 정상적인 개체보다 수명이 두 배로 늘었다는 이야기였다. 그 돌연변이가 인슐린이라는 호르몬 작용을 막는다는 얘기도 포함됐다. 인슐린이라는 것이 영양분을 많이 섭취하면 나오는 호르몬이니 먹는 문제와 늙는 문제가 서로 연관이 있다는 것을 암시하는 결과였다. 옆자리 학생은 내용에 비해 세미나가 너무 길다고 불평했지만 나는 조금 다르게 봤다. 인슐린, 영양분 그리고 노화 현상이 얼마나 강력하게 사람들의 관심을 끌었으면 이렇게 많은 사람들이 여기에 왔을까? 이 간단한 발표 내용만으로 케넌 교수는 마흔이 갓 넘은 젊은 나이에도 불구하고 이미 과학계의 스타가 돼 있었다. 그 당시 내 나이가 서른이 채 안 되었으니 스스로 늙는 것에 대해 걱정해 본 적이 없던 시절이다. 하지만 영양분과 노화에 대한 과학적인 호기심은 이 때를 계기로 시작되었다.

영양분과 노화의 관계에 대한 연구를 내가 본격적으로 시작한 것은 뉴욕대학교에 부임한 후 얼마 지나지 않아 2008년부터 엘리슨 의학재단(Ellison Medical Foundation)의 지원을 받으면서부터였다. 재단의 지원을 받은 4년 동안 가장 인상적이었던 경험은 매년 여름 매사추세츠 코드곶(Cape Cod)의 우즈 홀(Woods Hole)이라는 휴양지에서 참석했던 노화 연구 심포지엄이었다. 나는 이곳에서 생명체의 노화 현상에 대한 과학적 기초를 배웠다.

나와 같이 노화 관련 연구를 갓 시작한 사람부터, 수십 년간 이 분야를 이끌어온 과학자들까지 한자리에 모여 심포지엄을 하고, 저녁에는 뉴잉글랜드의 정취가 물씬 풍기는 여름 바닷가에서 칵테일 파티와 식사를 하며 서로 친목을 다지는 시간을 가졌다. 바다 위 밤하늘에 별이 어찌나 많이 보이던지! 거기서 만난 여러 과학자들과 여전히 친분을 유지하면서 그중 몇 명과는 공동 연구를 계속하고 있다.

2008년 처음 학회에 참석했을 때, 초파리를 이용해서 노화 및 수명을 연구하는 학자와 나누었던 대화가 지금도 인상깊다.

> "노화속도를 늦추면 퇴행성 질환도 더 천천히 진행되는지 궁금합니다. 노화를 늦추는 돌연변이 초파리가 있다고 하는데, 얻어다 주실 수 있으세요?"

라는 내 질문에 대한 그의 반응이 의외였다. 그 학자가 주변을 여기저기 살피고 나서 했던 말이 아직도 뇌리에 생생하다.

> "노화를 늦춘다는 돌연변이가 꽤 많은데, 어떤 것들이 믿을 만하고, 어떤 것들이 문제 있는 논문인지 알기가 힘들어요. 실험을 대충 하고서, 잘못된 결론을 논문으로 내는 사람들이 많거든요. 만약 노화를 늦추고 싶다면 초파리에 먹이는 영양분을 줄이세요. 특히 단백질 섭취를요. 이 방법은 모두가 인정하는, 노화를 늦추고

수명을 늘리는 방법입니다. 초파리뿐만 아니라, 생쥐,
원숭이 모두, 적게 먹이면 오래 삽니다. 다 입증된
방법이에요. 사람도 마찬가지일 거예요."

이 대화를 하면서 영양분이 세포에 어떤 영향을 미치는지
관심이 생겨났다. 세포가 영양분이 많은지 적은지 어떻게
알아차리는가? 그리고 영양분이 부족하면 세포에 무슨 신호가
가며, 유전자 발현이 어떻게 바뀌는가? 조금씩 생겨나는
아이디어를 바탕으로 가설을 세우고 실험을 진행했다.
이 주제로 처음 낸 논문이 현재 울산의과대학교 교수로
재직 중인 강민지 박사와 함께 어떻게 세포가 단백질 섭취가
부족한지 감지하고 그에 대비하는지 세포와 유전자 차원에서
확인한 연구다. 이 연구에서 단백질 섭취를 줄이면 초파리의
수명이 연장되고, 단백질이 부족하다는 신호를 전달하는
특정 기작을 막으면 적게 먹은 초파리들이 더 이상 오래 살지
못한다는 것을 발견했다.[1] 이 주제의 연구 결과를 축적하면서
학회에 참여하는 동안 노화에 대한 관심이 넓어지는 것을
느낄 수 있었다. 같은 분야 전문가들뿐 아니라 다른 분야
전문가들도 다양한 반응을 보였다.

A박사　　　"적게 먹으면 오래 산다고들 하는데, 배고프면서
　　　　　오래 살기는 싫어요. 더 쉽게 오래 사는 방법은 없나요?"

B 박사 "아, 발표 참 재미있게 들었습니다. 우리 할아버지 생각이 나네요. 노년에는 일본에서 정종을 빚으면서 여생을 보내셨는데, 나중에는 섭취한 음식이라고는 손수 빚으신 정종밖에 없었어요. 그래서 장수하셨나 봐요. 그것도 행복하게."

C 박사 "발표 재미있었어요. 나도 지난 10년간 식사량을 확 줄였더니 몸이 더 건강해졌어요. 처음에는 바쁘다고 점심을 거르기 시작하다가, 이제는 아예 아침까지 걸러요. 그래서 이 나이까지 아직 왕성한 활동을 하는 것 같아요."

먹는 문제와 노화 현상에 대한 사람들의 관심이 높다 보니 이 주제들을 다룬 신문 기사, 방송 그리고 책들이 무수히 많다. 이 책을 통해 내가 새로 공헌할 수 있는 바는 무엇일까? 현장에서 직접 연구하는 생명과학자의 입장에서 나는 영양분과 노화에 얽힌 과학을 설명하고, 이것이 사회와 역사에 어떠한 영향을 미쳤는지 서술하고자 한다. 과학적 사실을 단순히 나열한 지루한 책이 되지 않도록 최신 과학 지식뿐 아니라 20세기 들어 식량 부족 문제를 타계한 과학적 발전이 어떻게 이루어졌는지 등 지난 수백 년간 과학이 사회와 역사의 발전에 어떻게 기여했는지를 함께 다루었다. 그래서 이 책의 초반부는 인문학 내지는 역사책으로 느껴질 수도 있을 것이다.

책 중반부에서는 우리 몸이 노화하는 이유를 과학적으로

상세히 설명했다. 식량이 풍족해진 이 시대에 지나친 영양분 섭취가 어떻게 노화의 속도에 영향을 미치는지도 짚어 봤다. 그리고 책 후반부에는 노년에 우리를 위협하는 심혈관계 질환, 치매, 암과 이를 치료하기 위한 과학자들의 노력을 소개했다.

그리고 마지막 장에서는 우리가 어떻게 더 건강한 생활습관을 실행에 옮길 수 있을지에 관한 내 개인적인 의견을 덧붙였다. 생명과학자로서 이 분야에서 중요한 발견을 한 과학자들의 삶에 얽힌 드라마, 그리고 유전학, 분자생물학 그리고 생화학에 얽힌 재미있는 일화를 가능한 한 많이 포함하고자 했다.

더 많은 독자들의 이해를 돕기 위해 고등학교 과학 교과과정에서 다루는 내용을 우리의 실생활과 연결해 내용을 구성했다. 필수 교육과정에서 화학과 생물학의 기본 개념을 배우지만, 졸업 후에 잘 연결이 되지 않는 것에 평소 안타까운 마음을 가지고 있었다. 이 책을 통해 학교에서 배우는 내용이 우리 삶과 밀접한 관계를 갖고 있다는 것을 보여주고 싶었다. 가령, 인류의 역사에서 대부분 굶주린 상태로 살아오면서 그 환경에 맞추어 우리가 진화해 왔다는 이야기를 하면서 진화론과 유전자, DNA와 단백질 등의 개념들을 가급적 쉽게 설명했다.

2016년 『불멸의 꿈』을 출판하면서 이 주제에 대해 처음 글을 썼을 때 관심을 가져 주신 독자들이 여러 경로로 격려와 피드백을 주셨다. 많은 강연 요청을 받았고, 그중에는 유튜브에 올라가 참으로 많은 분들이 애청해 주신 강연도 있다. 그러는 사이 책을 통해 얘기하고 싶었던 내용도 더욱 정제되었고, 이 분야의 연구도 많은 진전을 이루었다. 자연스럽게 새 책을 낼 시점이 된 것이다. 이 책이 나이가 들어가는 독자분들에게는 노화와 수명에 관한 여러 과학적 원리를 쉽게 이해하는 데 도움이 됐으면 한다. 그리고 과학과 사회, 역사에 대해 두루 관심이 많은 독자들에게는 과학과 사회의 발전이 얼마나 밀접한 관계가 있는지 재미있게 설명하는 책이 되는 것이 나의 자그마한 목표다.

배부른
이야기

1970년 이전까지 널리 쓰이던 말 중에 '보릿고개'라는 단어가 있다. 가을에 수확한 쌀이 동나고 이른 봄에 보리가 미처 무르익지 않아 먹을 것이 없어 굶주리던 기간을 지칭하던 말이다. 보릿고개가 사라진 이후 태어난 내 또래들은 그 이전 세대로부터 "너희가 보릿고개의 고통을 알긴 알아?" 하는 호통을 무수히도 들으며 자랐다. 세월이 지나며 세상이 더 풍족해지면서 '보릿고개'라는 말도 점차 사라졌다.

현대 인류가 출현한 시기는 10~20만 년 전으로 추산하고 있다. 보릿고개 이후 우리가 배고픔을 잊은 것은 50년 정도이니, 전체 역사의 99.9% 이상을 굶주림의 고통을 겪으며 살았다. 1부에서는 이 같은 빈곤이 20세기 초까지 세계인 모두가 겪는 문제였다는 것을 고증하고자 한다. 어떻게 우리가 굶주림을 갑자기 퇴치했는지 고등학교에서 배우는 생물 및 화학 개념을 기반으로 살펴보겠다.

풍족한 식량의 혜택을 받는 우리는 이제 전에 없던 새로운 문제와 씨름한다. 과도한 영양분 섭취에서 비롯되는 건강문제이다. 99.9% 이상의 인류 역사에서 먹을 것이 부족했으니 우리의 DNA는 그 척박했던 환경에 최적화되어 있다. 그런 우리 몸이 아무 대처 없이 전에 없던 영양분을 섭취하면 우리의 기대수명이 심각하게 줄어들 수 있다. 1부에서는 최신 과학적 발견, 통계자료, 그리고 일화들을 인용해 이 현상을 설명하고자 한다.

제 1 부

1

장수 마을 이야기

이탈리아 반도 서쪽 지중해 해상에 사르데냐라는 섬이 있다. 본토와의 거리가 꽤 되는 이곳은 농사 외에 특별히 발달한 산업은 없다. 관광객도 많지 않다. 이 섬에 있는 산골 마을인 펠다스데포구(Perdasdefogu)는 해발 600미터 고지에 위치하고 있어 다른 지역보다 더 낙후된 곳인데, 2012년 경사스러운 일이 생겼다. 이 마을에 사는 멜리스(Melis) 가족의 아홉 남매의 나이를 합산한 결과 825세로 최고 신기록을 세우며 기네스북에 올랐다. 농사 외에 특별한 경제수단이 없던 마을 입구에는 이제 공기 좋고 물 맑은 곳을 찾는 관광객을 유치하겠다는 기대가 서린 기네스북 등재를 자랑하는 표지판도 세워졌다.

기네스북 등재 이후 장수의 비밀을 알아보겠다는 사람들의 발걸음이 이어졌다. 그중에는 작가와 기자들도 있었다. 2013년 7월 17일자 〈뉴욕타임스〉 기사[2]는 클라우디나 멜리스(Claudina Melis)라는 할머니가 100세 생일을 맞아 마을 성당에서 특별 미사를 열었다는 내용으로 시작한다. 한 가족에서 100세 이상 장수하는 사람이 한 명 나오기도 힘든데, 멜리스 가족은 달랐다. 기자가 미사 참석을 준비하는 클라우디나의 언니인 105세의 콘솔라타(Consolata)에게 사진 하나 찍겠다며 안경을 벗고 포즈를 취해 달라고 했다. 그러자 이분이 웃으며 하는 말이 걸작이었다.

"사진 잘 나오면 남자 친구 새로 사귈 수 있는 거야?"

당시에 아직도 직접 식사를 조리해서 먹는다고 했던 콘솔라타 할머니는 아직 어린 90대 남동생들은 채소밭을 일구며 생활을 한다고 덧붙였다. 그녀의 손자인 스테파노 라이(당시 27세)가 기자와 이야기를 이어갔다. 친척들이 무척 오래 사는데 본인은 어떤 생각이 드느냐는 질문이었다.

"우리 할머니처럼 몸과 정신 건강을 유지할 수 있다면 당연히 저도 105세까지 살고 싶어요."

댄 뷰트너(Dan Buettner)는 사르데냐를 장수 지역으로 널리 알린 작가이다. 장수 마을로 알려진 곳들 중에는 근거 없는 뜬소문에 불과한 경우가 많다. 전 세계 오지를 탐험하며 장수 마을을 취재하는 그는 소문의 진위를 인구학자들과 검증하고 마을 사람들을 심층 인터뷰하는 방식으로 〈내셔널 지오그래픽(National Geographic)〉에 기고하고 장수 마을에 대한 책도 썼다.

그가 취재하는 방식은 이렇다. 장수 노인이 많다는

마을에 대한 소문을 들으면 뷰트너는 우선 그의 동업자인 미셸 풀랑(Michel Poulain)이라는 인구통계학자와 함께 마을을 방문한다. 그리고 마을 관공서에서 주민들의 출생 및 사망 기록(유럽의 경우 마을 교회에 수백 년 동안 기록된 아기의 세례식 기록, 장례식 기록) 등을 조사한다. 옛 사람들의 출생과 사망 기록을 확인할 수 있는 이 기록들을 활용해 평균수명을 계산할 수 있다. 이런 방식으로 뷰트너가 처음 찾아낸 장수 마을 — 그는 '블루존(Blue Zone)'이라고 표현한다 — 이 이탈리아 사르데냐 섬이다.

뷰트너와 풀랑이 중점적으로 보는 수치는 100세 이상 장수하는 노인의 비율이다. 미국 통계에 의하면 100세 이상 노인의 비율은 전체 인구의 5,000분의 1이라고 하는데, 사르데냐 섬의 일부 마을은 장수 노인 숫자가 14배나 많다고 한다. 이와 같은 연구 결과는 2004년 풀랑이 논문으로 공식 발표했고, 글재주가 있는 뷰트너가 수많은 기사와 책을 펴내 이를 소개하면서 일반인들에게 널리 알려지게 되었다.

뷰트너는 그의 책 『블루존(Blue Zone)』[3]에서 사르데냐 외에도 일본 오키나와를 대표적인 장수 지역으로 소개한다. 두 지역이 낙도이며 대개 가난한 농사꾼들이 사는 곳이라는 것은 우연의 일치일까? 일본에 장수하는 사람이 많다고 알려져 있지만, 일본 열도의 인구를 조사해 보면 수도 동경 주위 그리고 홋카이도 등 북쪽 지방에는 100세 이상인 이들의 수가 특별히 높지는 않다. 반면 서남쪽으로 갈수록 100세 이상 노인의 비율이 증가한다고 한다. 뷰트너가 풀랑과 함께 인구조사를 했던 2010년 이전 데이터에 의하면 일본 최남단 오키나와가 일본의 다른 어느 곳보다도 검증된 100세 이상 장수 노인이 많다는 것으로 집계됐다. 풍족하게 잘살아야 잘 먹고 몸에 신경을 쓸 여유도 생기기에 건강하게 오래 살 것이라고 흔히들 생각하기 쉽지만, 오키나와나 사르데냐는 결코 잘사는 지역이 아니다.

오키나와는 19세기 말까지 독립된 류큐 왕국으로 존재하다가 1879년에 일본에 합병된 섬들로 구성된 지역이다. 우리나라와는 달리 제2차 세계대전 후에도 독립하지 못하고 일본의 일부가 되었지만, 아직도 오키나와 고유 언어를 쓰는 사람들이 있을 정도로 짙은 지역적 색채를 가지고 있다. 이 지역에 사는 100세가 넘은 노인들에게 몇 가지 특징이 있다. 먼저 가난한 어린 시절을 보냈다. 어릴 적에 무엇을 먹었는지 물어보면 십중팔구 고구마로 연명했다고 대답한다. 다음으로 20세기 초반에 태어난 이들은 제2차 세계대전에서 가장 치열한 격전 중에 하나로 꼽히는 오키나와 전투에서 살아남았다. 일본군은 패전이 짙어지자 민간인들에게도 자결하도록 종용했고, 실제로 마을의 많은 사람들이 이를 따랐다. 민간인 희생자가 많았음에도 불구하고 오키나와에서 100세 이상 장수하는 사람이 많아진 것이다.

장수의 조건은 무엇일까. 전 세계 국가별 평균 기대수명을 살펴보면 일단 생활수준이 어느 정도 발달한 환경에서 오래 사는 사람들이 많다. 이를 뒷받침하는 통계를 보자. 전 세계에서 평균 기대수명이 가장 긴 나라는 일본으로 85세를 약간 넘는다. 그리고 동아시아 및 남유럽 국가들이 그 뒤를 바짝 쫓는다. 뷰트너가 소개한 사르데냐가 속한 이탈리아의 기대수명은 84세이다. 우리나라 기대수명은 2020년 기준 83.5세로 세계 11위다. 기대수명이 80세 이상인 국가들이 40여 개 되는데, 거의 모두 유럽 및 아시아에서 경제가 비교적 발달한 나라들이다. 유럽 내 국가들 중에서는 스페인, 이탈리아 같은 남유럽 국가들이 세계 6, 7위인데 비해 네덜란드(21위), 벨기에(25위), 독일(27위), 영국(29위) 같은 북유럽의 잘사는 국가들의 기대수명이 약간 더 짧은 것은 특이점이다. 한편 평균 기대수명이 70세 이하로 아주 짧은 편에 속하는 나라는 아프리카에 제일 많고, 중앙아시아, 동남아시아 국가들도 더러 포함된다. 끊임없이 전쟁과 내전에 시달리는 아프리카의 수단, 소말리아, 나이지리아의 평균 기대수명은 60세 이하로 전세계 최하위에 속한다.

그런데 먹고 사는 문제가 어느 정도 해결된 선진국에서도 사람이 처한 환경에 따라 수명이 달라진다. 2016년에 스탠포드 경제학자 라지 체티(Raj Chetty)가 발표한 논문이 "상위 1%의 미국인이 하위 1%의 미국인보다 15년 더 오래 산다"

는 결론으로 사회적 주목을 받은 적이 있다. 미국인의 평균 기대수명은 79세 정도로 유럽 및 아시아의 선진국들보다 약간 짧은데, 저소득층이 그 주된 이유 중 하나다. 미국에서 평균 가계소득이 우리나라 돈으로 5천만 원 이상인 사람들은 기대수명이 80세를 넘고, 1억 5천만 원을 넘으면 85세를 넘는다. 돈 있는 사람들이 잘 먹고 좋은 의료 서비스를 더 잘 받아서 오래 살 거라는 일반적인 인식에 어느 정도 부합하는 통계이다. 그런데 소득이 낮아도 생명이 위험할 정도로 식사를 거르는 이들의 수가 평균 기대수명을 낮출 정도로 많지는 않다. 정부 차원의 사회복지 시스템이나 민간 자선단체 등이 결식을 방지하려는 노력을 기울이고 있기 때문이다. 오히려 저소득층에서 고도 비만인 사람이 많은 것은 주목할 만하다. 비만은 여러 질병으로 이어질 수 있는 가능성을 나타내기 때문이다.

굶주림이 미국의 평균 기대수명에 영향을 미치지 않는다면, 의료 서비스는 어떨까? 미국의 광활한 면적을 생각하면 아무래도 대도시에 의료 서비스가 더 발전해 있지만, 미국 부자들의 평균 기대수명은 대도시와 시골 사이에 큰 차이를 보이지 않았다. 반면 가난한 사람들은 사는 곳에 따라 기대수명 차이가 컸다. 미국 중서부 그리고 남부 지방의 가난한 사람들의 기대수명이 동부의 대도시 뉴욕에 사는 가난한 이들보다 많이 짧았다.

이 연구의 저자들은 미국 중서부 및 남부 지역에 거

주하는 가난한 사람들의 낮은 기대수명이 담배, 술, 마약, 그리고 운동을 하지 않는 생활습관과 연관이 크다고 주장한다. 근거는 무엇일까? 미국 중서부 지역은 최근 '마약 벨트'라는 오명에 시달리고 있으며, 중서부와 남부 지역 모두에서 비만 인구가 놀라울 정도로 많다. 이들의 집은 서로 멀찍이 떨어져 있어 이웃 간의 왕래가 별로 없으며, 대부분 자동차로 이동하느라 잘 걷지 않아서 활동량이 적다. 더욱이 근래에 술, 담배, 마약을 하는 인구가 더 많아졌다. 반면 뉴욕 같은 인구밀도가 높은 곳에서는 저소득층도 출퇴근을 위해 대중교통을 이용하면서 일정 수준 이상 활동하기 때문에 극심한 비만증 환자는 상대적으로 적다. 종합하면 평균 기대수명의 차이는 의료시설 유무와도 큰 연관이 없다고 유추할 수 있다. 그리고 생활에 여유가 있어 신선하고 영양가 있는 음식을 골고루 먹는 것도 건강에 도움은 되겠으나, 그보다는 나쁜 생활 습관을 피하는 것이 사람의 수명에 더 큰 영향을 끼친다는 추론이 가능하다.

　　미국의 평균 기대수명 연구 결과는 앞서 언급한 뷰트너와 풀랑의 연구 결과와 비슷하면서도 확연히 다른 점도 있다. 오키나와인의 일인당 평균 소득은 일본 열도의 47개 현 중 46위로 최하위 수준이다. 이탈리아의 사르데냐 역시 잘사는 것과는 거리가 멀다. 이탈리아의 지역별 일인당 평균 소득을 조사해 보면 20개 지역 중에서 사르데냐는 14위에 불과하다. 두 지역의 사례는 소득 수준이 높다고 오래 살 수 있는 것은 아니라는 것을 보여준다. 두 연구 결과의 차이는 무엇일까? 먼저 '100세 이상'을 대상으로 한 뷰트너와 폴랭의 연구와 '평균 기대수명'을 다룬 미국 연구의 대상이 달랐기 때문일 수 있다. 그보다 더 근본적인 차이는 미국만큼 일본과 이탈리아에서 비만이 심각한 사회적 문제가 아니라는 것이다. 농업에 종사하는 인구가 많은 이곳 주민들은 활동량이 많고 칼로리가 높지 않은 음식을 일상적으로 섭취한다.

　　　　장수 마을 사람들은 무엇을 먹고 살길래 건강하게 늙을까? 지중해 지역 사람들은 소위 '지중해 식단'을 먹는다. 풍부한 햇볕 덕분에 풍족하게 재배된 채소, 과일, 올리브유를 감자, 우유, 콩과 곁들여 많이 먹는다. 고기나 유제품은 비교적 적게 먹고, 포도 재배가 쉽기 때문에 와인을 많이 마신다. 오키나와 사람들도 특히 과거에는 낮은 경제수준 때문에 비싼 고기 대신 채소와 된장, 고구마 등을 주식으로 먹고 살아왔다. 100세 이상 노인 대부분이 이러한 식사 습관을 유지하고 있다.

　　　　그런데, 2012년부터 2022년까지의 통계에 의하면 오키나와의 100세 이상 장수 노인들이 급속히 줄어들고 있다. 장수 인구 비율 1위의 영예는 일본 서쪽 끝, 한반도를 마주하는 바닷가에 위치한 시마네현에 돌아갔다. 2위는 거기서 조금 더 남쪽에 위치한 고치현, 그리고 3위는 시마네현 바로 옆에 위치한 돗토리현이다. 이 기간 동안 오키나와의 순위는 꾸준히 떨어졌다. 원인이 무엇일까? 전문가들은 오키나와 사람들의 비만율 증가를 주목한다. 2011년 기록을 살펴보면 그해 오키나와 남성의 비만율이 42.1%로 일본 내 최고였고, 여성의 비만율도 34.7%로 일본 평균을 훨씬 상회했다. 오키나와의 비만율이 증가한 원인은 미국의 영향 때문으로 보는 것이 지배적이다. 제2차 세계대전에서 일본의 무조건 항복 후 오키나와에 미군기지가 들어서면서 패스트푸드와 탄산음료 같은 미국식 음식도 함께 들어왔다. 미군 기지에서 일하는 군인과 군무원들은 공짜로 콜라를 마음껏 먹을 수 있는 특권을 누리면서 다른 이들의 부러움을 사게 되었고, 이 음식들을 널리 퍼트리는 역할을 했다. 그리고 1971년에 미국의 대표적 패스트푸드 업체인 맥도날드가 일본 본토에 상륙했다.

이를 도입한 사람은 후지타 덴(藤田 田)인데, 그는 1971년 도쿄 긴자에 맥도날드 1호점을 열었고, 78세로 사망하기 1년 전인 2003년 3월까지 32년간 맥도날드 회장직을 유지했다. 2001년 7월 기업 공개 시점에 4,000여 개에 달하는 매장을 운영하였으며, 2001년 〈포브스〉 선정 세계에서 179번째로 부유한 인물로 꼽힌 바 있는 입지전적인 인물이다. 후지타 덴은, 초기 일본 맥도날드를 키우면서 "일본인들이 앞으로 천년 동안 꾸준히 맥도날드 햄버거와 프렌치프라이를 먹는다면, 점차 키가 크고 흰 피부와 금발 머리를 가진 백인으로 변할 것입니다"라고 홍보했던 것으로도 유명하다. 그런 일본에서 맥도날드 점포가 가장 많은 지역이 수도 동경이다. 놀랍게 도 그 뒤를 이어 2위를 기록한 지역이 오키나와다.

한때 우리나라에서도 자녀를 서구형의 큰 키와 오똑한 코를 가진 아이로 키우고 싶으면 어릴 적부터 우유, 버터, 치즈를 많이 먹여야 한다는 이야기가 공공연히 돌았다. 실제로 고기와 우유를 많이 먹고 자란 아이들의 체격이 더 크다. 그런데 체격을 키우기 위한 영양분 섭취가 오히려 사람들을 더 빨리 늙게 한다는 연구 결과들이 나오고 있다.

서구식 식단이 정착하기 전까지 한국인이나 일본인의 식단은 채소, 생선 및 콩 위주로 전 세계적으로 가장 건강한 식생활을 하고 있었다. 20세기를 거치며 식량이 넉넉해지면서 영양실조의 위험으로부터 벗어나기도 했다. 그런데 1980년대를 거치며 패스트푸드 소비량이 급격히 증가함과 동시에 비만도 증가했다. 비만의 척도로 쓰이는 체질량지수(BMI)로 보면 미국, 유럽 등 서양인에 비해 동양인의 비만율이 많이 낮은 편이지만, 2008년 기준 일본의 비만 인구가 1962년 이후 세 배 이상 증가할 정도로 비만율이 빠르게 증가하고 있다. 이와 더불어 서양인에게 흔한 질병이었던 심장질환, 당뇨병, 대장암 등이 이제는 한국이나 일본에서도 제법 흔한 질병이 되었다. 이러한 변화는 노인보다 젊은 사람들에게 더 큰 영향을 미친다. 오키나와를 보면 80대의 기대수명은 여전히 일본 최고 수준을 유지하지만, 비만율이 급격히 증가한 50대의 기대수명은 최하위로 전락했다.

사회가 꾸준히 발전하면서 개개인의 생활수준이 향상되었지만, 지나친 영양분 섭취가 현대인들의 건강과 기대수명을 위협하게 되었다. 불과 20세기 초까지만 해도 전 세계가 식량 부족에 허덕였던 것을 생각하면 이는 큰 변화다. 도대체 이 기간에 무슨 일이 벌어졌을까? 이 책에서 자세히 살펴보겠다.

제 1 부

2

배고팠던
시절

성경의 창세기에는 지상낙원 에덴동산 이야기가 나오는데, 이곳의 위치는 유프라테스 강과 티그리스 강 사이에 있었다고 기록돼 있다. 지금의 유프라테스와 티그리스 강은 이라크를 거쳐서 시리아로 흘러 들어가는데, 이곳을 인류의 기원이라 할 수 있을까? 인류의 역사를 연구하는 전문가들에 의하면 인류는 아프리카 대륙에서 계속 진화해 왔다는 것이 현재 과학계의 정설이다. 그러다가 5만여 년 전쯤 도래한 빙하기로 인해 인류는 큰 변화를 맞았다. 빙하기 때문에 아프리카에 기근이 생겼고, 선조들은 제자리에서 버틸 것이냐, 먹을 것을 찾아 이주할 것이냐의 갈림길에 서게 되었다.

그중 일부가 아프리카를 빠져나와 전 세계로 퍼져나갔다. 아프리카를 떠나 온 사람들 중 유프라테스 티그리스 강 근처의 소위 '비옥한 삼각주(Fertile Crescent)'라고 불리는 지역에 정착한 사람들이 8천 년 전쯤 인류 최초로 농업을 시작하면서 크게 번성했다. 농업이 발달하니 먹을 것이 부족하지 않아 인구가 늘었고, 사회 상류층이 생겼다. 그 사람들이 글자를 발명해 자신들의 역사를 쓰기 시작했다. 인류의 시작에 관한 성경의 창세기에는 그 시대 그 지역 사람들의 세계관이 반영되었다고 볼 수 있다.

고고학자들에 따르면, 이 지역에 처음 정착한 구석기인들은 야생의 밀, 보리를 먹고 살았으며, 가젤이나 야생의 양 같은 동물들이 이들의 사냥 대상이었다. 농사짓는 법이 개발되기 전 수만 년간은 성경 창세기의 지상낙원 에덴동산에서처럼, 수렵과 채집을 하면서 먹고 살았다는 이야기다. 그런데 성경에 의하면 아담과 하와가 에덴동산에서 쫓겨난 이후, 큰아들은 농사를 지었고, 작은아들은 목축을 했다.

그런데 우연인지 몰라도 여태까지 고고학자들이 찾은 가장 오래된 농경사회가 유프라테스 강변에 있다. 시리아 북부에 있는 텔 아부 후레이라(Tel Abu Hureyra)라는 곳이다. 이곳에서 1만 년 전 것으로 추정되는 동물 뼈와 곡식의 흔적이 나온다. 처음에는 야생의 가젤을 잡아먹은 흔적이 많았다가, 시간이 지날수록 양과 염소의 뼈가 더 많이 나타난다. 8천 년 전쯤 비옥한 삼각주에서 인류가 최초로 농사를 짓기 시작했다고 하니, 재미있다. 아마도 아담과 하와의 아이들, 즉 카인과 아벨 이야기가 이 시대를 묘사한 듯하다.

아벨과 같은 인류 최초의 목동이 양과 염소를 키우기 시작하면서, 인류는 먹을 것이 부족해진 '비옥한 삼각주'를 떠나, 중앙아시아와 유럽의 초원에 진출하게 되었다. 사람에게는 초원에서 자라는 풀을 씹어서 소화할 능력이 없기 때문에 초원에서 인간이 독자적으로 살아남기는 힘들다. 사람이 살기 위해 필요한 것은 탄수화물이다. 쌀, 빵에 많이 들어 있는 녹말은 이러한 탄수화물의 일종으로 포도당 여러 개가 연결된 화학적 구조를 하고 있다(그림 1). 우리 침에 있는 효소에 의해 이것들은 분해되어 포도당이 되고, 이 포도당이 우리 몸 세포에 흡수되어 에너지를 만들면, 우리가 그 에너지를 이용해 살아간다. 하지만 초원에서 자라는 풀이나 나뭇잎 등에는 우리가 사용할 수 있는 녹말이나 당분이 아주 소량밖에 없다. 대신 우리가 에너지원으로 쓸 수 없는 형태의 탄수화물인 셀룰로스(cellulose)라는 물질을 많이 함유하고 있다(그림 1). 녹말과 마찬가지로 셀룰로스도 포도당이 연결되어 있는 탄수화물이지만, 이를 포도당으로 분해하는 능력이 사람에게는 없다. 셀룰로스를 분해할 수만 있다면, 광활한 목초지의 풀을 먹으며 살 수 있는데, 셀룰로스를 에너지원으로 쓰지 못하니 초원에서 혼자서 살기 힘든 것이다.

그런데 셀룰로스를 포도당으로 분해할 수 있는 예외적인 동물들이 있다. 양, 염소, 소와 같은 일부 소과 동물들이다(그림 1). 진화 과정에서 언젠가부터 이들의 배 속에 셀룰로스를 분해할 수 있는 박테리아가 살게 되면서, 공생관계가 되었다. 소과 동물들이 풀을 천천히 뜯어먹고 먹은 것을 다시 되새김질하는 사이, 배 속에 공생하는 박테리아에게 풀잎의 셀룰로스를 잘게 분해할 수 있는 시간을 준다. 박테리아들은 셀룰로스를 잘게 잘라 포도당으로 만든다. 이렇게 만들어진

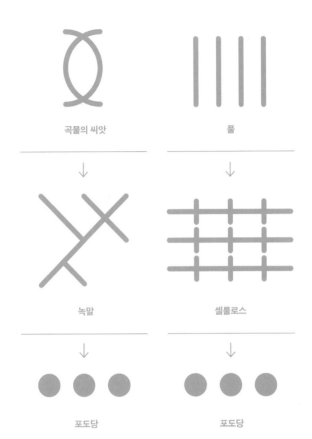

곡물의 씨앗

풀

녹말

셀룰로스

포도당

포도당

그림 1

녹말, 셀룰로스 그리고 포도당. 녹말은 인류가 주식으로 하는 곡물에 많은 영양분으로서 포도당 여러 개가
화학 결합을 한 구조로 되어 있다. 우리가 녹말을 섭취하면 침샘에서 나오는 효소에 의해 분해되어
에너지원으로 쓰기 좋은 포도당을 만든다. 우리가 풀을 먹지 못하는 이유는 포도당이 우리가 소화할 수 없는
셀룰로스라는 형태로 연결돼 있기 때문이다. 우리 몸은 셀룰로스를 분해하지 못하지만, 소과 동물들은
몸 안에서 공생하는 박테리아의 도움으로 이를 분해해서 포도당을 만든다.

포도당의 일부는 박테리아가 먹고, 나머지는 동물이 흡수한다. 이러한 동물들을 가축으로 키우게 되면서 인류가 중앙아시아와 유럽으로 이주할 수 있게 되었다. 사람이 먹을 수 없는 풀이 끝없이 펼쳐진 초원에서, 선조들은 고기와 우유를 먹고 배를 채웠다. 그리고 추운 겨울을 나기 위해 양털과 가죽으로 옷을 해 입어 살아남으며 차츰 번성해 갔다.

20세기 중반 이후 유전학적 기법을 이용해 인류의 이동 경로를 분석하는 과학자들이 생겨났다. 스탠포드 대학의 이탈리아 과학자 카발리-스포르차(Luigi Luca Cavalli-Sforza)가 초창기 연구에 지대한 공헌을 했다. 유럽 사람들의 혈액형을 자세히 분석해서, 스페인의 바스크 지방에는 Rh-형이 유독 많고(인구의 약 1/3), 러시아, 우크라이나 방향으로 갈수록 Rh+형이 많아지는 것을 밝혀냈다. 이 결과를 놓고 볼 때, 첫 번째 이주민들은 Rh-형이었고, 동유럽에서 온 이후의 이주민들이 Rh+형이었을 것이라고 추측했다.

　　　　카발리-스포르차 이후에 유전자 분석 기술은 더욱 발전했다. 스웨덴 출신 과학자 스반테 파보(Svante Paabo)박사가 이러한 초기 인류의 DNA 분석 연구로 2022년에 노벨 생리의학상을 수상했다. 수만 년 된 DNA는 이미 많이 부서진 상태이기 때문에 그것을 분석하는 것이 결코 쉽지 않다. 부서진 DNA 조각들을 퍼즐 맞추듯이 맞추어 가면서 인류가 어떤 경로로 전 세계에 퍼졌는지 더 정확히 과학적으로 규명하게 되었다. 이러한 기법을 응용해서 2015년 〈네이처〉에 발표된 논문[4]은 유럽인들의 이동 경로를 더욱 자세히 밝혔다. 수천 년 된 인류의 유골에서 추출한 DNA를 분석했더니, 현대 유럽인의 주류는 지금의 러시아, 우크라이나에서 기원한 기마민족인 얌나야(Yamnaya)의 후손이라는 것이다. 이들은 말 타는 기술을 습득하고 가축을 기르면서 초원에서 셀룰로스를 뜯어 먹는 동물들의 젖을 먹으며 생존한 사람들로, 점차 유럽의 중북부(지금의 독일, 폴란드)로 이주하고, 그 지역을 발판으로 유럽 전역에 퍼졌다는 것이다.

얌나야족이 유럽으로 이주하기 직전 시기에 살던 사람들의 유전자도 조사해 봤더니 현대 사르데냐인의 DNA와 가장 비슷하다는 결과가 나왔다. 이들이 얌나야인들의 정복 활동을 피해 섬 지방으로 밀려났을 것이라는 추측을 가능하게 한다. 치즈와 우유를 많이 먹는 서양 사람들, 특히 중북부 유럽인들의 식생활은 아마도 이들에게서 유래했을 것이다. 우유에 많이 들어있는 당분의 일종인 유당(lactose)은 본래 어린 시기에 잘 소화하도록 되어 있었으나, 우유를 많이 섭취하며 살아온 서양과 중앙아시아 사람들은 어른이 되어서도 계속 우유를 잘 소화할 수 있는 방향으로 다시 진화했다. 즉 우유를 제대로 소화하지 못하거나, 우유 알레르기가 있어 우유를 제대로 마시지 못했던 사람들은 자연 선택의 법칙에 따라 살아남지 못했다. 그런 '선택' 과정을 겪지 않은 중국, 한국, 일본인들 중에는 우유를 많이 먹으면 속이 거북해지는, '유당불내증(lactose intolerance)'이 있는 사람들이 아직도 많다.

우리는 얼마나 오랫동안 배고픈 환경에서 먹을 것을 찾아다니며 진화했을까? 이에 대한 유전학자들의 연구가 활발하다. 사람의 DNA가 시간이 지나면서 돌연변이 등으로 조금씩 다양성이 생긴다는 사실에 기초해서, 현존 인류의 DNA가 얼마나 다양한가를 먼저 알아본 다음, 우리의 공통 조상이 얼마나 오래 전에 살았는지 추정하는 연구가 지난 30년간 활발히 이루어져 왔다.

쉽게 말해서, 나와 내 형제는 우리 직계 부모로부터 DNA를 물려받았으니, 형제들 간의 DNA가 상당히 유사하다. 한편 10대조 할아버지에서 갈라져 나온 먼 친척이 있다고 하자. 조상으로부터 서로 갈라져 나온 이후로 많은 시간이 흘렀기 때문에, 그동안 다른 여러 집안과 결혼하면서 DNA가 많이 섞였을 테고, 또 시간이 많이 지나면서 자연적으로 발생한 돌연변이도 꽤 있을 것이다. 그래서 형제들보다는 먼 친척 간의 DNA 구성이 훨씬 더 다양하다. 따라서, 역으로 DNA가 얼마나 다양한가를 알아보면, 공통의 조상이 얼마나 오래 전에 살았는지를 가늠할 수 있다.

주로 학자들이 분석하는 DNA는 Y염색체와 세포

내 소기관인 미토콘드리아 안에 있는 DNA이다. 우리의 Y염색체는 아버지로부터 아들에게 물려주도록 되어 있는데, 이 염색체의 다양성을 조사해 보면, 현존 인류 공통의 남자 조상—흔히 학자들 사이에서 '아담'이라고 불리는 인물—이 언제 살았는지 계산이 가능해진다. 또한 우리 세포 속의 미토콘드리아는 어머니에게서 딸한테로만 유전되는데, 이들의 다양성을 조사해 보면, 소위 '하와'의 생존 연대 계산이 가능하다. 이러한 방법으로 추정해 보면, 아담과 하와는 10만 년에서 20만 년 전쯤 존재했다고 한다. 인류가 농사짓는 법을 알아낸 것이 약 8천 년 전이니까, 인류 역사의 첫 95%는 숲속에서 배고픔을 달래기 위해 열매를 따러 다니거나 초원에서 짐승 사냥을 하며 전전했을 것이다. 동물의 세계에서 개체 수는 먹잇감이 얼마나 있는지에 따라 제한될 수밖에 없다. 틀림없이 인류도 진화 과정 초기에는 다른 짐승들과 다름없었을 것이다.

과거 한국의 매년 초여름은 가을에 수확한 쌀이 바닥나고 보리를 수확하기 전에 식량이 부족해 사람들이 고생하던 계절이었다. 소위 '보릿고개'라 부르는 고생에서 벗어난 것이 고작 50년 전쯤이라고 보면, 우리는 인류 전체 역사를 통틀어 거의 대부분의 시간 동안 굶주린 상태였다고 할 수 있다. 우리 조상이 숲속을 헤매던 시절, 열매가 많이 나는 계절에는 그나마 괜찮았겠지만, 가뭄이 들거나 이상 저온이 계속되어 먹을 것이 부족해진 시기에는 그 고통은 상상을 초월했으리라. 그런 조건에서 어떤 사람들이 살아남을 수 있었을까? 추위에 더 내성이 있는 사람, 굶주림을 더 잘 견디는 사람들이었을 것이다. 즉 이들이 자연 선택의 법칙에 따라 살아남았고, 현대의 유럽인, 아시아인으로 진화해 왔다. 어떤 사람들이 굶주림에서 잘 살아남을까? 일단 적극적으로 먹을 것을 찾아다니는 사람들이 유리할 수밖에 없다. 우리의 주 에너지원인 탄수화물에 환장한 사람들, 즉 밥과 빵, 그리고 단맛에 미친 사람들이 부지런히 먹을 것을 찾아내어 자연 선택의 세계에서 살아남았다.

8천 년 전 인류가 농사짓는 법을 처음 알아냈을 때, 당시 사람들은 이제 굶주림에서 해방될 것이라고 기대했을 것이다. 그러나 환호도 잠시, 인구가 급격히 늘어나면서 풍족한 기간은 얼마 가지 않았고 또다시 먹을 것이 부족해졌다. 배를 채우기도 힘든 상황에서 건강을 위해 골고루 먹겠다는 생각은 사치였다. 농사짓는 사람들은 효율을 높이기 위해 작황이 좋은 한두 가지 작물만 집중적으로 키우게 되었다. 쌀이나 밀은 빽빽하게 자라고, 탄수화물도 많이 함유하고 있어 이 작물들은 비교적 많은 사람들을 먹여 살릴 수 있다. 그래서 쌀과 밀을 주식으로 하는 사회가 많아졌다. 쌀과 밀이 탄수화물을 많이 함유하고 있다는 장점은 있지만 다른 영양소가 부족하다는 단점도 있다. 따라서 밥과 빵에만 의존해서 먹고 사는 사람들은 특정 영양분이 결핍하는 문제가 생길 수밖에 없다.

고고학자들은 8천 년 전 옛날 사람들의 뼈를 출토하면서 놀라운 사실을 발견했다. 그 이전 사람들보다 뼈의 건강 상태가 너무 나쁜 것이 아닌가? 유프라테스 강변에 있는 첫 농경 사회 유적인 시리아의 텔 아부 후레이라에서 허리나 다리가 휜 뼈들이 유난히 많이 나타났다. 이집트의 나일 강변에서도 일찍이 농사가 시작되었는데, 이곳의 누비아(Nubia)라는 마을에서 출토되는 뼈들의 영양 상태도 좋지 않았다. 20세 미만의 여성 다수가 골다공증에 시달렸다고 한다.

미국 일리노이 지역에 살던 인디언들은 13세기경 농사를 짓기 시작했는데, 이들 건강에 대한 연구도 비슷한 결과로 나타났다. 9세기에 처음 이곳에 정착해서 수렵과 채집을 하던 사람들의 뼈 상태가 처음에는 양호했는데, 농사를 많이 짓기 시작한 시점부터 상태가 안 좋아진다. 구체적인 예로, 농사를 시작하기 전에는 철분이 부족한 비율이 꽤 낮았는데, 농경 사회에 들어선 이후 시기의 뼈들 반 이상은 철분이 부족한 상태로 출토되었다고 한다.

『총, 균, 쇠』라는 책의 저자이자 인류 역사 전문가인 제러드 다이아몬드는 "인류에게 닥친 가장 큰 재앙 한 가지를 꼽으라면, 농사짓는 방법의 개발을 들 수 있다"라고 말했다. 농경 사회 이전에는 수렵과 채집을 통한 고른 영양 섭취를 했는데,

한두 가지 작물에 집중하는 농사를 짓기 시작하면서 전체 인구를 늘릴 수는 있었지만 개인의 전반적인 영양 상태는 더 나빠지게 된 것이다. 그뿐이랴, 농사짓는 마을들을 중심으로 인구밀도가 높아지면서 각종 전염병이 창궐했다.

　　유럽인들이 우유와 치즈, 채소를 골고루 먹으며 일찍부터 건장한 체구를 유지했다고 생각한다면, 큰 오해다. 일례로, 1990년대 중반 히트했던 디즈니 만화영화 〈포카혼타스(Pocahontas)〉에 나오기도 했던 실존 인물, 존 스미스(John Smith)를 살펴보자. 이 사람은 고아로 태어나서 용병으로 네덜란드에서 싸우기도 했고, 나중에는 바다에서 해적질까지 했다. 그러다가 영국의 새로운 식민지였던 버지니아 주 제임스타운에서 새 삶을 개척했다. 신대륙 발견 당시의 경험을 여러 권의 책으로 남기면서 역사에 길이 남게 되었고, 디즈니 만화영화에도 등장하면서 유명해졌다(그림 2). 만화영화에도 잘 소개되어 있는데, 존 스미스는 숲속에서 인디언을 맞닥뜨려서 곧 죽임을 당할 처지에 놓인 적이 있다. 그런데, 그의 자서전에 따르면 인디언 추장의 딸인 포카혼타스가 존 스미스에게 한눈에 반해서, 아버지에게 그를 처형하지 말아 달라고 애원하여 살아남게 되었다고 한다. 그러고는 인디언들과 친해져서 굶어 죽을 처지였던 식민지 사람들에게 인디언들이 먹을 것을 나누어 주도록 설득했다고 한다.

　　이렇듯 존 스미스는 제임스타운과 버지니아 식민

지를 극적인 위기에서 살린 사람으로 알려져 있다. 자서전을 통해서 그의 초상화가 전해지는데, 작은 체구에 덥수룩한 수염, 조금 못생긴 얼굴이 디즈니 영화에 나오는 금발의 건장하고 잘생긴 얼굴과는 거리가 멀다. 그가 쓴 자서전에도 "생긴 것은 못생겼을지언정 강인한 정신력으로 제임스타운 식민지를 살렸다"고 쓰여 있다.

그가 식민지에 발을 내디뎠던 당시의 유럽은 공업과 도시는 발달해 있었지만 사람들의 영양 상태가 좋지 않았다. 유럽인들의 평균 신장은 작은 편이었으며 얼굴에 천연두 흉터가 남은 사람들이 흔했다. 시골 사람들은 목축업을 하면서 우유, 치즈, 채소를 골고루 먹는 사람도 있었겠지만, 도시인들은 빵 하나로 연명하는 사람들이 거의 대부분이었을 것이다. 죽음을 무릅쓰고 식민지에서 새 삶을 개척하려는 사람들 중에는 특히 영양 상태가 나쁜 사람들이 많았다. 반면에 존 스미스가 맞닥뜨린 인디언들은 농사와 수렵, 채집을 통해 상대적으로 고른 영양 섭취를 하던 사람들이다. 말과 소가 없어서 농토를 개간하거나 단일 농작물을 수확하며 살지 못했고, 그러다 보니, 작은 규모의 농사와 더불어 수렵과 채집을 하며 살았다. 존 스미스의 책에 따르면 그렇게 살던 인디언들은 유럽인에 비해 크고 건장했다고 한다(그림 2). 그리고 큰 체구에서 나오는 목소리가 우렁차서, 유럽인들이 특히 두려워했다고 한다. 고른 영양 섭취가 가져다준 결과물이었다.

그림

2

(좌측 위) 존 스미스의 자서전 속 초상화. (좌측 아래) 디즈니 영화 〈포카혼타스〉(1995)에
등장하는 존 스미스. (우측) 자서전 속 그림에는 자그마한 체구의 스미스가 큰 체구의 인디언과
싸우는 것이 묘사되어 있다. (출처 – John Smith (1630). <The true travels adventures and
observations of Captain John Smith>)

존 스미스가 살았던 1600년대, 많은 유럽인들이 목숨을 걸고 신대륙으로 향했다. 그러면서 신대륙에서 원주민들이 재배하던 작물들이 유럽에 소개됐다. 그중에는 감자와 옥수수가 있다. 이 신대륙 작물들은 다른 대륙들의 식량 문제 해소에 다소 기여하게 된다. 감자와 옥수수는 똑같은 면적에서 재배해도 쌀이나 밀보다 훨씬 더 많은 탄수화물을 만들어 낸다. 그러니 더 많은 인구를 먹여 살릴 수 있다. 물론 무엇을 먹을 것인가 하는 문제는 음식문화의 일부분이기에 처음부터 신대륙 작물들이 식탁에 오른 것은 아니었다. 하지만 시간이 지나면서 전세계 사람들의 식단이 바뀌어 갔다.

감자는 추운 날씨에도 재배할 수 있어서 먼저 북유럽에서 빨리 퍼지기 시작했다. 프랑스의 영양학자 앙투안 오귀스탱 파르망티에(Antoine-Augustine Parmentier)가 여기에 어느 정도 공헌했다고 전해진다. 파르망티에는 프러시아와의 7년 전쟁에서 포로 신세로 잡혀 있었던 3년 내내 감자만 먹었는데, 놀랍게도 그런대로 건강을 유지할 수 있었다. 전쟁이 끝나고 자유인이 된 후 파르망티에는 당대 최고의 영양학자가 되었고, 자신의 영향력을 활용해서 감자 보급에 기여하였다. 마침 유럽에 인구가 증가하면서 빵과 밀가루가 부족해 사회 문제가 되었던 터라 감자가 쉽고 널리 퍼지게 되었다.

감자는 영국, 아일랜드, 네덜란드, 독일 등 서유럽의 북쪽 국가들로 급속히 퍼져나갔다. 전통적으로 유럽과 아시아에서는 밀 또는 쌀을 가을에 수확하고, 대개는 봄이 끝날 즈음부터 수확한 곡물의 재고가 바닥나면서 굶는 사람이 생겨난다. 특히 날씨가 안 좋은 북쪽으로 갈수록 문제가 심각했다. 감자는 이러한 문제를 안고 있던 유럽 농촌에 혁명을 가져왔다. 이른 봄에 심으면 3개월 정도 후에 수확할 수 있기 때문에, 초여름에 밀가루가 바닥나면 그때부터 감자로 끼니를 때울 수 있었기 때문이다.

유럽은 특히 끊이지 않는 전쟁으로 농작물이 끊임없이 훼손되면서 많은 유럽인들이 굶게 되었는데, 감자는 일단 땅속에 묻혀 있고, 난리통에 제때 수확을 못하더라도 2~3개월 지나서까지 수확이 가능한 덕분에 더욱 널리 퍼지게 되었다. 또 감자는 밀가루보다 영양분이 더 많다. 파르망티에가 프러시아 감옥에서 3년 내내 감자만 먹었는데도 건강을 유지했다는 일화에서 짐작할 수 있는 것처럼, 비타민 A와 D 정도만 부족할 뿐, 그 밖의 영양분은 대부분 공급할 수 있다. 북유럽인들이 유목민의 후예이다 보니, 부족한 비타민은 우유에서 보충할 수 있었다.

부자들은 여전히 밀가루로 만들어진 빵을 먹고 살았지만, 가난한 북유럽의 농촌에서는 감자와 우유만으로 연명하는 사람들이 많아졌다. 몇몇 연구들에 따르면[5] 감자는 '독일, 스위스, 영국, 아일랜드 인구의 절반 이상을 먹이는 작물'이었다고 한다. 특히 아일랜드 인구 중에 감자로 연명하는 사람들이 많았다. 영국이 아일랜드를 정복한 후, 비옥한 땅은 영국인들 차지가 됐고 아일랜드인은 가난한 소작농이 되었다. 전체 아일랜드 인구의 40%가 가난 때문에 감자 하나만으로 연명했다고한다. 네덜란드, 벨기에, 프러시아에서는 감자만으로 연명하는 인구가 10~30% 정도였다고 추산한다.

　　　　화가 반 고흐의 유명한 그림 중에 〈감자 먹는 사람들(The Potato Eaters, 1885)〉이 있는데, 네덜란드의 가난한 농민들이 모여서 감자를 먹는 장면을 그린 것이다(그림 3). 이렇듯당시 유럽의 가난한 사람들은 전적으로 감자에 의지했는데, 1840년대 들어 크나큰 재앙이 닥쳤다. 감자에 기생하는 곰팡이과의 미생물이 유럽과 미국에 널리 퍼져 감자 농사를 망치면서 '감자 기근'이 발생했다. 기근 이전에 비해 수확량이 20%로 대폭 줄면서 많은 사람들이 굶어 죽었다. 인구의 40%가 감자 하나로만 연명하던 아일랜드에서는 굶어 죽는 사람들이 거리에 속출하면서 그 처참함은 상상을 초월했다고 한다. 그나마 조금 여유 있는 사람들은 미국행 배를 타고 이민을 갔다.

2013년 미국 인구조사 결과를 보면, 현대 미국인의 10%가 넘는 3천 3백만 명 가량이, 자신을 아일랜드 계통으로 인식하고 있다고 한다. 이는 현재 아일랜드 인구 5백만 명보다도 훨

그림

3

반 고흐, [감자 먹는 사람들].1885. 암스테르담 반 고흐 미술관

씬 많은 수치일 뿐 아니라, 영국계 미국인이라고 밝힌 숫자보다도 많다. 이들 아일랜드계가 독일계에 이어 2위를 차지한다고 하니,[6] 감자 기근 와중에 얼마나 많은 아일랜드 사람들이 미국으로 이민 갔는지 실감이 난다. 가난한 이민자들이라 천대받던 아일랜드인들은 시간이 지나면서 미국 주류 사회에 편입됐다. 1961년에 존 F. 케네디가 아일랜드 후예로 처음으로 미국 대통령이 되었고, 2021년에는 아일랜드계 조 바이든이 미국을 이끌게 되었다. 이들에 대한 차별은 이제 역사 속으로 사라졌고, 먹을 것이 풍족한 미국에서 인구는 더 늘어났으며, 감자는 미국인들이 햄버거와 곁들여 먹기 좋아하는 음식으로 자리잡았다.

유럽에서 감자가 수많은 인구를 살렸다면, 아시아에서는 고구마가 비슷한 역할을 했다. 중국, 한국, 일본 등 아시아 국가들에서는 물을 가두어 놓은 논에다가 쌀을 재배해서 주식으로 삼아 왔다. 결국 물이 풍부한 지역에서나 쌀을 많이 재배할 수 있고 인구를 먹여 살릴 수 있었다. 그리고 치수를 잘하는 권력자가 백성들의 인심을 얻었다. 일부 학자들에 의하면 이러한 이유 때문에 한국, 중국 등에서는 일찍이 중앙 집권 체제가 발달해 왔다고도 한다. 권력이 강해야만 많은 사람들을 토목사업에 징집할 수 있고, 또 많은 사람들을 동원해야만 강 물줄기를 바꾸거나 저수지를 만들 수 있었다.

치수 사업을 잘 하면 농토를 더 효율적으로 쓸 수 있지만, 광활한 중국은 조금만 내륙으로 들어가면 물 자체가 부족한 지역이 많다. 내륙 지역에서는 홍수 걱정은 없지만 논농사가 되지 않고, 쌀이 부족하다 보니 먹을 것이 부족했다. 대대로 내륙 지역은 부족한 식량 때문에 인구가 증가하기 힘들었다. 그래서 중국, 한국, 일본의 인구 대부분이 주요 강과 바닷가 주위에 분포해 살았다.

그런데 신대륙에서 수입한 고구마로 인해 이와 같은 인구 분포가 바뀌게 되었다. 고구마는 감자와 비슷하게 영양분이 많으면서도, 산간 지방 비탈진 곳에서도 재배가 가능하다. 고구마가 수입되던 무렵 명나라가 망하면서 청나라 군인들이 무자비한 반란군 토벌 작전을 하게 되는데, 이 과정에서 쌀이 많이 나는 곡창 지대들이 전쟁터로 변하게 되었다. 많은 농민들이 산간 지방으로 피란하며 굶어 죽는 사람들이 속출했다. 그나마 피란 농민 중 일부라도 살아남을 수 있었던 것은 고구마 덕분이었다고 한다. 논농사를 짓기 힘든 내륙 지역에서 고구마를 키울 수 있게 되면서 많은 사람들이 잠시나마 굶주림을 면할 수 있게 되었다.

이렇게 인류는 간간히 식량 문제를 해결해 왔다. 이와 동시에 우리 식단은 계속 바뀌었다. 하지만 매번 인구 증가로 인해 풍족한 기간들은 그리 오래 가지 않았다. 20세기 중반까지는 굶주린 환경에 살아왔다고 볼 수 있다. 그러다가

20세기 들어서 큰 변화가 닥쳐왔다. 식량이 부족한 사회에서 지나친 영양분이 문제가 되는 사회로 세상이 변한 것이다. 어떻게 이러한 변화가 왔는지 한번 살펴보자.

제 1 부

3

품종 개량과 녹색 혁명

우리는 원래 배고픔에 시달려야 하는 운명을 가지고 태어났다는 유명한 이론이 1800년경에 제기됐다. "인구는 기하급수적으로 증가하지만, 식량 생산은 산술급수적으로 증가한다"라는 유명한 말을 남긴 사람이 『인구론』의 저자 토마스 맬서스(Thomas R. Malthus)이다.

이 책이 쓰인 1798년의 사회적 배경을 보자. 유럽 최고의 강대국으로 떠오른 영국에서도 사회 하층민들은 굶주림에 허덕이던 시절이다. 맬서스는 책에서 시골 노동자의 아이들을 관찰한 결과 영양실조 때문에 성장이 느리고 활동량이 많은 밭일을 하는데도 근육이 생기지 않는다고 서술했다.[7]

인구와 식량의 관계를 주목한 맬서스는 먼저 아메리카에 있는 식민지의 인구 자료를 분석했다. 정부가 잘 운영되는 미국뿐 아니라 부패한 정부의 폭정에 시달리는 라틴 아메리카의 여러 나라들까지 모두 인구 증가율이 유럽 본토를 훨씬 능가했다. 25년마다 인구가 두 배로 증가하는 규모였다. 왜 그랬을까? 새로운 땅을 개척하면서 식량이 풍족해졌기 때문이다. 반면 유럽에서는 새로 개척되는 땅이 없었기 때문에 영국, 프랑스 등 선진국에서도 식량이 부족했고 굶는 사람이 많았다. 식량 부족이 인구 증가를 억누르니 인구가 두 배 느는 데 100년 이상 걸렸다.

간혹 인구 증가가 확연히 증가하는 시기들이 있기는 했다. 주로 역병이 돌아서 인구가 대폭 줄면서 단기간이나마 인구 대비 식량이 풍족해진 덕분이었다. 그러나 그러한 풍년은 오래가지 않았다. 금방 인구가 늘어났고, 곧이어 식량 부족이 반복되었다. 맬서스는 이러한 분석을 통해 "인구는 기하급수적으로 늘어나지만 식량 생산은 산술급수적으로밖에 안 늘어난다"라는 유명한 말을 남겼다. 그런데 맬서스가 도달한 결론이 조금 무시무시하다. 맬서스의 결론은 인류가 아무리 애를 써도 결국 식량 생산은 한계에 봉착하게 되어 인류가 굶주린다는 미래는 피할 수 없다는 것이다.

감자와 고구마가 유럽 및 아시아인들을 몇백 년 동안 먹여 살렸지만, 인구도 그에 따라 늘어나면서 다시 먹을 것이 부족한 상황으로 돌아갔다. 곡물 생산은 한계에 다다른 것처럼 보였다. 19세기는 더 이상 발견될 신대륙도 없었으니, 감자 옥수수 같은 새로운 작물이 나타날 여지가 없었다. 이제 맬서스가 예측했던 그 무시무시한 상황에 다다른 건가 하는 우려가 여기저기서 나타났다. 하지만 과학 혁명이 있었다. 식량 문제와 상관이 없다고 여겨졌던 과학이 20세기 들어 품종 개량을 통한 식량 혁명을 가능하게 했다.

품종을 논하기 앞서서 종(species)이라는 개념을 살펴보자. 이 개념을 정립하는 데 크게 기여한 사람은 1700년대에 활약했던 스웨덴 생물학자 칼 린네(Carl Linnaeus)다. 약 4천여 종의 동물, 5천여 종의 식물을 분류하고 거기에 일일이 분류학적 이름을 붙이면서 생물학을 체계적인 학문으로 만들기 시작한 인물이다. 린네의 분류법에 따라 인간은 '호모 사피엔스'라고 부르는데, 여기에서 '호모'는 속명으로 우리와 비슷한 (멸종된) 인류를 가리키고, '사피엔스'는 종소명으로 현대 인류를 가리킨다. 어떻게 보면 당연한 이야기지만 린네도 한 시대의 산물이었다. 성경에 나온 세계관을 말 그대로 받아들이는 시대에 살면서 린네는 모든 '종'은 에덴 동산에서 창조됐으며, 천지 창조 이후에 '종'들이 변화하지 않았다는 당시의 사회적 통념을 대체로 따랐다.

그런데 1800년대에 들어서며 그 같은 세계관을 거스르는 데이터가 쏟아지기 시작했다. 유럽의 부자들 중에 취미로 과학을 연구하는 사람들이 많아지면서 화석 연구를 하는 사람들이 생겨났다. 태곳적부터 땅속에서 동물 뼈와 같은 모양의 돌이 계속 발견됐지만 1700년대 후반, 1800년대 초반에 이르러 이를 연구하고 논문을 출판하는 작업이 이루어지기 시작한 것이다. 그중 프랑스의 조지 퀴비에(Georges Cuvier)라는 해부학자가 1800년에 화석 연구에 관한 논문을 출판해서 당시 과학계를 뒤흔들어 놓는 일이 생겼다.

이 사람은 뼈 조각 몇 개만 가지고도 동물 전체가 어떻게 생겼는지 알아맞히는 실력자였다고 하는데, 이때 출판한 논문이 코끼리에 관한 논문이었다. 일단 아프리카 코끼리와 아시아 코끼리를 먼저 비교했더니 이것들이 확연히 다른 '종'에 속한다고 결론을 짓게 됐다. 성경에 나오는 노아의 방주에 다들 코끼리 한 쌍이 들어갔을 것이라고 믿던 시절인데, 그 믿음을 바꿔야 할 지경에 이른 것이다. 원래 믿음대로라면 아프리카 코끼리 한 쌍, 그리고 아시아 코끼리 한 쌍이 일단 방주에 탔어야 했다. 퀴비에는 프랑스 박물관에 있던 코끼리 모양의 화석을 분석했다. 그랬더니 이건 코끼리 과의 생물은 틀림없으나 꽤 다르게 생긴 동물 화석이라는 결론을 내리게 됐다. 이것이 우리가 아는 맘모스의 화석이다. 1800년대는 이미 유럽의 탐험가들이 세계 구석구석을 다 방문했던 시기인지라 맘모스가 현존하는 어떤 동물의 뼈일 가능성은 없다는 결론도 가능했다. 퀴비에의 논문이 당시 큰 반향을 일으킨 이유를 하나만 꼽으라면 다음과 같이 요약할 수 있다. '지구 역사상 그동안 수많은 종이 멸종했다. 멸종이 그렇게 흔했다면 태초에 얼마나 많은 종이 창조되었겠는가? 멸종한 맘모스도 태초에 존재했다면, 노아의 방주에 타야 하는 동물들도 더 늘어나야 했을 것이다.'

이런 연구 결과가 쌓이면서 성경의 모든 내용을 그대로 믿는 세계관에 균열이 생기게 되었다. 진화론의 서곡이

울려 퍼지는 상황이었으나 독실한 개신교 신자였던 퀴비에는 거기까지 가진 않았다. 이로 인해 새로운 종으로 진화할 수 있다는 개념은 다음 세대 과학자들이 발견할 몫으로 남게 되었다.

종의 진화를 설명하는 이론으로 현대 과학에 큰 족적을 남긴 찰스 다윈(Charles Darwin)도 그 시대의 산물이다. 만약 영국에서 태어나지 않았다면 그 위대한 업적을 쌓지 못했을 수도 있다. 당시 영국은 세계 최강 해양 대국으로 발전하는 단계였기에 머나먼 대륙에서 발견되는 각종 생명체에 관한 정보가 그 어느 나라보다 많았다. 그런 정보가 많으니 학문적으로 종 다양성에 관심을 가지는 사람이 많아졌다. 의사이자 학자였던 다윈의 할아버지가 이미 진화론에 관심이 많았는데, 찰스 다윈도 자연스럽게 그 영향을 받았다.

찰스 다윈은 원래 부모의 뜻에 따라 에든버러에서 의대를 다녔는데, 자신의 적성을 찾아 케임브리지대학으로 학교를 옮기게 됐다. 그는 딱정벌레를 광적으로 수집했고 진화론, 지질학 등에 특히 심취했다고 한다. 졸업 후에는 지인의 추천으로 영국 군함 비글호에 승선하게 된다.

비글호는 영국 해군의 측량선이었다. 먼 대륙, 남의 나라 영토까지 가서 그 해안선을 측량하고 지도를 만들기 위해 만든 배였다. 그런데 비글호의 첫 선장이 이러한 임무를 가지고 남미 최남단 오지에서 오랫동안 작업을 하다가 우울증으로 자살하는 일이 벌어졌다. 뒤이어 선임된 선장 피츠로이(Robert FitzRoy)가 이제 비글호의 두 번째 임무에 파견될 차례였다. 오랜 기간 바다에서 생활하는 동안 말동무 할 사람이 있으면 우울증을 피할 수 있지 않을까 하는 생각에 피츠로이는 젊은 찰스 다윈을 고용했다. 물론 명함에는 '동식물 연구가 및 지질학자', 즉 과학자라는 명칭이 주어졌다. 이렇게 해서 다윈은 남미와 오세아니아의 여러 곳들을 돌아다니며 화석과 동식물 표본을 채집하고, 지질을 연구하게 된다.

다윈은 항해 기간 동안 신기한 세상의 동식물과 지형을 자세히 기록하면서 케임브리지에 있는 지도교수에게 주기적으로 편지를 통해 자신의 발견들을 전했는데, 5년 후 영국에 도착했더니 자신도 모르는 사이에 학계에서 유명 인사가 되어 있었다고 한다. 그 이후 자신의 여행 경험담을 출판하면서 대중들에게도 인지도가 생긴 작가가 되었다. 이것이 『비글호 항해기』라는 책이다. 그리고 한참 후에, 진화에 관한 자신의 생각을 정리한 『종의 기원』을 써서 진화론을 주창하며 역사에 길이 남는 인물이 되었다.

다윈이 주목한 비둘기 품종의 다양성. 육종 업자들이 선택적 교배를 계속 하면 일반인들이 다른 종으로 오해할 정도로 모양이 달라지는 비둘기 품종들이 나타난다. 사진은 형태가 지극히 다른 대표적 비둘기 품종. 좌측 위로부터 시계방향으로 텀블러, 포울터, 캐리어, 팬테일 (출처 - Metropolitan Museum of Art).

『종의 기원』이 과학 역사에 중요한 획을 긋는 책으로 꼽히는 이유는 몇 가지 있다. 우선 '종'이 세월이 지나면서 변한다는 주장을 논리 정연하게 한다는 점이 있다. 다윈이 중요한 예로 든 것이 자신의 비둘기 교배 경험담이다. 당시 영국에서 여러 가지 동물 사육업자들이 활발히 활동했다. 우리가 알고 있는 수많은 강아지 종자들이 1800년대에 출현했고, 영국 빅토리아 여왕은 닭 교배 및 육종에 특히 관심을 많이 가져서 새로운 품종을 많이 만들어 낸 것으로도 유명하다. 다윈은 자신의 연구를 위해 손수 비둘기 교배 실험을 한다. 『종의 기원』에 의하면 다윈은 영국 비둘기 육종 학회에 가입하고 이들 품종들을 해부학적으로 분석하기 시작한다.

이 비둘기들은 모두 한 가지 자연산 품종에서 시작했지만 부리 모양, 꼬리 모양, 머리 크기, 가슴 둘레, 깃털 색상이 각기 다른 품종으로 발전한 것들이었다(그림 4). 각기 다른 품종들을 서로 교배했더니 몇 세대 만에 다시 자연산 비둘기를 꼭 닮은 후손들이 나오는 것으로 보아, 같은 종에서 유래한 것이 틀림없었다. 그런데 전문가들조차 각기 다른 품종으로 분류할 정도로 육종업자들이 종을 크게 바꿔 놓은 것이다. 사람의 손으로 수십년 만에 종을 이렇게까지 바꿔 놓을 정도니, 수억 년의 시간 동안 자연에서는 종이 얼마나 많이 바뀔 수 있었을까? 다윈과 동시대에 살았던 사람들은 이전 세대와는 달리 '종'의 변화를 받아들이고 있었다.

좋다. 종이 변화한다고 치자. 그렇다면 무슨 원리를 따라 변화한다는 말인가? 다윈은 이 질문에 '경쟁'이라는 단어로 해답을 제시한다. 『종의 기원』에서 그는 자신의 텃밭에서 실험한 데이터를 근거로 설명한다. 밭에 씨를 뿌린 후 그중 몇 개나 살아남는지 세어 보았다. 만약 씨를 먹는 벌레를 제거하지 않고, 다른 잡초와 경쟁하는 환경을 방치하면 극소수의 씨앗만이 살아남는다. 이러한 환경에서 조금이라도 더 잘 경쟁하는 개체가 살아남는 것을 '자연 선택'이라고 부르기 시작했다. 육종업자가 인위적 선택을 해도 비둘기 종자가 수십년 만에 급격히 변하는데, 이런 자연적 선택이 수백 만년 계속된다면 어떻겠는가? 어떤 특정 환경에 잘 경쟁할 수 있는 방향으로 종이 진화하리라는 것을 쉽게 연상할 수 있을 것이다.

여태까지는 이론적인 얘기만 했다. 실제로 자연에서 이렇게 종이 진화하는 증거는 무엇인가? 여기서 다윈의 장점이 부각된다. 그는 5년 동안 비글호로 항해하면서 수많은 동물, 식물 및 화석을 채집해 왔다. 뚜렷한 목적 없이 채집한 샘플들을 영국에 돌아와 천천히 분석해 나가면서 진화론을 뒷받침하는 현장의 증거를 쌓아갔다. 그 한 예로 『비글호 항해기』에서 남미에서 수집한 화석에 대해 이야기한다. 다윈이 수집한 화석은 로버트 오웬이라는 비교생물학자가 분석을 하는데, 이 사람도 퀴비에처럼 뼈 조각 몇 개만으로 동물 전체를 예측할 능력이 있는 사람이었다. 그의 분석에 의하면 깊숙한 지층에서 채취한 화석들 중에 멸종된 개체들이 많았고, 그중에는 현재 남아메리카에 살고 있는 동물들과 유사하면서도 뚜렷하게 다른 개체들이 여러 가지 있었다. 왜 남아메리카의 멸종된 화석들은 남아메리카 현존 생물들과 비슷하며, 왜 아프리카의 멸종된 화석들은 아프리카 현존 생물과 더 비슷할까? 비단 멸종된 종과 현존하는 종 사이에만 이러한 관계가 성립하는 것은 아니다. 다윈은 더 나아가 지금 현존하는 종자들을 비교해도 비슷한 관계가 있다는 점을 부각시킨다.

> "남미 대륙에서 수백 마일 떨어진 태평양의 화산섬들에 사는 동물들을 보고 있자면, 마치 남미대륙 본토에 서 있는 듯한 착각을 불러일으킨다. 왜 그럴까? 다른 곳이 아닌 갈라파고스에서 그 동물들이 창조된 것이라면, 왜 이웃 대륙의 동물들과 연관된 특징이 나타날까? 그 섬들의 기온 등 지질학적 특징이 남미대륙의 해안가와는 확연히 다른데도 말이다. 반면에 남미의 갈라파고스 군도와 아프리카 서해안의 케이프 데 베르데 군도를 비교하면, 비슷한 화산섬으로 기온, 위도, 섬의 크기 등이 아주 비슷한데도 불구하고 그 안에 사는 동물들은 완전히 서로 다르다! 하지만 케이프 데 베르데 군도의 동물들은 아프리카 동물들과 더 흡사하고, 갈라파고스 군도의

동물들은 남미의 동물들과 닮았다. 이를 볼 때, 생물들이 각자의 섬에서 창조되었음을 뒷받침할 만한 증거는 없다. 오히려 갈라파고스의 생물들은 남미대륙에서 이주해 왔고, 케이프 데 베르데 군도의 생물들은 아프리카에서 이주해 왔음이 틀림없다고 본다. 일단 이주해 온 생물들은 유전적으로 조금씩 변해서 현재의 모습이 되었을 것이다."[8]

여기에서 제시하는 중요한 개념이 '공통의 조상'이다. 현존하는 종이 멸종된 종과 같은 조상에서 분리돼 나왔다고 가정하면 왜 비슷한 지역에 비슷한 개체들이 생겼는지가 설명이 된다. 어떻게 보면 당시로서 혁신적인 아이디어였다. 모든 종자가 같은 시기에 에덴 동산에서 창조되었다는 세계관이 밀려나가고, 새로운 종이 계속해서 어느 지역에서나 진화해 나간다는 새로운 패러다임이 도래한 것이다.

같은 곳으로부터 이주해 와서 유전적으로 달라지는 것은 비단 섬에 사는 동식물에 국한된 것이 아니다. 우리 인류는 아프리카에서 처음 출현했다는 것이 고고학자, 생물학자, 유전학자들의 공통된 결론이다. 그리고 6만여 년 전부터 각 대륙으로 퍼져나가기 시작해서 현재의 다양한 인종들로 진화해나갔다는 것이 이제는 학계의 정설이다. 조상이 같은데도 키가 크고 금발 머리인 북유럽인, 검은 피부의 오스트레일리아 원주민, 그리고 우리와 같은 검은 머리의 동양인들이 나온 것이다. 그렇다면, 왜 조금씩 유전적으로 달라지는가?

일반인들도 이제는 상식으로 여기는 유전자는 모든 세포에 있는 염색체 속 DNA라는 분자로 만들어져 있다(그림 5). 많이들 알고 있듯이 DNA에 우리의 유전 정보가 수록되어 있는 것이다. 무슨 언어로 정보를 수록했는가? DNA 분자 안에는 네 가지 염기 성분이 있다(그림 5). 이것으로 유전 정보 언어를 만든다. 우리 세포는 이렇게 수록된 정보를 필요할 때마다 꺼내 쓴다. 어떻게? 먼저 DNA에 저장된 염기서열을 그대로 베껴서 mRNA 라는 물질을 만든다. 이는 RNA의 일종으로서 DNA와 유사하게 염기 성분이 있기 때문에 정보를 베끼는 것이 가능하다. 이렇게 만들어진 mRNA 단백질을 합성하는 리보좀이라 불리는 구조에 DNA의 정보를 전달한다. 주 임무가 유전 정보의 '전달'이니 '메신저'의 줄임말 'm'이 붙는다. 그리고 그 수록된 염기서열 정보를 토대로 단백질을 만든다. 이렇게 DNA에 수록된 정보를 꺼내서 단백질을 만드는 과정을 전문용어로 유전자 발현이라 부른다. 뉴욕대학교 우리 실험실에서 주로 하는 연구가 유전자 발현에 관한 것이다. 각기 다른 생명체들마다 다른 종류의 단백질을 만들어야 하니 DNA의 염기서열이 다르다.

　　여담이지만 코로나 바이러스 창궐 이후에 많은 일

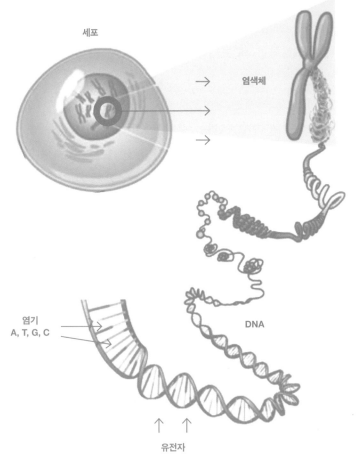

세포

염색체

염기
A, T, G, C

DNA

↑ ↑
유전자

세포, 염색체 그리고 DNA. 사람의 몸은 수많은 세포로 구성돼 있다. 우리 유전 물질은 'DNA'라고 하는 분자로 만들어져 있는데, 이것이 포장돼 있는 세포 안의 구조를 염색체라고 부른다. DNA는 우리 세포를 어떻게 만들라는 정보를 수록하는 물질이다. 그 정보는 소위 '염기'라고 불리는 언어로 수록돼 있다. 염기는 DNA를 구성하는 일부분으로서 이 속에 네 가지 다른 성분이 존재한다. 흔히 A, T, G, C로 이들 성분을 표현하는데, 즉 네 가지 알파벳이 존재한다고 보면 되니, 이를 이용해서 정보를 저장할 수 있는 것이다. 이러한 염기가 바뀌는 것을 돌연변이라고 표현하는데, 이러한 상황이 발생하면 유전 정보가 바뀌게 되고, 그에 따라 우리 몸도 바뀌게 된다.

반인이 mRNA에 대해 알게 되었다. 세포가 사람의 DNA염기서열을 따르는 mRNA를 가지고 있으면 인간의 단백질을 만든다. 그런데 사람의 세포에 바이러스 유전자 염기서열을 가진 mRNA를 넣으면 바이러스 단백질을 만들게 된다. 코로나 바이러스가 처음 출현했을 때 여러 회사들이 백신을 만들겠다고 경쟁을 했다. 전통적으로는 인체에 바이러스 단백질을 주사해 몸으로 하여금 그 바이러스 단백질에 대한 면역력을 키우도록 하는 것이 백신의 원리이다. 그런데 화이자 및 바이오엔텍 등 회사들이 전혀 새로운 실험적 백신 개발에 성공했다. 바이러스의 mRNA를 주사함으로써 바이러스 단백질을 만들도록 했고, 그렇게 해서 바이러스에 대한 면역력이 생기도록 한 것이다. 소위 'mRNA 백신'이다.

우리가 한때 모두 동일한 유전자를 가지고 있었다고 해도 세대가 바뀌면서 자손들의 유전자들이 조금씩 변하게 되어 있다. 즉, 시간이 지나면서 여기저기 그 DNA의 염기가 바뀌는 돌연변이가 생기게 된다. 그로 인해 기존에 저장된 정보가 조금씩 바뀌는 것이다. 물론 돌연변이 때문에 유전자가 심하게 망가진 개체는 경쟁과 자연 선택의 법칙에 따라 소멸할 것이다. 그러나 유전 정보가 약간 바뀌는 경우, 경쟁력에 영향이 없는 경우도 많을 테니, 시간이 지날수록 한 집단의 DNA는 더욱 다양해진다. 그러다가 어렵고 척박한 시기가 오면, 그 환경에서 살아남을 수 있는 개체들만이 생존하는 자연 선택이 일어난다. 먹을 것이 부족한 곳에서는 배고픔에 더 오래 버틸 수 있는 사람들이 살아남는다. 북쪽으로 갈수록, 추위에 내성이 강한 사람들이 살아남는다. 햇빛이 강한 남쪽 지방에서는, 햇빛으로부터 몸을 보호할 수 있는 검은 피부의 사람들이 살아남는다. 그리고 그러한 생존을 가능하게 돕는 유전자들이 그 다음 세대에 전파된다. 그러면서 각기 다른 환경에서 사는 사람들은 조금씩 변해간다.

갈라파고스 군도는 자연 선택의 결과가 그곳에 사는 동물들에게 잘 나타나는 것으로 특히 유명하다. 지금도 갈라파고스를 다녀온 사람들이 이구동성으로 감탄하는 점이 그곳의 동물들은 사람을 피하지 않는다는 사실이다. 커다란 거북이 등에 올라타도 도망가지 않아, 다윈은 갈라파고스 군도에 머물 당시 가끔씩 정박하는 스페인 선원들이 대량으로 거북이 고기를 쉽게 잡아먹는 것을 목격했으며, 자신도 몇 마리를 잡아 먹었다고 한다. 그래도 거북이들은 사람을 피하지 않았다. 거북이뿐만이 아니었다. 그곳에 사는 커다란 도마뱀들도 도망을 가지 않았다. 꼬리를 잡으면, 자신을 잡은 사람을 슬쩍 보고는 별 이상한 동물 다 보겠다는 표정을 짓는 것이 너무 신기하고 이상했다고 한다.

그래서 다윈은 갈라파고스에 오기 전에 보았던 또

다른 섬, 포클랜드와 비교를 해 보았다. 포클랜드는 갈라파고스와 비슷한 기후였지만, 그곳의 동물들은 갈라파고스와는 달리 사람들을 무서워한다. 과연 무엇이 다를까? 포클랜드는 사람들이 몇천 년 동안 살아온 곳이지만, 갈라파고스는 스페인 사람들에게 발견되기 전까지는 사람들이 살지 않았던 무인도였다. 포클랜드에서 사람을 무서워하지 않는 동물들은 일찌감치 사람들의 먹이가 되었고, 사람을 잘 피하는 동물만이 지금까지 남아 있다. 반면 갈라파고스에는 그와 같은 선택 과정이 없었기 때문에, 사람을 봐도 도망가지 않는 동물들로 가득 차있다.

다윈의 진화론이 세상에 널리 퍼지면서 일반인들에게도 진화론이 상식으로 받아들여지기 시작했다. 그 흔적을 『톰 소여의 모험』과 『허클베리 핀의 모험』으로 유명한 미국 소설가 마크 트웨인이 1903년에 쓴 풍자적인 글에서 찾아볼 수 있다.

> "빙하기가 여섯 번에 걸쳐 생겼다가 없어지면서 불쌍한
> 동물들은 지구를 위아래로 옮겨 다니며 피난하게
> 되었으며-북극에 한여름의 기온이 되는가 하면, 적도에
> 얼음이 쌓이는 일이 반복되면서, 다음 날 기후가 어떻게
> 될지 몰라 모두들 불안에 떨어야 했고, 한곳에 정착해서
> 살아볼까 하면 갑자기 발 아래의 대륙이 꺼지면서 물속으로

가라앉아 물고기들과 자리바꿈을 하는가 하면…(중략)….
이런 불안한 생활이 2천 5백만 년 동안 계속되었지만,
이것이 결국 훗날 출현할 인간이 더없이 적합한 환경에
등장하기 위한 준비 기간에 불과했다는 생각은 미처 하지
못했을 것이다. 드디어 세상에 원숭이가 등장했고, 모두들
이제 인간의 출현이 그리 멀지 않았음을 직감했다. 물론
사실이 그랬고. 원숭이는 5백만 년을 더 진화했고, 결국
사람으로 변했다. 이것이 우리의 역사이다. 사람은 3만
2천 년 동안 이 땅에 살아왔다. 사람이 등장하기 전에 1억
년의 준비 기간이 있었다는 사실로 볼 때 인류의 중요성을
알 수 있다. 정말 그럴까? 잘 모르겠다. 만약 파리의
에펠탑이 지구 역사의 모델이라고 한다면, 탑 꼭대기에
있는 구조물의 페인트 더께가 인류의 역사를 상징한다 할
수 있겠다. 그 꼭대기의 페인트 껍데기를 위해 에펠탑을
지었다고 생각하는 자가 있을까? 설마 없겠지?"[9]

이처럼 '종(species)'은 새로 생기지 않는다는 카를 린네의 세계관이 점차 저물고, 새로운 품종들이 끊임없이 진화한다는 다윈의 세계관이 이를 대체하기 시작했다. 그러면서 육종업자들이 새로운 닭 품종, 비둘기 품종, 강아지 품종을 계속해서 만들어 냈다. 그렇다면 식량을 더 많이 만들 수 있는 새로운 식물 품종도 만들 수 있지 않을까?

이러한 농업의 혁명이 이루어지기에 앞서 유전자라는 개념이 정립됐어야 했다. 왜 인간을 포함한 동물은 자신을 꼭 닮은 후손을 낳는가? 앞선 세대가 그 다음 세대에 유전형질을 물려주기 때문이고, 만약 어떤 생명체가 진화를 한다면 그 유전자가 바뀌어야 하는데, 19세기에는 아직 그 개념이 모호한 상황이었다. 유전자가 무엇인지에 대한 이해가 필요했다.

유전자에 대한 단초를 처음 제공한 사람은 오스트리아-헝가리 제국의 실레시아 지방의 한 과수원 집에서 1822년에 태어난 요한 멘델(Gregor Johann Mendel)이다. 과수원 집의 외아들로 태어났으니 죽을 때까지 과수원에서 일할 팔자였다. 하지만 멘델은 과수원 일을 무엇보다 싫어했다. 매일 과수원에서 중노동을 하며 겨우 가족을 먹여 살리는 아버지를 보며 자신의 암울한 미래를 떠올렸던 듯하다. 반면에 학교 공부에는 재능을 보였다. 고등학교를 졸업하고 밭일로 돌아가지 않겠다고 마음먹었지만 계속 학업을 하기에는 학비를 댈 여력이 없었다. 그런 멘델에게 학교 선생님이 조언을 했다. 부르노라는 이웃 마을로 가면 성 토마스 수도원이 있다고. 거기는 수도승들이 평생 학문을 갈고 닦는 것으로 유명하다고. 거기에 가서 순결 서약을 하고 수도승이 되면 과수원 일을 하는 삶에서 해방되는 동시에 평생 학자로 살 수 있다고. 멘델은 1843년 성

토마스 수도원의 수도승이 되었다. 거기서 새로 얻은 이름이 그레고르(Gregor)였다.

성 토마스 수도원이 속한 아우구스티노 수도회는 과학과 지식을 통해 하나님의 말씀을 전한다는 철학을 가진 곳이다. 멘델의 수도원 원장은 그 철학을 따라 수도승들에게 대학 교육을 시키고 그 주변의 각종 학교에서 가르치는 것을 장려하고 있었다. 그 방침에 따라 그레고르 멘델도 비엔나 대학에서 물리학, 수학 그리고 식물학을 배우게 됐다. 그리고 학업이 끝난 후에 수도원에 돌아가서 작은 실험을 시작했다. 처음 관심을 가진 문제는 왜 생쥐들 중 털 색깔이 다른 종자가 있느냐 하는 것이었다. 그래서 이들을 서로 교배하면 어떻게 되는가를 알아보고 싶었다. 그러던 중에 그 지방의 추기경이 수도원을 방문했다. 이 추기경은 원래 너무 세속적인 학문에 열중하는 수도원 분위기를 못마땅해하고 있었는데, 수도승이 생쥐 교미 실험을 한다는 것을 알고는 더는 좌시하지 않겠다고 했다. 순결 서약을 하고 수도승이 된 사람들이 성스러운 곳에서 짐승을 서로 교미시킨다고? 추기경의 격노에 멘델의 생쥐 실험은 중단됐다. 그래서 시작한 것이 완두콩 교배 실험이다.

추기경이 과학에 문외한이어서 그렇지 완두콩 교배도 생쥐 교미와 별다를 것이 없는 실험이었다. 꽃이라는 것이 식물의 생식 기관이고 그 안에는 여성의 생식기관에 해당하는 암술이 있고, 또 남성의 생식기관에 해당하는 수술이 있다. 어떤 식물은 암술과 수술이 같은 꽃에 있기도 하고, 어떤 식물들은 각기 다른 꽃에 있다. 수술에서 나온 꽃밥이 같은 종의 암술에 들어가게 되면 교배가 이루어진다. 그리고 태아가 발아하면서 열매를 맺는다.

이렇게 식물이 유성생식을 한다는 것이 밝혀진 18세기부터 인위적으로 식물을 교배시키는 사람들이 출현했다. 한 가지 품종에서 수술을 가위로 다 자르면 그 꽃들은 암술만 남는다. 소위 식물을 거세시키는 것이다. 이 꽃들은 사람이 인공적으로 교배를 시키지 않으면 씨앗을 만들 수 없다. 이를 기반으로 사람들이 원하는 다른 꽃에서 수술을 가져와 원하는 꽃의 암술에 뿌린다. 이렇게 하면 원하는 두 가지 품종을 서로 교배시킬 수 있는 것이다. 물론 이런 교배는 같은 종 안에서만 가능하다. 가끔 서로 다른 종을 교배시켰을 때, 비슷한 종 사이에서 후손이 나오는 경우가 있기는 하다. 하지만 이런 하이브리드 종은 대개 불임이다. 동물의 경우 당나귀와 말을 교배시켰을 때 나오는 노새가 이에 해당한다. 호랑이와 사자를 교배시켰을 때 나오는 라이거 또한 불임이 된다. 대부분의 성공적인 교배는 같은 종 안에서만 일어난다.

비엔나대학에서 배운 식물 교배 기법들을 기반으로 멘델은 완두콩 교배 실험을 시작했다. 당시 완두콩의 품종은 여러 가지였다. 씨앗의 모양이 동그란 것과 각진 것, 씨앗이 초록색인 것과 노란색인 것, 그리고 키가 크게 자라는 것과 작게 자라는 품종, 그리고 꽃이 하얀색인 것과 보라색인 것들이 있었다. 멘델은 1857년부터 성 토마스 수도원의 정원에서 동그란 씨앗의 품종과 각진 씨앗의 품종을 서로 교배시키는 실험을 시작했다. 그 씨앗을 심은 후 제1세대 후손은 모두 동그란 씨앗을 만들었다. 이제 모든 교과서에 자세히 서술되지만 소위 동그란 씨앗이 '우성'이고 주름진 씨앗이 '열성'인 셈이었다.

이러한 1세대 후손을 서로 교배시켰더니 2번째 세대에서는 조금 더 이상한 결과가 나왔다. 사분의 일의 후손들에서 열성 형질, 즉 각진 씨앗이 나왔고, 나머지 사분의 삼에서 동그란 우성 씨앗이 나왔다. 다른 형질들에 대한 비슷한 연구를 했는데, 역시 제2세대 후손에서 1:3의 비율로 열성:우성의 형질들이 나타났다. 보통 사람 같으면 신기하다고 생각하며 여기서 연구를 중단했을 수도 있다. 하지만 멘델은 수학적 감각이 뛰어난 사람이었다. 1:3이라는 비율을 어떻게 설명할까? 만약 완두콩에 있는 '유전을 결정짓는 그 무언가'가 두 개씩 있으면 이를 설명할 수 있었다. 씨앗의 모양을 결정하는 인자도 두 개, 꽃의 색을 결정하는 인자도 두 개, 모든 유전인자는 두 개씩 있다는 결론을 내렸다. 그 두 개 중 하나만 자손에게 물려준다. 그래서 우리는 하나의 유전인자를 아버지에게서 받고, 또 다른 유전인자는 어머니에게서 받는다는 이론이 정립된 것이다.

　　　이렇게 시작한 유전학의 비밀이 20세기 들어서 더욱 비약적인 발전을 하게 됐다. 멘델이 수학적으로 표현했던 유전인자들은 과연 무엇일까? 미국의 토마스 헌트 모건(Thomas Hunt Morgan)이라는 학자가 1910년 초파리 돌연변이를 처음 발견하면서 이를 연구하기 시작했다. 초파리의 장점 중 하나가 세포의 염색체를 현미경으로 관찰하기 좋다는 것이었다. 염색체라 하면 세포 안의 핵에 있는 물질이다. 원래 잘 안 보이다가 세포가 분열하기 직전에 선명한 모양으로 나타나기에 이때 현미경으로 관찰할 수 있다. 이러한 염색체가 여러 가지 있는데, 모두 한 쌍씩 존재한다는 것을 발견했다. 한 쌍이라 하면 멘델이 얘기하던 유전인자도 한 쌍으로 존재하는데 말이다. 이런저런 데이터를 보강해서 결국 초파리의 눈 색깔을 바꾸는 유전자들이 세포 안의 염색체에 있다는 것이 밝혀졌다. 더 훗날 밝혀진 이야기이지만 그 염색체 안에 있는 DNA라는 물질이 우리 유전 정보를 수록하고 있다. 그리고 멘델이 확립한 유전법칙이 완두콩에만 적용되는 것이 아니라 모든 동식물에 널리 적용된다는 원칙이 확립됐다.

　　　유전학이 발전하면서 종의 진화에 대한 개념도 더 구체화되기 시작했다. 우리가 먹는 작물들도 점차 진화하는가? 남아메리카를 원산지로 하는 옥수수에 관심을 가지던 유전학자들이 이 문제를 연구하기 시작했다. 수많은 인구를 먹여살리는 옥수수가 농경사회가 오기 전에는 어떤 형태로 존재했을까? 분명 야생에서 자라는 옥수수는 존재하지 않는다. 왜일까? 야생 옥수수가 지난 일만 년 사이에 멸종됐든가, 아니면 다른 야생의 식물에서 진화를 했든가 둘 중의 하나일 것이기 때문이다.

미국의 저명한 유전학자이자 시카고대학 총장을 역임했던 조지 비들(George Beadle)은 은퇴 후 이 문제에 관심을 가지게 됐다. 그리고 그 옥수수의 조상으로 지목한 것이 멕시코에서 야생으로 자라는 풀과의 식물 테오신테(teosinte)이다(그림 6). 말이 되는 이야기일까? 테오신테의 열매를 보면 옥수수의 십 분의 일 크기이다. 하나의 옥수수에 500여 개의 알이 있는 반면 테오신테에는 다섯에서 열 개 정도의 알밖에 없다. 거기에다가 테오신테 알은 옥수수와는 달리 너무 딱딱해서 씹다가 이빨이 깨질 수도 있을 정도이다. 이런 풀과 식물을 먹겠다고 그 누군가가 옛날에 이를 재배하기 시작했다고 주장을 한다면 다들 말도 안 되는 소리라고 할 법하다. 하지만 비들은 유전학적 논리를 폈다. 옥수수와 테오신테를 교배했더니 씨앗이 생겼다. 같거나 비슷한 종이라는 이야기이다. 그 씨앗에서 나온 풀들은 옥수수와 테오신테의 중간쯤 되는 특성들이 많이 나왔다(그림 6). 하지만 간혹 아주 옥수수를 아주 닮은 혹은 테오신테를 닮은 것들도 나타났다. 멘델이 완두콩에서 보인 것처럼 우성 및 열성 유전자가 있는 것이었다.

그림

6

테오신테와 옥수수. (우) 옥수수, (좌) 테오신테, (중) 테오신테와 옥수수를 교배시켜 나온 하이브리드.

비들은 멘델의 유전학 방법을 이용해서 옥수수와 테오신테가 약 다섯 번 정도의 유전자가 달라지는 진화를 했다는 결론에 도달했다. 그리고 그 결론은 최근 발전된 DNA 분석 기법으로 다시 확인됐다. 고고학 분야에서도 이 문제를 연구하는 데 참여해 다다른 결론은 다음과 같다. 약 9천여 년 전 멕시코의 고원 지방에서 일부 사람들이 야생의 테오신테를 재배하기 시작했다. 그리고 그 이후 수천년간 보다 먹기 좋은 종자들을 골라서 계속 재배를 반복했더니 열매가 더욱 커지는 방향으로 진화하게 되었고 껍질은 더욱 부드러워졌다. 다윈이 이야기 한 인위적 선택 때문에 품종이 개량이 된 것이다.

만약 품종 개량이 인류 농경 역사상 계속된 것이었다면 인류의 식량난을 해결하기 위해 품종 개량을 더 빨리 진행시키면 어떨까? 1930년대부터 이와 같은 아이디어로 실험을 시작하는 사람들이 나타나기 시작했다. 그중 하나가 1914년 미국 아이오와의 깡촌 시골에서 자라난 노먼 볼로그(Norman Borlaug)란 인물이다. 비옥하지 않은 땅에서 농사짓는 가정에서 태어난 그는 가난한 환경에서 자랐다. 어릴 적부터 가축을 키우고 옥수수를 재배하는 중노동을 통해 가족을 도왔다. 그러다가 1930년대에 가족이 트랙터를 구입해 밭일 노동이 많이 줄어들면서 노먼은 대학 교육을 받을 수 있게 됐다. 미네소타대학에서 산림학을 전공하게 된 그는 졸업 직전 병충해에 내성이 있는 작물을 만들겠다는 앨빈 스타크만(Elvin Stakman) 교수를 만나 대학원에 진학해서 식물 병리학을 전공하게 된다.

1940년에 미국의 남쪽 멕시코에서 새로운 대통령이 당선되면서 자신들의 경제를 발전시킬 아이디어들을 추진하기 시작했다. 멕시코 정부는 미국 정부에 멕시코 경제 발전을 지원해달라고 요청했다. 당시 미국은 전 세계를 휩쓰는 공산주의 혁명(붉은 혁명)에 위협을 느끼면서 식량 문제를 지닌 국가가 상대적으로 더 공산화가 된다고 분석하고 있었다. 그 연장선상에서 멕시코의 식량 문제를 돕는 것이 그 나라의 공산화를 막는 데 도움에 된다고 판단하고 적극 돕기로 한다. 미국 정부는 당시 미국 굴지의 연구재단이던 록펠러 재단에 지원을 요청했고, 재단은 스타크만 교수에게 멕시코 농업 발전에 대한 연구를 맡겼다. 스타크만 교수는 자신의 제자이기도 한 제이콥 하라르(Jacob Harar)를 멕시코에 파견했는데, 하라르는 연구원으로 노먼 볼로그를 고용했다. 다른 연구원들은 멕시코의 주요 농산물인 옥수수와 콩을 연구했고, 제일 막내인 볼로그는 밀 농사 연구를 맡았다. 스타크만 교수의 관심사에 따라 밀의 뿌리를 갉아먹는 '러스트'라는 질병에 내성이 있는 작물을 만드는 것이 목표였다. 그 계획의 기본 원리는 기존의 유전학적 기법을 그대로 이용하는 것이었다. 기존의 여러 가지 밀 품종들을 서로 교배시키면 질병에 강한 새로운 품종이 나타날 수도 있다는 것이었다. 과학적 원리는 간단했지만 손이 많이 가는 작업이었다. 6천여 가지 다른 교배를 하고 일일이 들판에 심어서 이를 테스트해야 했다.

　　노먼 볼로그가 혼자 시작한 밀 연구는 결국 연구 사업의 중심이 되었다. 6천여 종의 밀을 어떻게 교배할 것이며 얼마나 시간이 많이 걸리는 사업이냐며 윗사람들이 제동을 거는 일이 많았지만 볼로그는 이 연구를 밀어붙였다. 그리고 더 많은 교배를 하겠다고 새로운 아이디어를 제안했다. 여름에 멕시코 해발 2,600미터 고원에서 밀을 교배하고, 거기서 나온 씨앗을 다시 기온이 높은 저지대로 옮겨 가 심는다면 이모작을 할 수 있지 않을까, 그렇다면 작물 품종 개량 기간을 반으로 줄일 수 있지 않을까 하는 생각이었다. 그의 상사들은 밀은 이모작하는 작물이 아니라며 그의 아이디어에 반대했다. 그런데 볼로그는 물러서지 않았다. 몇 년간 멕시코에서 일하면서 그곳의 식량 문제를 해결하는 데 투신하겠다고 생각했던 그였기에 무조건 반대하면 사퇴하겠다고 엄포를 놨다. 결국 스타크만 교수의 중재로 자신의 아이디어를 실행에 옮기게 됐다. 멕시코의 고지대와 저지대를 옮기며 매번 밀을 심을 때마다 러스트 질병에 제일 잘 견디는 것의 씨를 골랐다. 그리고 이를 다시 장소를 옮겨서 심고, 같은 작업을 반복하며 품종 개량 사업을 계속했다.

이렇게 해서 질병에 내성이 있는 품종 개발에 성공했다. 하지만 볼로그는 거기에 만족하지 않았다. 더 많은 수확량이 필요했다. 그래서 화학비료를 쓰고 치수 작업까지 했다. 이렇게 했더니 또 다른 문제가 발생했다. 씨앗이 많이 나오기는 하는데 줄기가 버티지 못하고 쓰러지는 것이었다. 그래서 유전학을 이용해서 안 쓰러지는 품종을 개발하기 시작했다. 일본에서 '노린10'이라 불리는 키가 작은 밀 품종을 수입해 수확량이 많기로 유명한 미국 품종 '브레버14'와 교배했다. 이렇게 해서 개발한 품종은 그 전의 미국 품종에 비해 키는 반밖에 안 됐고 줄기는 더 튼튼했다. 줄기가 더 튼튼하니 화학비료를 충분히 사용하면 기존보다 훨씬 더 많은 씨앗을 지탱할 수 있었다. 이렇게 개발된 품종들이 멕시코 전역에 급속히 퍼졌다. 볼로그가 멕시코에 도착한 것이 1944년이었는데 그 19년 후인 1963년에 멕시코 전체 밀 수확의 95%가 그가 개발한 품종이었다. 그해 멕시코 전체 밀 수확량은 1944년에 비해 여섯 배 증가했다. 볼로그의 품종 개량 사업을 통해 멕시코가 식량 문제를 겪는 국가에서 밀을 자급자족하는 국가로 발전한 것이다.

멕시코에서의 성공을 기반으로 볼로그와 록펠러 재단 그리고 미국 정부는 다른 국가들도 돕겠다고 나섰다. 1960년대는 전 세계적으로 굶는 인구가 많던 시절이다. 중국은 죽(竹)의 장막 때문에 미국이 도울 수 없는 곳이었다. 그래서 눈을 돌린 곳이 인도와 파키스탄이다. 그 당시 『인구 폭탄』

이라는 베스트셀러가 사람들의 이목을 집중시키기도 했는데, 이 책의 저자가 인도를 콕 집어서 세계 식량 문제 이야기를 쓰기도 했다. "인도 상황을 잘 아는 사람들 중에 인도가 식량을 자급자족할 거라 생각하는 사람은 한 사람도 본 적이 없다"며 "이대로라면 1980년쯤엔 인도에서 못 먹는 인구가 2억 명에 달할 것이라고 예측한다"는 내용이 이 책에서 강조된다.

이제 평생을 굶는 사람을 돕는데 투신하겠다고 작정한 볼로그에게 마침 스와미나탄(Swaminathan)이라는 인도의 한 농학자가 같이 일을 하자고 제안해 왔다. 볼로그는 자신이 개발한 품종을 보내고 키우는 방법을 가르쳐 준 다음 수확철에 인도를 방문했더니 인도 농민들이 그가 지시한 비료와 물을 제대로 주지 않은 것을 발견했다. 왜 시킨대로 하지 않았느냐고 따졌더니 오히려 반발이 돌아왔다.

"당신 같은 서양놈들은 인도의 간디 정신 모르지? 욕심을 버리고, 소박하고 자급자족의 생활을 하라는 말씀 말이야. 당신이 화학 비료 쓰라고 하는 것, 사실 니네 양키 비료 팔아 먹으려고 하는 소리인 거 우리가 다 알아. 여기는 우리 땅이니 우리 방식대로 할 거요."

이러는 와중에 인도와 파키스탄 사이에 일어난 카슈미르 영유권 분쟁이 전쟁으로 이어졌다. 인도를 방문한 볼로그는 거리에서 먹을 것을 구걸하는 아이들과 굶어 죽은 사람들을 싣고 다니는 트럭을 심심치 않게 목격했다. 이를 참지 못한 볼로그는 인도 예산 담당 장관을 찾아가 "빨리 비료를 수입해서 수확량을 늘리지 않으면 굶어 죽는 사람들은 전부 당신 책임일 것"이라며 고성을 질렀다는 얘기도 전해진다.

그즈음 미국의 해외 원조 정책이 바뀌게 됐는데, 이것이 인도 정부를 움직였다. 당시 미국 잉여 농산물의 반 정도가 공산화를 막는다는 명목으로 인도로 보내지고 있었는데, 미국도 더 이상 여유가 없다며 밀 원조를 중단하기로 한 것이다. 인도에서는 강대국이 자신들을 굴복시키려 한다며 반발하는 여론이 일었지만, 정부는 볼로그의 방법으로 밀 농사를 해 보기로 정책을 전환했다. 이런 우여곡절 끝에 수확 시즌이 다시 왔는데, 역대 서남아시아 지역 수확량 기록을 갈아 치우는 대성공으로 이어졌다. 이러한 품종 개량 덕분에 인도는 1965년 1,200만 톤에서 1970년 2,000만 톤으로 밀 수확량이 늘어났다. 그리고 1974년부터는 밀 자급자족 국가가 되었다. 볼로그의 식물 교배 실험으로부터 시작한 전 세계 식량 문제 해결 과정을 일컬어 사람들이 '녹색 혁명'이라 부르기 시작했다. 식량 문제에서 촉발되는 공산주의 붉은 혁명과 대비되는 용어였다. 그리고 1970년 볼로그는 노벨 평화상을 수상했다.

노벨상 위원회가 새벽 4시에 멕시코시티에 있는 그의 집에 전화했지만 그는 이미 밭일을 하러 인근 마을에 출장을 떠나서 전화를 못 받았다고 한다. 기자들은 밀밭에까지 찾아가서 그를 취재했다. 그는 노벨상 연설에서 "노벨 위원회가 나라는 개인을 녹색 혁명의 상징으로 삼아 이 상을 수여한 것 같다"며 "농업과 식량 생산이 배고픈 세계 인구에게 빵과 평화를 가져다주는 데 얼마나 중요한 역할을 하는지를 인정한 것으로 본다"는 소감을 남겼다.

멕시코와 인도에서 시작된 전 세계 녹색 혁명은 곧 다른 지역에도 변화를 가져왔다. 록펠러와 포드 재단은 아시아에서도 식량 문제를 돕겠다고 1960년 필리핀에 국제 쌀 연구소를 만들어서 일을 시작했다. 이 기관에서 헨리 비첼(Henry Beachell)이라는 미국인이 육종과장으로 일을 하면서 노먼 볼로그가 했던 방법을 쌀 품종 개량에 적용했다. 특히 키가 작은 품종을 개발하면 노먼의 밀과 같이 수확량을 늘릴 수도 있고, 또 동아시아에 빈번한 태풍에도 잘 견딜 수 있다고 생각해서 그 방향으로 연구를 추진했다. 그래서 나온 것이 '기적의 쌀'이라고 불리는 IR-8 품종이다. 밥을 지었을 때 찰기가 없는 남방계 인디카 계열 페타(Peta) 품종과 대만의 키가 작은 품종인 디저우젠을 교배해서 만든 종이다.

그리고 얼마 지나지 않아 우리나라에서도 1962년에 농촌진흥청이 설립되었고, 우리나라 농학자들이 필리핀 국제 쌀 연구소에서 연수를 받기 시작했다. 그중 허문회라는 농학자가 있었는데, 선진 품종 개량 기술을 배우겠다고 서울대 교수직을 휴직하고 국제 쌀 연구소로 옮겨서 비첼과 일을 하기 시작했다. IR-8 품종이 이미 개발되었지만 우리나라 사람은 찰기가 없는 남방계 인디카 쌀을 싫어하기에, 우리나라에 맞는 품종을 새로 개발하기로 했다. 우리가 좋아하는 북방계 자포니카와 남방계 인디카 쌀을 교배시키면 어떨까 하는 아이디어가 나왔다. 하지만 농학자들이 이들을 교배시켜 보니 그 다음 세대에 불임인 벼가 나왔다. 두 품종이 너무 달랐던 것이다.

그래서 허문회 교수팀은 몇 세대에 걸쳐 조금씩 품종을 개량하는 방식을 시도한다. 대만 품종 디저우젠과 남방 인디카를 교배시켜 얻은 품종을, 또다시 우리가 좋아하는 북방계통 자포니카 종인 유카라와 교배시키고, 이것을 다시 기적의 벼 IR-8 과 교배시켜 2대 잡종을 만들었다. 볼로그가 멕시코에서 했던 것처럼 허문회 교수도 필리핀에서 이모작으로 품종을 교배하면서 품종 개량 기간을 단축했다. 이렇게 나온 것이 키가 작으면서 일반 벼보다 수확량이 월등히 많은 '통일벼'이다. 1969년 한국의 한 언론 기사를 보면 "기적의 쌀 재배 성공, 벼 곱절 거둘 수 있다"는 제목이 눈에 띈다. 이 즈음에 우리나라 보릿고개는 자취를 감춘다. 쌀 품종 개량은 그 이후에도 계속됐다. 통일벼가 수확량은 뛰어나지만 맛이 없다는 평판이 많았기에, 한국인 입맛에 맞으면서도 적당히 키가 작고 또 병충해에 저항성을 가진 품종들이 계속 개발됐다. 통일벼는 결국 사라졌지만 우리 밥상에 현재 오르는 동진벼, 삼광벼, 고품벼 등은 그 이후에 개발된 품종들이다.

이렇게 해서 우리는 인류 역사를 통틀어 식량 부족을 걱정하지 않는 유일무이한 시대에 접어들게 되었다. 미국에서는 1970년대 정부의 정책이 변하면서 식량이 단지 충분한 수준을 넘어서 남아도는 사회로 발전하게 됐다. 1970년대 이전까지는 농민들을 보호하기 위해 식량 생산을 조절하는 것이 정부의 주요 의제였다. 그도 그럴 것이 너무 과다한 식량 생산이 곡물 가격 폭락을 가져왔고, 그로 인해 농민들의 경제 활동이 위축되었던 것이 1920년대 말 전 세계 대공황의 주요 요인이었다고 봤기 때문이다. 대공황을 해결하기 위해 민주당 출신 루즈벨트 대통령이 잉여 농산물을 정부에서 매입하고 농산물 가격 하한가를 유지하는 정책을 뉴딜 정책의 일환으로 시행했고, 그 정책은 1970년대까지 이어져 왔다.

그런데 이 즈음 공화당 출신 리처드 닉슨이 대통령에 당선되면서 '자유 시장' 경제를 강조하기 시작했다. 그 일환으로 미국 농무부 장관 얼 버츠(Earl Butz)가 농업정책을 확 바꿔 버렸다. 농산물 공급을 제한하는 정책을 먼저 대거 폐기했다. 농부들이 농산물을 필요 이상으로 재배하더라도 자유무역을 통해서 이를 내다 팔 수 있다고 본 것이다. 농민들의 피해가 절대 없을 것이라고 주장했다. 하지만 아니나 다를까 농산물 가격은 그 이후로 급락했다. 미국 중서부에서는 그 어느 때보다 농산물을 많이 생산했지만, 그만큼 가격이 하락해 농부들에게 이득이 돌아가지 않았다.

이러한 정책이 가져온 사회적 변화는 무시할 수 없었다. 미국 중서부의 광활한 대지에서 경작하는 작물 중 사람이 먹는 작물의 비중은 크지 않았다. 잉여 농산물의 가격이 낮아지니 이를 이용하는 산업이 발달하기 시작했고, 그러한 산업에 맞추어 작물이 재배되었다. 제일 많이 키우는 작물이 옥수수였고 그 다음은 콩이었다. 이 옥수수 역시 사람이 먹는 맛있는 옥수수 품종은 아니고 맛이 지독히 없더라도 수확량만 많은 품종이 대부분이다. 이 품종은 대부분 가축의 사료로 판매되었다. 맛이 없어도 에너지만 충분하면 됐다. 원래 풀을 먹고 자라는 소에게 옥수수 사료를 먹이니 더 크고 빨리 성장하게 되었고, 생산이 증가하면서 고기 값도 떨어졌다. 이를 통해 소고기는 가끔씩 먹는 귀한 존재에서 자주 먹을 수 있는 음식으로 탈바꿈하였다.

가축 사료로 쓰이는 것 이외에도 미국 옥수수의 40%는 에탄올 연료 생산에 쓰인다. 일단 재배했지만 먹겠다는 사람이 없으니 산업용 수요를 만들어 낸 것이다. 미국의 주유소에서 가솔린을 주유할 때 '몇 %의 에탄올 함유'라는 표시를 심심치 않게 볼 수 있다. 그 외에도 옥수수는 음료수 회사에 납품되어 단 맛을 내는 포도당과 과당을 생산하는 원료로 쓰인다. 낮은 가격의 원료로 만든 콜라와 사이다는 물만큼 가격이 쌌다. 이로 인해 미국인들의 탄산음료 소비량이 증가했다. 많은 사람들은 자연히 물보다는 달짝지근한 음료를 선호했는데, 통계에 의하면 미국인들의 당분 섭취에 가장 큰 비중을 차지하는 것이 주스, 청량음료 및 스포츠 음료에 첨가된 설탕 성분이라고 한다.[10] 이렇게 해서 1970년대 미국 농업 정책의 전환 이후 미국인들의 체중이 급격하게 늘기 시작했다. 비만체중지수(BMI) 30 이상을 비만으로 정의할 경우 1962년에 23%의 미국 성인이 비만으로 분류됐던 반면 2019년 통계에 의하면 그 비율이 40%로 증가했다. 그러면서 비만 때문에 생기는 당뇨병, 고혈압, 심혈관계 질환도 같이 증가했다. 특히 비만 인구가 많은 중서부 및 남부의 저소득 계층에서 이러한 건강 문제가 많은 실정으로, 이들 계층의 기대수명도 낮은 형편이다. 이렇다 보니 미국인의 평균수명은 웬만한 선진국들 중에서는 최하위권이다.

20세기 후반에도 농업 혁명은 계속되었는데, 식량이 부족해서라기보다는 대기업들의 이윤 추구 때문이었다. 대표적으로 세계 굴지의 농산물 관련 대기업인 몬산토(Monsanto)가 있다. 몬산토는 미국의 미주리 주 세인트 루이스에 본사를 둔 회사였는데, 근래에 독일의 바이엘이 인수했다. 원래 몬산토는 여러 가지 제초제를 개발해 팔고 있었는데, 그중 하나가 식물이 단백질을 구성하는 아미노산을 못 만들게 방해하는 물질, 즉 글라이포세이트라는 화학물이었다. 이 제품은 1970년대부터 이 회사의 주요 수익원이었다. 그런데 이것이 제초제로서 뛰어난 물질이라고 하기는 어려웠다. 이것이 잡초만 죽이는 것이 아니라 농작물에도 안 좋은 영향을 미쳤기 때문이다. 그러니 작물을 키울 때는 쓸 수 없고, 씨앗을 심기 전 밭에 있는 잡초를 깡그리 제거하는 용도로만 사용했다. 그리고 쉽게 분해되기 때문에 자주 뿌려야 했다. 회사는 쉽게 분해되는 것이 환경에 좋은 것이라 홍보했지만 농부들에게는 불편한 제품이었다.

몬산토에 화학자들은 차세대 제초제를 개발하며 잡초만 골라 죽이고 농작물을 죽이지 않는 물질이 없을까 부단히 고민했다. 하지만 화학적인 방법으로 개발하는 데에는 실패했다. 그러다 1980년대에 몬산토의 생물학자들이 일종의 역발상을 제안했다. 똑같이 독성이 있는 제초제를 그대로 쓰되, 그 제초제에 내성이 있는 농작물을 개발하면 어떨까? 그 당시 전 세계 과학계가 유전공학 혁명을 거치던 시절이니 과학 소설 같은 이야기만은 아니었다. 일부에서는 식물 세포에 자신의 DNA를 삽입하는 아그로박테리움 투마페시엔(Agrobacterium tumefacien)이라는 박테리아를 연구하고 있었는데, 이 박테리아에 원하는 유전자를 넣어 식물에 삽입하는 기술이 개발되었다. 몬산토의 일부 과학자들이 "제초제를 더 팔겠다고 식물 유전자를 조작하다니, 하느님에게 천벌 받는다"고 버텼지만 회사는 프로젝트를 이어갔다. 그리고 이 제초제에 내성이 있는 유전자까지 곧 발견했다. 글라이포세이트 생산 공장에서 이 제초제에 내성이 있는 미생물들이 자란다는 것이 발견됐고, 그 미생물에서 내성의 원인이 되는 유전자를 추출해서 농작물에 그 DNA를 삽입했다. 이러한 과정을 거치면서 1996년 즈음해서 몬산토는, 제초제에 내성이 있는 유전자가 조작된 콩 씨앗을 시판하기에 이르렀다. 1970년대 이후 농작물 가격이 계속 낮아지면서 미국의 농업 인력도 점점 줄어들고 있었기에, 잡초 제거에 필요한 인력을 줄일 수 있는 이 제품에 수요자가 몰렸다. 몬산토의 씨앗을 심은 농부들은 제초제도 함께 구매해야 했으니 몬산토의 수익도 높아졌다. 이러한 작물의 인기는 더욱 치솟았고 지금도 비슷한 방법으로 유전자가 조작된 옥수수, 목화 등이 널리 재배되고 있다.

광활한 중서부의 농토에 제초제에 내성이 있는 옥수수, 콩 등을 심고서는 그 위에 무차별적으로 제초제를 살포하는 광경을 상상해 보라. 손이 너무 많이 가서 제한되었던 식량 양산에 새 지평이 펼쳐진 것이다. 유럽 등 일부 지역에서는 아직도 유전자 조작 작물에 대한 반감이 만만치 않지만, 미국 옥수수의 70%, 목화의 80%, 콩의 90%는 이와 같이 유전자가 조작된 작물들이라 한다. 그뿐만이 아니다. 상당수 미국 가정에서 글라이포세이트를 사용하고 있다. 유전자 조작 잔디를 가꾸면서 잡초 제거 문제로 받던 스트레스에서 벗어나고 있는 셈이다.

이제 글라이포세이트는 전 세계에서 가장 많이 사용하는 제초제가 되었다. 사람을 먹여 살리기 위한 식량 혁명이 노동을 줄이기 위한 식량 혁명, 제초제를 팔기 위한 식량 혁명으로 향했다. 글라이포세이트가 너무 많이 사용되면서 내성을 갖춘 잡초들이 진화하기 시작했다. 몬산토를 비롯한 바이오테크 회사들은 이에 대처하기 위해 또 다른 제초제들에 내성이 있는 작물들을 개발하고 있다. 제초제들이 막는 효소들을 돌연변이시켜서 더 이상 그 기능을 막지 못하게 만들면 된다는 전략이다.

이렇게 해서 우리 인류의 농경 사회는 역사상 전무후무한 변화를 거치게 되었다. 미국에서는 2007년 예일대학을 갓 졸업한 두 젊은이가 다큐멘터리 영화 〈킹 콘(King Corn)〉을 만들면서 옥수수 농업의 발전이 가져온 사회 변혁을 대중들에게 널리 알린 바 있다. 이 영화에서 제작자들이 1970년대 농무부 장관을 역임했던 얼 버츠(Earl Butz)를 인터뷰하는데, 거기서 버츠 장관이 자신의 업적에 대해 다음과 같은 대답을 한다.

"우리가 시행한 정책에 대해 비판적인 사람도 많다는 걸 알고 있습니다. 하지만 나는 좋은 쪽으로 사회를 많이 바꿔 놨다고 봅니다. 인류 역사상 우리 소득의 대부분은 먹을 것 구입하는 데 써 왔잖아요. 그런데 우리 정책 때문에 식료품 가격이 낮아졌으니 사람들이 여윳돈으로 다른 여러 가지 활동을 더 많이 하게 됐어요. 나는 이것을 긍정적으로 봅니다."

도시에서 생활하는 사람들의 관점에서 보면 틀린 말은 아니다. 1970년대 이전에 값비싼 여가 생활을 할 수 있는 인구가 얼마나 됐던가? 해외 여행과 같은 여가 활동에 돈을 쓴다는 것은 일부 부유층의 전유물이 아니었던가? 굶지 않기 위해 끊임없이 일만 해야 하던 시절이 불과 50년 전이다. 조상으로부터 땅을 물려받아 농사짓는 사람들은 비교적 여유가 있었고, 그렇지 않은 사람들은 힘들어 하던 시절이었다. 그러다 식량 혁명을 통해 농사 짓는 사람들의 소득은 상대적으로 줄어들었고, 도시에서 생활하는 사람들의 소득은 상대적으로 늘어났다. 먹을 것에 쓰는 상대적 비용이 감소하면서 여행, 취미등 여가 생활에 돈을 쓸 여유가 생기게 되었다.

분명 녹색 혁명이 가져온 변화에는 명암이 동시에 존재한다. 제초제를 팔아서 떼돈을 번 대기업에 대한 분노도 분명 있고, 또 너무 풍부해진 식량 때문에 비만에 시달리는 인구가 많아진 것도 분명 그 부작용의 하나이다. 먹고 살 정도로만 식량 증산이 일어났다면 사람들이 더욱 건강하게 잘 살았을 텐데 말이다. 여기에 대해 노먼 볼로그가 자신의 노벨상 수상 연설에서 한마디 언급을 했다.

> "혹자들은 녹색 혁명이 해결한 문제보다는 그 때문에 생긴 새로운 문제들이 더 많다고 비판합니다. 그 부분은 동의할 수 없어요. 식량이 넘쳐나면서 생기는 문제들이 과거의 굶주림에 고통스러워하던 것에 비하면 덜 심각한 문제라고 생각합니다. 세상에서 잊힌 수십억 명의 가난한 사람들을 생각해 봅시다. 그들에게는 굶는다는 것은 항상 주위에서 어른거리는 실체였어요. 오랫동안 이렇게 고통받던 이들에게 녹색 혁명은 희망을 가져다 준 기적이었습니다."

제 1 부

4

사람을
죽이고
살린
원소

맬서스는 1798년 저서 『인구론』을 통해 인류에게 곧 닥칠 무시무시한 식량 부족 사태를 예견했다. 그 당시 세계에서 먹고 살 여유가 있는 나라들은 새로 경작할 땅이 아직 많은 아메리카 같은 신대륙 정도였다. 전통적 선진국인 영국과 같은 국가들 마저도 식량 부족에 허덕이고 있었다. 유럽의 곡창 지대라고 일컬어지는 프랑스에서는 빵이 부족해서 혁명이 일어났다.

맬서스는 그의 책에서 중국 이야기도 한다. 당시 중국은 이모작을 하는 당대 최고의 농업 선진국이었다. 경작할 수 있는 땅을 거의 사용해서 새로 개간할 땅이 더 없을 정도였다. 그런데도 인구가 너무 많아 식량이 부족했다. 새로 태어난 아이를 모두 키울 수 없어 영아를 살해하는 이들이 적지 않았다. 중국을 방문한 서양인들은 이 행태에 대단히 놀랐고 맬서스의 책에서도 이에 대한 언급이 있다.

1900년 초반 중국을 소재로 한 펄 벅(Pearl Buck)의 소설에서도 이 풍습이 묘사된다. 펄 벅이 노벨상을 수상하는 데 기여한 소설 『대지』[11]에는 흉년으로 힘들게 사는 왕릉의 가족 이야기가 나온다. 왕릉의 아내는 굶주림 때문에 쇠약해진 몸으로 아이를 낳는다. 왕릉은 아내가 출산 중에 죽지 않을까 걱정하면서 갓 태어났을 아이를 보러 간다. 하지만 아이는 죽어 있었고 아이 목 두 군데에 검은 상처가 있었다. "울음소리가 들려 무사히 태어난 줄 알았는데"라는 왕룽의 말에 그의 아내는 별다른 대꾸를 하지 않는다. 영아 살해를 강하게 암시하는 대목이다.

펄 벅이 중국의 영아 살해 문제에 대해서 얼마나 알았을까? 미국 선교사의 딸로 중국에서 어린 시절을 보낸 그녀는 중국에서의 성장기를 묘사한 책『중국에서의 펄 벅』[12]에서 어린 시절 들판에서 놀다가 심심치 않게 발견했던 자그마한 인골들을 언급한다. 인골들은 거의 대부분 갓 태어난 여자 아기의 것이었다. 펄 벅이 묘사한 장면들은 20세기까지 이어진 중국의 곤궁했던 처지를 단적으로 표현했다.

맬서스의 이론대로라면 식량 부족은 날이 갈수록 심해졌을 것이다. 그러나 현재 우리는 그의 예측과 달리 굶주린 세계 대신 여느 때보다 풍족한 식생활을 누리고 있다. 맬서스의 이론은 20세기의 농업 혁명을 예측하지 못했기 때문이다.

먹을 것이 풍족해진 것은 분명 우리 건강에 좋은 영향을 주었다. 영양실조의 위험에서 벗어났고, 사람들의 체격이 건장해졌다. 과거 식량이 부족하고 의술이 발달하지 못했던 시기의 평균수명은 지금에 비해 턱없이 짧았는데, 주요 사망 원인이 전염병과 영양실조였다. 그러다 농업 생산성이 혁명적으로 증가하면서 인류가 고기와 탄수화물을 마음껏 섭취하고 후식까지 규칙적으로 먹을 수 있는 초유의 상황이 발생했다. 여기에는 품종 개량과 질소 비료가 크게 기여했다.

식물이 자라기 위해서는 물과 햇빛이 필요하다. 햇빛은 식물이 들이쉰 이산화탄소에서 탄소 원자를 하나씩 떼어 내는데 쓰인다. 광합성 과정을 통해 식물 세포는 이렇게 떼어 낸 탄소 원자들을 서로 붙이기 시작한다. 탄소 원자 여섯 개가 모이면 포도당 분자가 된다. 이렇게 만든 포도당을 이용해서 스스로 에너지를 만들어 쓸 수 있다. 하지만 물과 햇빛만으로 식물이 충분히 자라는 데에는 한계가 있다. 땅속의 다른 영양분도 필요하기 때문이다. 특히 칼슘과 나트륨이 필요하다. 19세기에 화학자들이 식물에게 필요한 여러 가지 영양분 중에 어떤 것이 특히 부족할지 확인하는 실험을 했다. 메마른 땅에 식물을 키우면서 영양분 한 가지씩만 더해주는 실험을 했다. 그래서 찾은 결론은 특히 질소 성분이 중요하다는 것이었다. 질소는 물이나 이산화탄소에서는 찾을 수 없고, 거름에 많이 들어있는 암모니아에 있는 원소이다. 농사꾼들이 비료 없이 수확을 몇 번 하면 땅이 메말라 버리는데, 물이 없어서 메마른 것이 아니라 질소 성분이 고갈되기 때문이다.

18세기까지 질소에 대한 개념은 없었지만 당시 농부들은 땅속의 뭔가가 계속 줄어들기 때문에 농업 생산성이 떨어진다는 정도는 인식하고 있었다. 그래서 유럽의 농부들은 한두 해 경작하고는 땅을 쉬게 하면서 영양분을 회복시키곤 했다. 중국 농부들은 조금 더 발전해서 퇴비도 사용하고, 이도 부족하면 산과 들에서 풀을 뜯어서 밭에 뿌렸다. 콩과 식물을 심으면 땅속의 뭔가가 회복되는 것을 경험적으로 확인했는데, 20세기 들어서야 콩과 식물들이 땅의 질소 성분을 늘렸기 때문이었다는 것이 밝혀졌다.

그러다가 비료를 더 효율적으로 땅에 공급하는 기술이 서서히 개발되었다. 그 시작은 태평양을 접하는 페루의 바닷가였다. 그곳은 비가 오지 않는 건조한 지역이다. 풀도 잘 자라지 않는 이 지역 앞바다에는 훔볼트 해류가 지나가는데, 이 해류가 세계적으로 유명한 멸치 어장을 만든다. 이 지역에 서식하는 새들은 주로 이곳에서 멸치를 먹는데, 이 새들이 수천수만 년 동안 분비한 새똥이 쌓여 '구아노'라는 돌덩어리가 된다. 현지의 잉카 원주민들은 구아노를 캐다가 산속에 있는 자신들의 마을에서 비료로 썼다.

화학 분석 기술이 막 발전하던 1800년대에 독일의 유명한 화학자 유스투스 폰 리비히(Justus von Liebig, 5장에 다시 나온다)는 구아노가 질소를 많이 함유했으며 비료로 적합한 물질이라는 연구 결과를 발표한다. 이후 1840년부터 유럽과 미국에서 구아노를 다량 수입해서 사용하기 시작했다. 스페인 사람들이 처음에는 금과 은을 찾으러 페루에 갔지만, 나중에는 구아노를 '하얀 금'이라 부르면서 더 귀하게 여겼다고 전해진다. 미국 의회 도서관 기록에 의하면, 1840년부터 1870년까지 페루에서 각국으로 수출된 구아노가 1천 2백만 톤이라고 한다.[13] 애머스트칼리지(Amherst College)의 역사학자인 에드워드 메릴로(Edward Melillo)에 의하면, 구아노가 유럽과 북아메리카에 수출되면서 1800년대 농업 혁명의 시대가 도래했다고 한다.[14] 하지만 1870년대 들어서면서 구아노 생산량이 급격히 떨어졌고, 세계는 다시 식량 문제에 봉착하게 됐다.

이 시기에 화학자들도 식량 문제 해결을 위해 아이디어를 내기 시작했다. 이들 중에는 영국 과학 협회 회장이었던 윌리엄 크룩스(William Crookes)도 있었다. 그는 새로운 원소를 발견하기도 하고 훗날 전자의 발견을 돕기도 한 대단한 과학자였는데, 과학 협회 회장 취임식 연설에서 자신의 업적 대신 더 중요한 문제를 이야기하겠다며, 화학 비료 개발의 중요성을 연설했다. 그의 논조는 대략 다음과 같다.

땅에 질소 성분이 적어서 농업 생산성을 더 높일 수 없다는데, 우리 대기의 구성 성분을 보면 질소가 전체 공기의 80%를 차지한다. 이렇듯 질소는 너무나 흔하디 흔한 물질이지만, 문제는 식물들이 대기 중의 질소를 사용할 수 없다는 데에 있다. 대기 중의 질소 분자는 두 개의 질소 원자가 연결돼 있는 형태를 하고 있다. 그런데 보통의 연결 고리보다 세 배나 강한 형태로 엮여 있다. 두 질소 원자 사이의 끈이 너무 강하다 보니, 대기 중에 넘치는 게 질소지만, 식물들이 도저히 이를 떼어내서 영양분으로 사용할 수 없다. 풍요 속의 빈곤이라고나 할까, 그림의 떡이라고나 할까? 공기 중에 가장 많다는 질소가 부족해서, 농업 생산성이 한계에 다다른 것이다. 이러한 질소 원자를 떼어내어 식물이 사용할 수 있는 형태로 만들 수만 있다면, 이를 화학 비료로 활용할 수 있다. 그렇다면 어떻게 질소 원자를 떼어서 비료로 만들 수 있을까? 이것을 알아내는 것이 우리 과학자들에게 시급한 과제이다.

전 세계 과학자들이 그의 연설을 주목했다. 화학 기술이 특히 발전한 독일의 과학자들 중에서도 그의 연설에 관심을 보인 이들이 여럿 있었다. 그중 한 사람인 프리츠 하버(Fritz Haber)는 유럽인들에게 대대로 차별받은 유대계 집안에서 태어났다. 유럽에서 유대인들은 하버의 아버지 세대까지는 상업에만 종사할 수 있었다. 땅 소유를 금지하는 곳이 많아 농부가 될 수도 없었고, 대학 입학도 불허되던 시절이었다.

　　　　그런데 1871년 프로이센을 중심으로 독일어 문화권 국가들이 연합해 강대국 프랑스를 제압하고 비스마르크를 수상으로 통일 독일을 수립하게 되었다. 이 과정에서 독일 청년들의 애국심이 고취되고 강대국 프랑스와 영국을 따라잡도록 나라를 발전시키는 데 기여하자는 분위기가 사회적으로 형성됐다. 유대인인 하버는 원래 대학 진학을 포기하고 아버지의 염료 회사를 이어받으려 했다. 그러다 우연히 유대인 차별에 반대하는 독일 지식인의 글을 접하게 되었다.

"누가 프로이센 출신만이 진정한 독일인이라 하더냐?
아니면 슈바벤 출신? 농부 출신만? 여기서 한번 사실을
따져 보자. 솔직히 우리는 여러 게르만 부족 출신들의
연합일 뿐이다. 유대인 출신 국민도 이미 어느 게르만 부족
출신 못지않은 하나의 독일 국민이다."[15]

유대인이건 가톨릭이건 개신교도건, 독일을 위대한 국가로 일으키는 데에 동참하는 것이 시대적 사명이라는 지식인들의 논조에 공감한 하버는 자신의 인생 진로를 바꾸기로 했다.

하버는 대학에 진학하면서 화학 분야에 몸을 던졌다. 당시 독일은 프랑스와 영국에 비해 산업 혁명이 늦은 후발국이었으나 화학 분야 하나 만큼은 세계를 선도하고 있었다. 하버 주변에서 활동하던 물리화학의 대가들이 각종 화학 이론을 쏟아내고 있었다. 그리고 저명한 화학자들이 질소 공기의 단단한 결합을 깨기 위해서는 높은 에너지를 가하면 된다고 보기 시작했다. 그리고 에너지를 가하기 위해 질소와 수소 가스를 섞고 온도를 높이는 실험을 하는 학자들이 등장했다.

그런데 높은 온도 하나만으로는 그 질소 고리를 끊을 수가 없었다. 하버는 이 문제에 도전했다. 대기 중의 질소에 수소를 섞은 후 열을 가할 뿐 아니라 큰 압력도 가하면 어떨까? 그리고 반응이 쉽게 일어나도록 적당한 촉매도 섞으면 어떨까? 하버는 기계를 다루는 데 특히 재능이 있던 로버트 로시뇰(Robert Le Rosignol)이라는 영국 출신 대학원생과 같이 일하면서 대기압의 200배를 견뎌낼 수 있는 화학 반응 장치를 만드는 데 성공했다. 그리고 이것에 온도를 450도까지 높였더니 질소 원자 하나에 수소 원자 세 개로 이루어진 암모니아가 생성되는 것을 확인했다(그림 7). 인류를 먹여 살릴 수 있는 기술의 기반을 개발한 것이다.

이제 이것을 제품으로 생산하는 일이 남았다. 당시 하버의 실험실 근처에는 독일에서 당시 가장 번성하던 화학 회사 BASF가 있었다. 이 회사와 협상을 시작했는데 대기압의 200배를 다루는 시설은 곤란하다고 BASF의 연구 책임자가 머리를 젓는 바람에 암모니아 합성법이 수포로 돌아갈 뻔했다. 하버는 연줄을 동원해 BASF 사장에게 상황을 전했고, 사장은 연구 책임자 대신 어느 젊은 연구자를 담당자로 보내왔다. 카를 보슈(Carl Bosch)라는 유능한 공학자였다. 이렇게 공동 연구를 시작한지 몇 년 지나지 않아 BASF에서 암모니아를 대량 생산할 수 있게 되었다. 하버 이전에는 암모니아 같은 유기물은 생명체로만 만들 수 있는 것으로 여겨졌는데, 그러

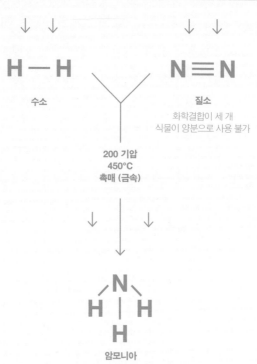

천연가스   공기에서 추출

H — H

수소

N ≡ N

질소

화학결합이 세 개
식물이 양분으로 사용 불가

200 기압
450°C
촉매 (금속)

N
H   H
H

암모니아

식물이 양분으로 사용가능한 구조

그림
—
7

하버 보슈 공법. 대기 중의 질소를 수소와 화학 반응을 일으켜 암모니아를 생산해내는 방법.
화학 결합이 직선으로 표현되었다. 질소 분자는 두 개의 원자가 세 개의 화학 결합을 이루고
있어서, 우리 생체에서 이를 떼어 영양분으로 쓰지 못한다. 반면, 하버 보슈 공법으로 만든
암모니아는 화학 결합이 원자 사이에 하나씩만 있기 때문에, 생체가 질소를 떼어내어 영양분으로
사용한다.

한 생각을 완전히 바꾸어 놓은 것이 '하버 보슈(Haber-Bosch)' 공법이다. 이렇게 화학비료의 생산 방법을 고안해 내면서 더 이상 페루에서 구아노를 수입할 필요도, 냄새나는 인분을 구하러 다닐 필요도 없어졌다. 하버는 굶주린 전 세계 인류를 먹여 살릴 수 있는 길을 열었고, 결국 그 공로로 1918년 노벨 화학상을 받았다.

이처럼 훌륭한 업적에도 불구하고 역사는 프리츠 하버를 칭송받는 과학자로 기록하지 않는다. 제1차 세계대전 당시 미국, 영국에서 전범으로 지목되었기 때문이다. 그는 유대인이었지만 독일 사회에 지대한 공로를 세워 당시 독일 왕과 상류 사회의 인정을 받았고, 자신을 인정해 주는 국가를 위해 제1차 세계대전에 적극적으로 참여하면서 자신의 이름에 오점을 남겼다.

제1차 세계대전은 여러 강대국들의 계산 착오로 인해 크게 벌어진 전쟁이라는 것이 역사학자들의 공통된 견해이다. 오스트리아의 황세자가 세르비아 방문 중에 암살당한 것이 전쟁의 발단이었다. 이에 오스트리아가 세르비아를 응징하겠다고 나섰다. 오스트리아 제국은 강대국이었고 세르비아는 조그마한 나라였으니 전쟁은 금방 끝날 것 같았는데, 의외로 세르비아가 오래 버텼다. 전쟁이 길어지는 사이 세르비아와 같은 슬라브족 국가 러시아가 세르비아 편을 들었고, 그러자 오스트리아와 같은 게르만족 국가 독일이 오스트리아 편을 들었다.

그러다 1871년 독일에게 굴욕을 당했던 프랑스가 러시아-세르비아 편을 들었다. 상황이 이렇게 되자 독일은 프랑스를 침공하기로 했다. 다만 방어선이 튼튼한 독일-프랑스 국경선 대신 독일과 프랑스 사이에 위치한 벨기에를 통해 공격하기로 했다. 벨기에는 당시 중립국이었는데 벨기에의 중립을 지원하기로 약속한 영국도 그래서 전쟁에 끼어든다. 영국은 전쟁에 참전하면서 독일이 전쟁을 오래 하지는 못할 거라고 계산했다. 전쟁을 하려면 폭약이 필요하고, 폭약을 만들려면 그 원료가 되는 질산이 있어야 한다.

질산은 질소와 산소로 이루어진 물질로, 대부분은 남아메리카의 페루, 칠레 등에서 수입해 와야 한다. 그래서 대서양을 지배하던 영국 해군이 해상을 봉쇄하면 질산을 구하지 못한 독일은 6개월 이내에 폭약 부족으로 전쟁을 계속할 수 없게 될 것이라고 영국은 생각했다. 하지만 그건 착오였다. 암모니아를 대량 합성하기 시작한 독일 화학 회사들은 프리츠 하버의 도움을 받아 암모니아를 산화시켜 질산을 대량 생산하는 방법을 개발했다. 에너지를 잔뜩 넣어서 공기 중의 질소를 암모니아로 바꾸어 놓고, 그 역의 화학 반응을 일으키면 그만큼의 에너지가 다시 나온다는 원리를 이용한 것이다. 덕분에 독일은 폭약 부족 없이 4년을 더 치열하게 싸웠다.

폭약 제조를 돕는 것에 그치지 않고 하버는 자신을 키워 준 조국에 힘이 되겠다며 독일군 장교로 자원 입대했다. 자신의 연구가 어떻게 전쟁에 보탬이 될까 궁리했다. 그리고 염소 가스가 호흡기를 마비시킬 수 있다는 원리를 이용해 독가스를 개발한다는 아이디어를 냈다. 독가스를 대량 생산하도록 정부를 설득했지만 독일군 장교들의 반응이 시원치 않았다. 전통적인 방법으로 용감하게 싸워야 한다고 생각하는 그들은 독가스 사용을 못마땅하게 여겼다.

그래서 하버는 대위 계급장을 달고 직접 벨기에의 이퍼르(Ypres) 전선으로 향했다. 이곳에서 독일군은 각자 진영에서 참호를 판 채 제대로 상대를 공략하지 못하는 교착 상태에 있었다. 바람이 프랑스군 쪽으로 불던 어느 날, 하버는 염소 가스통의 실린더를 열도록 명령했다. 프랑스와 캐나다 병력 만 명이 방어하던 전선으로 초록색 독가스가 날아갔다. 그리고 천여 명의 군인들이 호흡 곤란으로 죽었다. 하버의 군대는 이틀 후 비슷한 작전으로 상대방을 또 공격했다. 이 일로 약 5천여 명의 희생자가 발생했다고 추산된다. 이렇게 해서 프리츠 하버는 제갈공명 이후 최초로 화학무기를 쓴 인물이라는 오명을 쓰게 됐다. 하버 보슈 공법으로 화학비료를 개발해서 수많은 생명을 살린 과학자가 화학무기로 수많은 생명을 앗았으니, 역사의 아이러니가 아닐 수 없다. 하지만 독가스가 전쟁의 승패를 좌우할 정도의 영향을 미치지는 못했다.

결국 전쟁은 양쪽 다 합쳐서 천만 명의 군인, 또 천만 명의 민간인 사상자를 내고 1918년 독일의 패배로 막을 내린다.

이렇게 조국을 위해 청춘을 불살랐던 하버는 비참한 최후를 맞게 된다. 제1차 세계대전 패전 후 독일은 전쟁 통에 빌린 돈도 갚아야 했고, 거기다가 승자들에게 배상금도 내야 했다. 그러다 독일 경제가 붕괴됐다. 생활이 힘들어지니 희생양을 찾는 사람들이 많아졌다. 그 화살은 곧 돈을 잘 버는 유대인을 향했다. 육십 년 전만 해도 유대인도 독일 국민이라고 옹호하던 태도가 생활이 궁핍해지자 돌변한 것이다. 1930년대 이후 히틀러가 이끄는 나치당이 독일을 통치하게 되면서 유대인들에 대한 국가 차원의 노골적인 박해가 이루어졌다. 제2차 세계대전 직전, 신변에 위협을 느끼던 하버는 영국으로 망명을 시도했지만 제1차 세계대전 당시 화학무기 사용에 주도적인 역할을 했다는 이유로 서방 세계의 환영을 받지 못했다. 조국으로부터 버림받고 정착할 곳을 찾지 못한 채 건강이 점점 나빠진 하버는 결국 중립국인 스위스에서 쓸쓸하게 최후를 맞게 된다.

　　　독일에서 하버 보슈 공법이 개발되고 얼마 지나지 않아 일본에서도 암모니아를 대량 생산하기 시작했다. 노구치 시타가우(野口遵)가 그 주인공이다. 메이지 유신 이후에 자란 노구치는 일본을 서양 열강에 견줄 나라로 만드는 데 일생을 바치겠다는 생각을 가지고 있었다. 동경제국대학 졸업 후 수력발전 업계에 투신한 그는 1906년에 수력발전 회사를 차렸는데, 거기서 생산하고 남은 전기를 이용하는 화학 회사도 하나 만들게 된다. 그러면서 화학 공학 산업에 점차 관심을 갖게 됐다. 곧 유럽에서 암모니아 합성이라는 신기술이 생겼다는 이야기를 접하게 되고, 또 암모니아 합성이 많은 에너지를 필요로 하는 사업이라는 것도 알게 된다. 자신의 특기가 수력발전에서 만든 전기로 화학 산업을 하는 것이니 당연히 관심을 갖게 됐다. 그래서 기술을 배우러 유럽에 갔는데, 하버 보슈 공법은 독일 회사가 특허를 쥐고 있어서 이를 일본으로 도입하기는 불가능했다. 그 와중에 이탈리아의 화학자 루이지 카살레를 만나게 된다. 이 사람은 훨씬 더 높은 압력을 이용해 암모니아를 더 효율적으로 만드는 방법을 개발하는 특허를 가지고 있었고, 이를 사용하고자 했다. 합의한 두 사람은 곧 일본에 암모니아 합성 공장을 만들어 가동을 시작했다. 그의 회사가 제2차 세계대전 일본의 재벌 중 하나로 발전하게 된 일본질소비료(줄여서 '일질') 콘체른이다.

　　　　일질 콘체른은 비료만 생산하는 것이 아니라 암모니아를 질산으로 바꿔서 폭약까지 만들 수 있었던 탓에 일본 군부의 도움으로 사세를 빨리 성장시킬 수 있었다. 일본에 만든 첫 공장만으로 그 수요를 감당할 수 없어서 새로 공장을 지어야 했는데, 노구치는 일본 본토가 아닌 조선의 함경도에 공장을 짓는다. 왜 하필 조선이었는가? 그의 암모니아 합성 공장은 수력발전소의 전력을 사용해야 하는데, 그 어느 곳보다 함경도 개마고원이 수력발전소를 짓기에 자연 조건이 좋았기 때문이다. 개마고원 북쪽으로 흐르는 부전강은 원래 압록강의 지류다. 흐르는 강물의 낙차가 크지 않기 때문에 그 자체로는 수력발전에 적합하지 않았다. 하지만 댐을 쌓고, 산속으로 터널을 파서 강물의 흐름을 바꾸기로 했다. 그 터널이 낭림산맥을 통과해 경사가 급한 지형으로 연결되면 큰 낙차를 따라 물이 흐르면서 많은 전기를 생산하게 된다. 그리고 그 발전소에서 가까운 작은 마을 흥남에 암모니아 비료 공장을 세우고 부두를 만들었다. 이것이 1920년대 말의 일이다.

　　이렇게 만들어진 비료는 일본의 산미 증산 계획에 따라 농부들에게 팔게 됐다. 거기에 더해 암모니아를 질산으로 변환시키는 공장도 흥남에 들어선다. 폭약을 제조하기 위함이었다. 부전강 댐이 완공된 지 얼마 지나지 않아 일본의 관동군이 만주 침략을 시작했다. 일본인들이 만들어 놓은 철도를 중국인들이 폭파했다고 거짓말을 하고, 이를 핑계 삼아 전쟁을 시작한 것이다. 폭약에 대한 수요가 늘면서 노구치는 시설을 더 증설했다. 부전강 발전소로는 부족해서 개마고원 장진강에도 댐을 쌓고, 그 물길을 바꿔서 터널을 통해 동해안으로 흐르게 만들었다. 그렇게 만든 전기로 흥남에서 암모니아 및 질산을 더 생산하면서 흥남은 아시아 최고의 암모니아 및 폭약 생산 기지로 변모하게 된다.

노구치는 1944년에 죽었고, 1945년 전쟁 패망과 함께 무조건 항복한 일본은 조선에서 철수했다. 일질도 자신들 시설 대부분이 있던 흥남을 완전히 포기했다. 돌이킬 수 없는 상황에 봉착했던 일질은 그러나 한국 전쟁 때문에 재기하게 된다. 미군들이 전쟁터에서 가까운 곳에서 폭약을 조달하고자 했고, 일질이 미군에게 폭약을 납품하면서 회사가 생존하게 되었다.

한국 전쟁 초기 북한 인민군에 밀려 수세에 몰렸던 대한민국은 미군 참전 후 전세를 역전시켰다. 맥아더 장군은 원래 남한의 영토를 수복하는 데 그치지 않고 38선 이북으로 진격을 명령했다. 북한 정부가 맥아더의 군대를 피해 평양을 포기하고 피란간 곳이 개마고원에 위치한 강계시다. 이를 추격하겠다고 미군은 해병대를 함경도 개마고원으로 진격시켰다. 이들이 사용한 도로가 일본이 장진강 발전소를 운영하면서 만든 길이다. 그 길을 따라서 3만 명의 미군 해병대가 중장비를 가지고 1950년 11월에 장진강 댐으로 생긴 인공호수 장진호에 도달했다. 그리고 거기서 중공군의 참전을 처음 알게 되고, 일질 콘체른이 만든 수력발전소 일대에서 13만 명의 중공군에 포위되어 영하 37도의 기온에 17일 동안 사투를 벌인다. 장진호 전투는 지금도 미군 전사에게 뼈아픈 실패 중 하나로 기록되어 있다. 거기서 겨우 빠져나온 미군 생존자들은 홍남 부두를 통해서 철수했다. 이때 피란 중이던 민간인들도 미군 상선에 타는데, 그 눈물 나는 이야기가 2014년 만들어진 영화 〈국제시장〉의 초반부에 잘 묘사돼 있다. 미국 상선에 탔던 사람들 중 문재인 전 대통령의 아버지 문용형 씨도 포함됐다는 것이 알려지면서 화제가 된 바 있다.

한국 전쟁은 1953년 끝이 났고, 화학 비료 덕분에 미국과 유럽의 농업 생산성이 많이 높아지면서 미국은 다른 동맹국들의 식량 사정도 도울 계획을 했다. 제일 효과적인 방법이 비료 공장을 지어 주는 것이었다. 일본에서는 일본 질소가 이미 운영 중이었지만 남한에는 그러한 시설이 없었다. 이렇게 해서 1961년에 미국의 원조로 첫 비료 공장이 만들어졌다. 이후 서서히 우리나라 농업 생산성도 증대됐다. 가을에 수확한 쌀이 바닥났는데 아직 보리를 수확하기 전이라 매년 6월이면 먹을 것이 부족했던 춘궁기, 소위 '보릿고개'가 1960년대 말부터 자취를 감추기 시작했다. 암모니아 비료 공장이 없었다면 있을 수 없는 변화였다.

이 즈음 중국에도 큰 변화가 왔다. 미국과 처절한 전쟁을 치른 중국 공산당의 리더 모택동이 1972년에 미국 대통령 리처드 닉슨과 갑자기 정상회담을 해서 세계를 놀라게 했다. 갑자기 왜 화해를 하자고 했을까? 아마도 미국은 그 당시 베트남 전쟁 문제 해결이 급선무였을 텐데, 중국과 관계를 회복하면 베트남 공산당에 압력을 행사할 수 있을 것으로 생각했으리라 추측할 수 있다. 그러면 모택동은 왜 미국과 화해를 하고 싶었을까? 한국 전쟁 때 아들을 미군 폭격으로 잃은 그였으니 쉽게 화해하기 힘들었을 것이다. 그런데 미중 정상 회담 이후에 왜 만났는지에 대한 궁금증이 풀리는 일들이 일어났다. 미국 사업가들이 정상 회담 이후에 중국으로 초청이 됐는데, 제일 처음 초청받은 사업가가 비료 공장을 짓는 M.W. Kellogg라는 미국 회사의 기업인이었다.

1972년 이전에 중국에 무슨 일이 있었기에 비료 공장부터 찾았을까? 모택동은 1958년에서 1960년 초까지 이어진 대약진 운동 때 중국 인민들을 동원해서 철을 만들고, 산간 지방을 개간하는 등 무리한 일들을 밀어붙였다. 인민들이 생업에 종사할 수 없었으니 농업 생산성이 급격히 떨어졌다. 또 얼마 지나지 않아 1966년부터 문화대혁명을 일으켜 중국 사회를 마구 흔들어 놨다. 이러한 과정들을 거치며 식량 문제가 더 심각해졌다. 백성이 배가 고프면 정권의 안정이 위협받을 수 있다는 위기감이 있었을 것이다. 이런 연유로 닉슨과 회담 이후 서구와 맺은 첫 계약 중 하나가 비료 공장 설립이었다. 미국 회사에게 중국에 8개의 비료 공장을 지었고, 또 유럽 회사에 나머지 5개를 지었다. 그 후로도 꾸준히 비료 공장을 만들면서 지금은 중국이 세계에서 암모니아 비료를 가장 많이 생산하는 나라가 되었다. 그와 동시에 중국에서 굶주림은 사라졌다.

이렇게 먹을 것이 풍족해진 지난 50년 간의 변화가 우리의 건강 척도를 바꾸었다. 1970년 이전에는 굶지 않고 잘 먹는 사람들이 상대적으로 더 건강하고 오래 살았다. 영양실조가 건강한 삶의 가장 큰 걸림돌이었다는 뜻이다. 인류 역사를 통틀어 우리의 조상들은 먹을 것을 구하기 위해 많은 시간을 보냈는데, 갑자기 세상이 바뀌어 영양분을 값싸게 구할 수 있는 시대가 되었다. 인류 역사상 계속 먹을 것을 갈구해온 유전자가 남아있기 때문에 현대인은 충분히 먹고서도 더 단 것, 더 기름기 있는 음식들을 찾는다. 식량 문제가 해결되면서 영양실조는 자취를 감추었지만, 이제는 당뇨병과 심혈관계 질환이 우리를 끊임없이 위협하게 되었다.

제 1 부

영양분을 태운다는 것은

"공화국은 과학자를 필요로 하지 않는다!"

프랑스 혁명의 혼란 와중에 이루어진 법원 판사의 선고와 함께 프랑스 희대의 천재 화학자, 앙투안 라부아지에(Antoine Lavoisier)는 단두대의 이슬로 사라졌다. 먹을 것이 부족한 상황만큼 사람을 분노하게 하는 것이 또 있을까? 배고픈 사람들의 불만은 사회적 불안으로 이어진다. 이러한 상황이 악화되면 빵만으로는 분노한 군중들을 달랠 수 없는 지경에 이르러 결국 피를 흘려야 하는 일이 벌어진다. 이러한 상황이 18세기말 프랑스에서 일어났고, 라부아지에의 목이 국민들에게 희생양으로 바쳐졌다.

프랑스 혁명을 대표하는 단어인 '자유, 평등, 박애'에서 짐작할 수 있듯이 사회적 불평등이 프랑스 혁명에 큰 단초를 제공했다. 당시 프랑스는 서유럽에서 경작할 수 있는 땅이 가장 큰 부유한 나라였지만, 맬서스의 이론대로 식량 생산이 인구 증가를 따라가지 못하는 상황에 봉착해 있었다. 당시 기록을 보면 전체 인구의 삼분의 일 가량이 빈곤층이었고, 상류층이 상당한 부를 축적하고 있었다. 부유층들의 여유 때문에 프랑스는 멋진 건축물이 가득한 세계 미술의 중심지가 되었고, 세계에서 둘째가라면 서러울 정도로 음식 문화가 발달했다. 하지만 동시에 양극화로 인해 빈부 격차가 심각했다. 그러한 사회적 불균형이 사회 불안을 조장했고 결국 평등을 요구하는 프랑스 혁명으로 이어진 것이다.

수많은 사람들이 단두대에서 목숨을 잃었다. 혁명 정부가 애초부터 과학자들을 목표로 삼은 것은 아니었다. 18세기 말의 과학은 주로 본업을 가진 호기심 많은 사람들이 취미로 하던 활동이었다. 앙투안 라부아지에의 본업은 정부를 위해 세금을 걷는 일이었다. 그 일로 많은 부를 축적한 탓에 성난 군중들의 공격 대상이 된 것이다. 1793년 혁명정부는 모든 세금 관리들을 구속할 것을 명령했고, 라부아지에도 여기에 포함되었다. 당시 많은 사회 지도층 인사들이 그의 과학적 업적을 고려해 사면할 것을 탄원했으나 프랑스 법원은 이를 받아들이지 않았다. 법원 결정문은 "공화국은 과학자를 필요로 하지 않는다. 하루빨리 정의를 실현하기 위해 형을 집행할 수밖에 없다"고 적혀 있었다. 유명한 수학자 라그랑주(Joseph Louis Lagrange)는 "라부아지에의 머리를 베는 것은 찰나의 순간이었지만, 프랑스에서 그런 머리가 다시 태어나려면 백 년도 더 걸릴 텐데."라며 통탄했다고 전해진다.

라부아지에의 수많은 업적 중에 가장 길이 남을 업적은 물질이 타는 현상을 화학적으로 설명한 것이다. 우리 주위에 잘 타는 물질들을 예로 한번 살펴보자. 석유, 석탄, 나무가 있다. 불을 붙이면 이들은 연소하면서 열을 발산한다. 이 땔감의 공통점은 탄소가 여러 개 엮인 화학적 구조다. 연소의 결과로 탄소들은 각기 분해되면서 이산화탄소의 형태로 변한다. 즉 탄소가 여러 개로 구성된 분자는 에너지를 많이 함유하고 있는데, 이것이 탄소 하나짜리 이산화탄소로 쪼개지면서 저장하고 있던 에너지가 발산하며 열을 내는 것이다. 이 화학 작용에 꼭 필요한 것이 있다. 산소이다.

　　라부아지에는 산소에 관한 연구로 특히 유명하다. 그 연구는 영국의 아마추어 화학자 조지프 프리스틀리(Joseph Priestly)의 것을 더욱 발전시키는 연구였는데, 현대 화학 이론의 기초로 승화한 공로를 인정받는다. 당시는 과학자들이 아마추어 수준에 대단한 기계도 없었던 시절인데, 화학자들이 눈에 보이지 않는 분자들의 존재를 밝혀냈으니 실로 대단하다고 할 수밖에 없다. 당시 화학 연구는 물질을 이것저것 섞어 보다가 가끔 새로운 화학 반응이 일어나면 그것을 기록해 서로에게 발표하던 수준이었다. 영국의 프리스틀리가 이런 실험을 하다가 하루는 산화 수은이라는 물질을 가열해 보았는데, 뜨거워진 산화 수은에서 어떤 기체가 나오는 것을 확인했다. 그는 그 기체가 어떤 성질을 가지고 있는지 조사해서 논문을 써 보겠다고 결심했다. 기체는 아무 냄새도 색깔도 없었는데, 불에 타는 여러 가지 물질에 섞어 봤더니 불이 더욱 활활 타오르게 만들었다. 또 유리통에 갇혀서 질식해 가는 생쥐에게 이 기체를 넣어 줬더니 살아나는 것도 관찰했다. 이 기체는 다름 아닌 산소였다.

프리스틀리는 이렇게 가장 먼저 산소를 발견했지만 이를 설명하는 과정에서 잘못된 이론을 전개했다. 불에 탄다는 것이 땔감 안에 있는 플로지스톤(phlogiston)이라는 물질이 나오기 때문이라고 해석했다. 장작불이 타는 것을 보면 마치 화염이 장작에서 나오는 것처럼 보이니 그럴듯한 이론이었다. 그리고 그는 자신이 발견한 기체가 그런 플로지스톤이 땔감으로부터 더 잘 나오도록 돕는 성질이 있다고 보았다. 이것이 그의 엄청난 업적에 오점을 남겼다. 후일 플로지스톤이라는 물질은 없는 것으로 판명 났기 때문이다.

반면 라부아지에는 산소를 자신이 처음 발견한 것도 아닌데 '연소'를 설명한 '현대 화학의 아버지'라는 칭송을 받게 됐다. 똑같은 연소 현상을 제대로 설명했기 때문이다. 땔감에 불이 붙으면서 연소하는 것은 산소와 결합하는 화학 작용 때문이라는 것이 그의 해석이었다. 무슨 증거로? 산소를 일부 광물과 섞으면 광물이 산화하는데, 자신의 정교한 저울로 재 보니 무게가 늘어난다는 것을 확인했다. 이를 근거로 화학 작용을 통해 산소가 광물에 달라붙은 것으로 본 것이다. 플로지스톤이 빠져나왔다면 무게가 줄어들었겠지만, 산소라는 원소들이 달라 붙었으니 무게가 늘어난 것이다.

　　　라부아지에는 거기서 더 나아가 프리스틀리의 생쥐 실험도 대신 해석해 줬다. 어떻게 산소가 질식하는 생쥐를 살리는가? 우리 몸도 음식물이라는 일종의 땔감을 연소하기 때문이라고 그는 설명했다. 나무나 석유, 석탄처럼 음식물을 연소시키는 데 산소가 필요한 것이다. 이후에 규명된 사실이지만 음식물의 성분 중 탄수화물과 지방질은 석유, 석탄과 비슷하게 여러 개의 탄소가 연결된 분자 구조를 가지고 있다. 이것들이 산소와 반응하면 탄소들이 이산화탄소의 형태로 떨어져 나가면서 그 안에 비축돼 있던 에너지를 발산한다(그림 8). 석유, 석탄, 나무의 연소와 같은 방식이다. 이렇게 해서 나오는 에너지가 있어야 생명을 유지할 수 있으니 우리는 산소를 들이쉬어야 한다. 이를 일컬어 '호흡'한다고 표현하는 것이다. 하지만 우리 몸에서 음식물에 불이 붙는 볼 수 없으니 '연소'라는 표현이 이해가 안 간다는 분들이 많을 것이다. 차이점이라 하면 사실 음식물도 연소가 되지만 이들이 몸 안에서 연소될 때에는 아주 작은 단위로 에너지가 나오기 때문에 불꽃의 형태로 보이지 않을 뿐이다.

라부아지에가 처형된 이후 프랑스는 평정을 되찾았고 프랑스는 혁명 이전과 같이 빈부 격차가 있는 사회로 돌아갔다. 전국민이 먹을 빵은 부족해도 좋은 와인을 찾는 사람들이 넘쳐

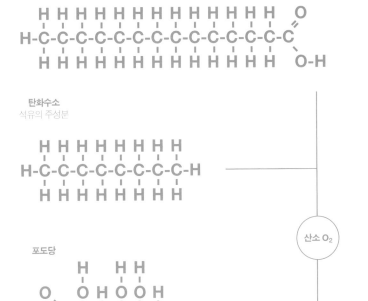

지방산

탄화수소
석유의 주성분

포도당

산소 O₂

이산화탄소 CO₂

그림
8

땔감과 영양분의 공통점. 석유의 주성분인 탄화수소, 그리고 대표적인 영양분인 지방산(지방질의 일종)과 포도당(탄수화물)의 분자 구조. 공통적으로 탄소가 여러 개 연결된 분자들이다. 이것이 산소와 반응하면 탄소들이 떨어져 나가 이산화탄소를 만드는, 소위 '연소 현상'이 나타난다. 이러한 연소 현상을 거치면서 땔감 및 영양분에 저장돼 있던 에너지가 방출된다.

났다. 그리고 다시 과학자들도 나타났다. 라부아지에가 죽은 지 몇십 년 후 루이 파스퇴르(Louis Pasteur)라는 위대한 미생물학자가 여러 가지 위대한 연구를 했는데, 와인에 대한 연구도 빼놓을 수 없는 그의 업적 중 하나다. 양조업자들이 와인을 어떻게 주조하는가? 포도는 포도당이 많은 과일이다. 그리고 포도당은 탄수화물의 기본 단위로서 모든 세포들이 가장 좋아하는 에너지원이다. 와인업자들은 이러한 포도를 적당량의 효모와 섞어 숙성시킨다. 그 숙성 과정에서 포도당이 서서히 분해되는데, 만약 산소가 있는 상태에서 효모를 섞으면 포도당이 거의 완전히 분해되면서 이산화탄소를 배출한다. 이렇게 하면 술이 만들어지지 않는다. 하지만 산소가 없는 상태에서 숙성을 시키면 포도당이 조금만 분해가 되다가 멈춘다. 그렇게 중간에 반응이 멈추면서 생기는 것이 탄소 두 개가 붙어있는 에탄올이다. 우리를 취하게 하는 바로 그 물질이다. 효모는 어떻게 포도당을 에탄올로 바꾸는가? 논쟁의 한 편에는 당대 최고의 생물학자 파스퇴르가 있었다. 파스퇴르는 포도당이 와인으로 변하기 위해서는, 당연히 생명의 힘(vital force)이 있어야 한다고 주장했다. 따라서 와인 발효에 쓰이는 효모는 살아있는 생명체라고 주장했다. 효모는 섭취한 포도당을 분해해서 추출한 에너지로 사는 세포로, 에탄올은 효모가 먹고 남은 분비물이라는 것이었다 (그림 9).

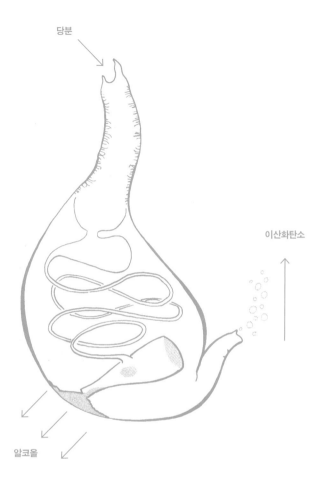

당분

이산화탄소

알코올

그림 9

이 그림은 파스퇴르의 주장을 그의 라이벌이었던 리비히와 그의 동료 프리드리히 뵐러
(Friedrich Wohler)가 풍자적으로 표현한 것이다. 효모가 당분을 먹고 내뿜는 배설물이
알코올임을 표현했다. 참고로 효모는 대장이 따로 없는 단세포 생명체이지만 해학적으로
대장을 샴페인병으로 묘사했다. (출처 – 익명의 저자, 1839, Annalen der Chemie,
The Riddle of the Alcoholic Fermentation Solved)

파스퇴르의 주장 반대편에는 당대 최고의 독일인 화학자 리비히(Justus von Liebig)가 있었다. 이 사람의 주장도 간단명료했다.

"이것 보시오. 포도당이 알코올로 변하는 것은 화학작용이에요. 포도당을 가만히 두면 다른 물질로 안 변하는데, 효모와 섞으니 갑자기 알코올로 변했잖아요. 화학 하는 사람들은 다 아는 이야기지만, 화학 물질이 바뀌려면 촉매가 필요하지요. 효모를 보면 알갱이처럼 되어 있는데, 살아있는 생명체와 거리가 멀어요. 이건 화학 촉매가 틀림없습니다."

이 논쟁에서 이기겠다고 파스퇴르는 일련의 실험을 하게 됐다. 대중 앞에서 공개 실험을 하자고 주장했는데, 리비히가 나타나지 않아서 기권승을 거두었다는 이야기도 전해져 온다. 그러한 과정을 통해 효모가 살아있는 생명체임을 증명하게 된다. 그리고 오직 생명체만이 포도당을 알코올로 바꿀 수 있는 생명의 힘이 있다고 주장한다.

발효에 관한 논쟁이 일단락된 줄 알았던 시점에 독일의 화학자 에두아르트 부흐너(Eduard Buchner)가 나타났다. 그는 박테리아를 연구하는 형을 도와 단백질을 추출할 기법을 개발하고 싶었다. 그런데 박테리아를 갈아서 그 구성분을 추출하는 것이 기술적으로 어려운 점이 있어서 먼저 효모를 갖고 실험하기로 했다. 그리고 효모를 완전히 갈아 그 내용물을 분리하는 기술을 완성시켰다. 그런데 효모 엑기스가 워낙 영양분이 많아 쉽게 상했다. 당시는 냉장고도 없었던 19세기로, 부흐너는 효모 엑기스가 상하는 것을 방지하기 위해 정제된 설탕으로 엑기스를 덮어 놓았다. 그런데, 거기서 거품이 부글부글 올라오는 것이 아닌가! 갈아서 죽은 줄로만 알았던 효모의 엑기스가 위를 덮고 있던 설탕을 산화시키는 과정에서 화학 작용을 통해 포도당이 이산화탄소로 변하면서 가스가 나왔던 것이다.[16] 꼭 살아있지 않더라도 효모 안의 성분이 촉매로 작용했기 때문이었다. 이 촉매를 지칭하기 위해 '효모 안의 요소'라는 뜻의 '효소'라는 말이 널리 통용되기 시작했다. 라틴어로 효모는 '자임(zyme)', 효소는 '엔자임(enzyme)'이다. 이러한 배경에서 '생화학'이라는 분야가 생겨났다. 내가 대학 및 대학원에서 전공한 생화학은 몸 안에서 일어나는 화학 반응을 연구하는 학문이다. 화학 반응을 유도하는 것이 효소라 효소에 대한 연구가 큰 부분을 차지해 왔다.

결론적으로 파스퇴르의 주장도 반은 맞았고, 리비히의 주장도 반은 맞았다는 것이 드러났다. 효모는 분명 살아 있는 생명체이고 포도당을 분해하면서 에너지를 추출해서 살아간다. 그런데 효모가 이런 생명활동을 할 수 있는 것은 그 안에 효소라는 작은 기계들이 포도당을 분해하고 작은 단위의 에너지를 추출할 수 있기 때문이다. 그 이후 20세기를 거치면서 수많은 각기 다른 효소들이 발견되었다. 원래 어원은 '효모 안의 무엇'이었지만 이제는 사람 세포에 있는 각종 기계 촉매도 효소라고 널리 불리고 있다. 포도당을 이산화탄소로 분해하기까지 각 역할을 분담하는 수십 개의 효소가 함께 작동한다. 그리고 각 단계마다 만들어지는 작은 단위의 에너지를 몸에서 더 효율적으로 쓰기 위해 ATP라는 물질을 만든다. ATP는 물질에 있는 에너지는 몸속의 효소들이 각종 기능을 하도록 작동하는 데 다시 쓰인다. 이렇게 우리는 영양분을 섭취하며 생명 현상을 이어가고, 영양분을 제대로 섭취하지 못한 세포는 기능을 많이 상실하게 된다.

'에너지가 높은 물질'이라는 것은 무슨 뜻인가? 이것은 화학 작용을 일으키면 에너지를 발산할 수 있는 물질을 일컫는다. 예를 들어 대표적인 고에너지 물질인 석유를 살펴보자. 석유는 에너지를 많이 흡수한 생명체들이 죽어서 오랜 기간 땅속에 묻혀 있으면서 생기는 물질이다. 석유에 살짝 불을 붙이면 엄청난 속도로 화학반응을 일으키며 에너지가 낮은 물질인 이산화탄소로 변하는데, 그때 발생한 에너지로 기계도 돌리고 난방도 할 수 있다.

　　　　세포 안에서 포도당도 이와 비슷한 과정을 통해 산화되며, 궁극적으로 이산화탄소가 된다. 그러면서 거기에서 나온 에너지를 가지고 쓰기 편한 ATP를 만든다. 이렇게 만들어진 ATP가 효소를 작동시키는 데 사용된다.

이쯤에서 의문을 품을 만한 것이 있다. 효모는 산소 없이도 포도당을 조금은 분해하고 또 거기서 에너지를 추출해 사용할 수 있다고 했는데, 그렇다면 산소 없는 화학 작용도 산화일까? 과학계는 이러한 문제 때문에 산화의 정의를 조금 바꾸게 되었다. 현대 과학에서 산화의 정의는 '전자를 빼앗기는' 화학 반응이다. 그 얘기를 하기 위해서는 조금 깊숙이 들어가 원자의 구조를 설명할 필요가 있다. 조금 전문적이지만 우리 몸이 포도당을 분해하는 방법, 또 노화의 원리를 이해하기 위해서는 중요한 내용이다.

우리가 들이마시는 산소 분자(O_2)는 두 개의 산소 원자가 서로 붙들고 있는 형태를 하고 있다. 앞의 4장에서 질소 이야기를 다룰 때 잠시 언급했지만, 두 개의 원자가 붙어 있으려면, 최소한 두 개의 전자가 하나의 화학 결합을 이루고 있어야 한다. 그리고 화학 반응이 일어나려면 화학 결합을 이루고 있는 전자들이 없어지거나 더 생겨야 한다. 그래야 원자와 원자를 연결하는 화학 결합이 없어지거나 생기기 때문이다. 포도당, 석유, 석탄 등 여러 개의 탄소로 이루어진 물질들이 연소하는 과정을 보면 전자들이 이들 물질에서 다른 곳으로 이동한다. 이것은 결코 쉬운 일이 아니다. A라는 물질이 전자를 잃기 위해서는, B라는 물질이 있어서 그 전자를 받아들여야 한다. 전자는 다른 분자에 붙어있는 것을 좋아하지, 웬만하면 혼자서 따로 존재하지 않기 때문이다. 그렇다면 탄소로 구성돼 있는 유기물들이 산화될 때, 그 전자들은 어디로 이동하는가? 그 전자들을 제일 잘 받아 주는 물질 중 하나가 산소이다. 그런데 산소가 없어도 대신 전자를 받아 줄 수 있는 물질들이 세포 내에 조금은 있다. 그러니 산소 없이도 포도당이 에탄올로 분해될 수 있으며, 거기에서 생기는 에너지를 효모가 쓸 수 있는 것이다.

포도당이나 지방질 같은 영양분에 포함된 에너지의 양을 지칭할 때 자주 쓰는 단위인 '칼로리'는 원래 물리화학 용어로서 물 1그램의 온도를 1도 올리는데 필요한 에너지를 의미한다. 전문용어 같지만 칼로리는 현대 사회에서 건강에 관심을 둔 사람들에게 특히 친숙한 단어다. 포장되어 판매되는 음식 대부분에 칼로리 함량이 적혀 있는데, 다이어트 중인 사람들이 늘 신경을 쓰는 수치이다. 탄소가 여러 개 엮인 탄수화물이나 지방질은 산화되면서 에너지를 특히 많이 발산하기 때문에 칼로리 함량이 많다.

지구 온난화에 대한 관심이 높아지면서 산소와 탄소에 대한 언급도 더 많이 이루어지고 있다. 우리가 많이 이용하는 석유와 석탄은 탄소가 여러 개 엮인 고에너지 물질이다. 이 물질들을 연소하면 대기 중에 이산화탄소 농도가 올라가는데, 이산화탄소는 태양으로부터 오는 빛 에너지를 마치

온실처럼 지구에 붙드는 성질이 있어서 석유와 석탄을 과도하게 연소하면 지구의 온도가 높아진다. 그래서 우리는 석유, 석탄 사용을 줄이고 이산화탄소를 흡수할 방법을 찾는다. 그중 하나가 나무를 심고, 밀림을 보호하는 것이다. 식물은 우리와 반대로 이산화산소를 흡수하고, 산소를 뿜어내는 능력이 있기 때문이다. 단, 우리가 호흡할 때와 반대로 햇빛의 에너지를 흡수하고, 이를 이용해서 포도당을 만든다. 그 과정에서 부산물로 만들어지는 것이 산소 분자이다.

우리는 식물처럼 광합성을 할 수 없으니 포도당과 녹말을 함유한 식물을 먹는 것으로 에너지원을 얻는다. 이를 연소하면서 발산되는 에너지를 이용해 생명 현상을 유지해 나간다. 그리고 다시 이산화탄소를 배출한다. 이 과정에서 남는 에너지가 있으면 몸에 저장하는데, 탄소가 조금 다른 형태로 엮인 지방질을 만들어 지방 세포에 저장한다. 에너지(칼로리)가 남을수록 저장되는 지방 세포가 늘어나면서 몸집도 불어난다.

석유나 석탄 같은 화석 연료도 따지고 보면 생명체의 탄수화물, 지방질과 그 기원이 같다고 볼 수 있다. 석탄기라고 불리는 시대는 광합성을 통해 고에너지 탄수화물을 만들었던 식물들이 땅속에서 화석 연료의 형태로 많이 발견되는 지질학적 시기이다. 나무가 진화한 후 나무를 분해할 수 있는 미생물들이 미처 진화하지 못했던 탓에 죽은 식물들이 썩지 않고 많이 보존됐다고 한다. 우리는 이렇게 만들어진 석탄에 함유된 탄소가 많은 물질들을 연소시켜 에너지로 사용한다. 석유는 광합성을 많이 한 바다 생물들이 죽어서 땅속에 묻히고, 거기에 함유돼 있던 고에너지 탄소 성분들이 변해 만들어졌다. 우리는 석탄과 마찬가지로 석유를 연소시켜 집을 따뜻하게 하기도 하고, 기계를 돌리는 데 쓰기도 한다. 과거 어느 때보다 에너지를 많이 쓰면서 이산화탄소를 많이 배출하게 되었고, 그 결과로 지구 온난화를 불러 일으키게 되었다.

이처럼 탄소를 연소시킬 수 있는 산소는 생명을 유지하고 에너지를 내는데 꼭 필요하다. 병원에서 위급한 환자를 치료할 때도 사용되고, 각종 통증에 시달리는 운동선수들이 빨리 회복하기 위해 고농도의 산소를 흡입하기도 한다. 이런 방법을 쓰는 운동선수들은 정말 산소가 기적처럼 몸 회복을 돕는다고 얘기한다. 하지만 산소가 무조건 좋은 물질은 아니다. 우리가 산소를 적당량 사용하도록 진화하긴 했지만, 산소의 화학 반응성이 너무 폭발적이라서, 몸을 상하게 하는 성질도 있기 때문이다. 우리 몸속에서 사전에 계획되지 않은 화학작용이 일어나는 것을 상상해 보자. 많은 공을 들여서 효소들이 우리 몸에 필요한 단백질이나 지방질을 만들어 놨는데, 그것이 산소에 의해 연소되면 세포에 이로울 일이 없다. 계획하지 않은 화학 반응이 정교하게 만들어 놓은 각종 세포 구조물을 망가트리기 때문이다. 사과를 깎았는데 누렇게 색이 변하거나, 와인을 따고 며칠 지나니 맛이 시어지거나, 버터를 냉장고 밖에 두었더니 상해 버리거나, 오래된 자동차에 녹이 스는 것은 공기 중의 과다한 산소가 그 물질들로부터 전자를 빼앗으며 원하지 않는 화학 작용을 일으켰기 때문이다.

태초의 지구에는 산소가 전혀 없었다고 전해진다. 빅뱅으로 인해 은하수의 별들과 행성이 생겨났다는 것이 이제는 과학계의 정설로 자리 잡혔다. 그때 우주에 쌓인 각종 먼지가 응축되면서 행성과 태양이 생겼다. 그런 과정을 통해서 45억 년 전쯤 지구가 생겨났다. 태초에는 지구든, 화성이든, 목성이든 대기 조성이 비슷했을 것이라고 추정된다. 그런데, 다른 행성에는 대기 중에 산소가 없다. 주로 수소, 메탄, 암모니아로 구성되어 있는데, 태초에는 지구의 대기도 크게 다르지 않았을 것이다.

1952년, 미국의 스탠리 밀러(Stanley Miller)와 해럴드 유리(Harold Urey)가 이런 대기 상태에서 어떻게 생명이 탄생했는지를 알아보기 위해 야심찬 실험을 진행했다. 시험관에 수소, 메탄, 암모니아, 물로 구성된 환경을 만든 이후, 천둥번개를 흉내 내어 전기 스파크를 일으키는 실험을 했다. 일주일 간의 실험 동안 시험관에서 저절로 화학 반응이 일어나면서 아미노산이 합성되는 것을 볼 수 있었다. 아미노산은 단백질을 만드는 성분으로 생명체의 탄생에 필수적인 재료이다. 태초에 무기물과 천둥 번개만 있었던 지구에서 이렇게 유기물이 만들어졌을 것이라고 추측할 수 있다. 이 연구는 엄청나게 각광받은 만큼 비판도 많았다. 하지만 생명이 최초로 출현할 당시, 지구에 산소가 없었다는 데에는 거의 모든 과학자가 동의하고 있었다.

어떻게 생명체가 처음 출현하게 되었는지는, 아직도 정확히 밝혀지지 않았다. 하지만 무언가가 최초로 출현했고, 이것들이 돌연변이와 자연 선택을 반복하면서 진화했다. 그러다 27억 년 전쯤 격변이 일어났다. 시아노박테리아(Cyanobacteria, 남조세균)라는 미생물이 출현해서 광합성을 시작했다. 그리고 그 부산물로 산소를 뿜어 냈다. 학자들에 의하면, 이렇게 생겨난 산소가 당시의 생명체들에게는 공해 중에서도 지독한 공해였다고 한다. 생명체들은 탄소가 여러 개 엮인 고에너지 재료로 많이 구성되어 있는데, 쉽게 화학 반응을 일으키는 산소가 이들을 태워버리는 것이 아닌가? 특히 메탄가스를 만들어 내는 미생물은 시아노박테리아가 뿜어대는 산소가 메탄가스와 반응하며 일으키는 폭발에 피해를 입었다. 산소가 없는 환경에 적합하게 진화해 온 생물들에게 산소는 재앙 중의 재앙이었다. 원하지 않는 화학 반응이 마구 일어나면서 많은 수의 생물들이 지구 상에서 사라졌다.

미토콘드리아의 진화 연구로 유명한 린 마굴리스(Lynn Margulis)[17]는 자신의 책 『마이크로 코스모스(Microcosmos)』에서 산소의 출현이 지구 상의 생명체에게는 핵 전쟁 이상의 재앙을 가져왔다고 주장한다. 산소의 출현 이후, 산소를 싫어하는 혐기성 미생물들은 지구 표면에서 싹 사라졌고, 지금은 공기가 없는 흙이나 진흙탕, 하수구 등 특수한 환경에서만 사는 존재로 전락하게 되었다. 반면 시아노박테리아는 햇볕과 이산화탄소만 있으면 에너지를 무한정 생산해낼 수 있는 놀라운 성질 때문에 날로 번창했다. 여기에서 진화해 나간 식물들은 현재 햇볕과 물이 있는 땅의 표면을 모두 덮어버릴 정도로 지구에서 성공적으로 자리 잡았다.

　　이렇게 늘어난 식물들 때문에 처음에는 하나도 없던 대기 중의 산소가 3억 년 전쯤에는 대기의 30%까지 차지했다. 현대의 약 20% 보다 10% 정도 더 많은 것인데, 천둥 번개가 한 번 칠 때마다 대형 산불이 일어나는 등 위험 상황이 수시로 발생했다. 대기 중의 높은 산소 농도는 이러한 계획되지 않은 화학 반응이 반복적으로 일으키며 현재의 수준으로 자리 잡게 되었다.

1990년대 초반 소설로 큰 인기를 끌고 스티븐 스필버그 감독이 제작한 영화로도 많은 관객을 모았던 마이클 크라이튼의 〈쥬라기 공원(Jurassic Park)〉은 쥐라기 시대의 공룡 DNA를 복원해 공룡들을 재탄생시킨다는 설정의 이야기였다. 공룡의 DNA는 어디서 구할까? 쥐라기 당시 공룡의 피를 빨아 먹던 모기들에게서 구한다는 것인데, 실제로 북유럽에서 많이 출토되는 '호박(amber)'이라는 화석에 갇힌 모기가 있다. 작품에서는 이렇게 추출한 공룡의 DNA를 개구리 난자의 DNA와 바꾸어 넣어 공룡을 복제(클론)한다. 이 영화를 보고서 소설가 마이클 크라이튼의 기발한 아이디어에 감탄하지 않을 수 없었다. 감탄을 하긴 했지만, 나의 생화학 은사들이 해주셨던 말씀들이 기억났다. 불가능한 이야기라고. 그 이유는 대기 중의 산소 때문이다. DNA 역시 대기 중에 그렇게 오래 노출되면 산화되기 마련이고, 계획하지 않은 화학 작용 때문에 분해가 된다. 따라서 몇 억 년간 산소에 노출된 DNA는 복원이 거의 불가능하다.

이와 같이 산소는 생명체에 있어서 양날의 검이 될 수 있는 존재이다. 라부아지에의 연구가 입증했듯이 산소가 연소 반응을 촉진하며, 그 연소 반응으로 우리는 땔감을 태우고, 기계를 돌리며, 영양분을 소화한다. 생명을 지탱하는 데 있어서 산화 작용의 중요성을 인식한 수많은 20세기 생화학자들이 영양분의 연소 연구에 집중했고, 또 길이 남는 과학적 발견들을 했다. 그러다가 20세기 후반 식량이 넘쳐나는 시대가 도래했다. 그와 동시에 과도한 영양분의 산화가 가져오는 문제들이 부각됐다. 통제되지 않는 산화작용이 우리 세포에 어떤 피해를 입히며, 이를 방지하는 기작이 무엇인지에 관한 연구가 최근 더욱 각광받는 연구분야로 자리매김했다. 영양분의 연소를 처음 연구한 라부아지에는 현대 화학 및 생물학의 토대를 마련하는 건설적인 역할을 했지만, 마치 통제되지 않은 폭발 반응처럼 프랑스를 휩쓴 혁명의 이슬로 사라졌다는 사실이 마치 좋고도 나쁜 산소의 양면을 연상시킨다.

SIDE STORY 1

ATP는 세포의 기본 에너지원

세포를 작동시키려면 에너지가 필요하다. 새로운 세포의 재료를 만들기 위해서는 효소를 기계처럼 작동시켜야 한다.

이러한 효소들이 에너지를 이용해서 온갖 생명 현상을 가능하게 한다. 우리의 일상 생활에서 가장 많이 이용하는 에너지가 석유와 전기라면, 세포 안에서 효소들이 가장 많이 이용하는 에너지원은 ATP다.

우리는 에너지를 만들기 위해 탄수화물과 지방질을 먹지만, 우리 세포 내의 효소들은 이들을 직접 에너지원으로 사용하지는 못한다. 사정이 이러하다 보니 세포는 포도당과 같은 영양분을 흡수한 다음 이를 산화시키고, 그 과정에서 나오는 에너지를 ATP를 만드는 데에 사용한다. 이렇게 만들어진 ATP는 에너지를 함유하고 있다. 효소들은 ATP를 분해해서 발산되는 에너지를 이용해서 작동을 한다.

제 1 부

6

칼로리 제한의 효과

1991년, 미국 애리조나 사막 한가운데 오라클이라는 지역에 유리로 둘러싸인 거대한 시설이 들어섰다(그림 10). 또 하나의 인공 생태계를 만들어 실험하고 싶어하던 발명가 존 앨런(John Allen)이 텍사스의 석유 사업가 에드 바스(Ed Bass)를 설득해 사업비를 지원받고, 마가렛 어거스틴(Margaret Augustine)을 단장으로 하여 만든 시설이다. 그리고 9월 26일, 여덟 명의 과학자들이 이 시설물 앞에서 성대한 기자회견을 했다(그림 11).

> "지금 마지막으로 우리 모두 즐기는 이 신선한 공기를
> 들이마셔 봅니다. 이 앞의 시설물에 들어가면, 앞으로
> 2년 동안은 이 세상과는 완전히 격리된 다른 공기를 마시며
> 임무를 수행할 예정입니다."

'바이오스피어2'라고 명명된 이 밀폐 공간에 들어서기 전, 이들을 대표한 여성 과학자가 기자들 앞에서 말을 이어갔다. 3천 8백 평의 땅에 들어선 9층짜리 유리 구조물은, 훗날 인류가 우주를 식민지로 만들 때를 가정해서, 외부와 완전히 독립

그림
10
11

바이오스피어2 시설. 지금은 애리조나 주립대학교의 교육시설로 이용되고 있다.
(출처: 애리조나 주립대학교 웹사이트)

바이오스피어2 첫날, 내부에서 바깥에 모인 기자들을 향해 손을 흔들고 있는 과학자들.
왼쪽 아래가 로이 월포드 박사다.

된 생태계를 만들어서 살 수 있을지를 실험하는 시설이었다. 이 시설물의 3분의 1은 농작물을 키우는 데에 이용되었다. 다른 곳은 숲으로 조성해서 물과 공기를 재활용할 수 있도록 설계된 대규모 시설이었다.

전 세계 미디어의 관심 속에 성대하게 시작된 프로젝트는, 그 이후 여러 가지 문제 때문에 연이어 뉴스거리가 되었다. 밀폐된 공간의 산소 농도가 점차 떨어지기도 했고, 이산화탄소 농도 증가를 막기 위한 특별 장치들을 가동해야 하는 상황도 나타났다. 일설에 의하면, 지친 일부 대원들이 이쯤에서 실험을 중단하고 창문을 열어 맑은 공기를 마시자고 주장하자 다른 대원들은 말도 안 되는 이야기라면서 다투었다고 한다.

바이오스피어2 안에서 생산된 농산물의 양이 충분하지 않았기 때문에, 1인당 하루 1,800칼로리밖에 먹을 수 없는 상황이 발생했다. 대원들의 체중이 줄어들면서 배고픔을 견디지 못해 씨앗으로 쓰려던 곡물을 먹어 치우는 일도 벌어졌고, 갈등이 깊어지면서 대원들이 두 파로 갈려서 서로 말도 안 하는 단계까지 가게 되었다는 보도도 있었다.

이 프로젝트가 실패를 거듭하는 사이 속으로 웃는 대원이 하나 있었다. 이 시설물에 의사로서 들어간 캘리포니아대학교 로스앤젤레스(UCLA) 의과대학 교수, 로이 월포드(Roy Walford)였다. 그 당시 66세로, 대원들 중 가장 나이가 많았는데, 적게 먹는 것이 장수 비결이라는 논리를 넓게 퍼트린 과학자이다. 그런데 자신이 참여한 프로젝트에서 식량이 부족한 상황이 되면서 월포드 박사는 자신의 연구를 실제 프로젝트에 응용할 수 있는 절호의 기회를 얻게 된 것이다. 월포드는 대원들의 체중이 날로 줄어드는 것을 꼼꼼히 기록하기 시작했는데, 프로젝트가 끝날 무렵 대원들의 평균 체중은 들어올 때 대비 평균 16% 감소했다고 한다. 즉 프로젝트를 시작할 때 75킬로그램의 체중이었던 사람이, 먹을 것이 부족해서 프로젝트를 마친 2년 후에는 63킬로그램으로 체중이 줄어들었다. 월포드 박사의 연구에 의하면, 체중이 줄어듦과 동시에 평균 혈압이 낮아지고 면역기능은 강화되었다고 하는데, 이 결과는 곧 〈PNAS〉에 발표되었다.[18]

사실 월포드 박사 훨씬 이전에 적게 먹는 것이 동물의 수명을 늘린다는 사실을 정립시킨 사람이 있다. 코넬 대학교의 영양학자이던 클라이브 맥케이(Clive McCay) 박사가 그 인물이다. '칼로리 제한의 효과'하면 이 사람을 먼저 떠올릴 정도인데 그는 아주 우연히 이와 같은 결과를 발견했다. 지금과는 달리 1920, 30년대의 대학교수들은 주로 수업이 없는 방학 중에만 연구 활동을 했고 정부 연구비보다는 회사에서 주로 용역을 받아서 연구를 하곤 했다. 맥케이 박사가 무척 우수하다는 소문을 듣고 코네티컷의 벌링턴 양어장이 상담을 하러 그를 찾아왔다. 양어장은 송어 양식을 하며 그동안 사료에 소의 간을 섞었는데, 최근 소의 간 값이 폭등해서 다른 사료를 찾아야 한다고 했다. 소 간 값이 폭등한 이유는 당시 최신 의학 연구 결과, 빈혈의 주 원인이 철분 부족이라는 것을 알게 된 일반인들이 철분 섭취를 위해서 예전에는 거들떠도 보지 않던 소의 간을 사 먹기 시작했다는 얘기도 덧붙였다. 이야기를 들은 맥케이 박사는 대체 사료를 한번 개발해 보겠다고 나섰다. 오랫동안 해야 하는 실험이기에 자신이 직접 코네티컷에 갈 수는 없어서 당시 박사 과정 학생이었던 프랭클린 빙(Franklin Bing)을 내려 보냈다. 빙 박사의 훗날 회고를 보자.

"5월 학기말 시험을 다 보고서는 코네티컷의 하트퍼드로 향했다. 가방 두 개를 갖고 갖는데, 하나에는 내 옷가지를 담았고, 다른 하나에는 준비한 송어 먹이와 실험실 도구를 챙겼다. (중략) 내가 그해 여름 코네티컷에서 보낸 시간을 시인 헨리 소로의 생활과 감히 비교해도 될까? 돈을 아끼기 위해 작은 통나무 집에서 살면서, 아침식사로 매일 그 집 앞에서 자라는 야생 블루베리를 먹었고, 그 마을을 날아다니는 새들을 감상하며 시간을 보냈다. 맥케이 교수님이 연구에 전념하라는 당부를 했기에 그 여름 동안 아침 7시부터 오후 5시까지 일주일 내내 휴일도 없이 일했다." [19]

빙의 임무는 송어들을 9개의 그룹으로 나눠서 각기 다른 사료를 먹이는 것이었다. 총 72,500 마리의 송어를 가지고 실험했는데, 결론은 소 간의 성분을 원래 사료의 십 분의 일로 양을 줄여도 물고기들이 살아남을 수는 있지만, 성장을 하기 위해서는 그보다 많은 소 간 성분이 있어야 한다는 것이었다.

여름이 끝나고 드디어 맥케이 교수가 양어장 현장을 방문했다. 송어 상태를 보니 소 간을 십 분의 일로 줄여서 먹인 송어들은 그 몸집은 작았지만 대부분 살아 있었다. 반면 그보다 더 영양분을 많이 섭취한 송어들은 여름 내내 몸집을 더 키웠지만 대부분 늙어 죽었다.

"그 원인이 뭔 것 같아?"

맥케이 교수가 빙에게 건넨 질문을 시작으로 한참 동안 두 사람의 토론이 이어졌다. 영양학 논문들에 대한 이야기를 한참 나눈 뒤 맥케이 교수가 말을 이어갔다.

"나는 이 연구를 계속 할 테야.
　영양분과 장수의 상관관계에 관한 연구를."
"선생님, 곧 코넬대학으로 가실 텐데 거기서
　물고기 연구를 계속 하시려고요?"
"아니, 쥐를 가지고 연구할 생각이야."

맥케이 교수는 록펠러 재단으로부터 연구비를 지원받아 쥐를 대상으로 실험을 시작했다. 쥐를 세 그룹으로 나누어서, 첫 번째 그룹은 마음껏 먹도록 했고, 두 번째 그룹은 영양분을 제한해서 성장을 더디게 했다. 그리고 세 번째 그룹은 첫 2주 동안 마음껏 먹게 한 다음, 그 이후부터 영양분을 제한했다. 마음껏 먹은 쥐들은 불과 4개월 만에 다 자랐지만 영양분을 제한한 그룹은 다 크는데 1, 2년이 걸렸다. 그리고 3년이 지나면서 그룹 간의 수명에 극명한 차이가 나타났다. 마음껏 먹인 쥐들은 36마리 중 오직 1마리만 살아남았다. 반면 적게 먹인 쥐들은 총 70마리 중에서 15마리가 살아 있었다. 칼로리를 제한하면 수명이 연장된다는 것을 송어뿐 아니라 쥐에서도 확인하는 순간이었다.

　　이후 맥케이 박사는 탄수화물이 적고 단백질과 비타민 함량이 많은 '코넬 빵(Cornell Bread)'을 개발해서 제2차 세계대전 당시 배급품으로 공급하기도 했고, 다른 식품 회사들에 칼로리가 적으면서 단백질과 비타민이 많은 음식을 만들 것을 역설했다고 한다. 하지만 맥케이 박사의 연구는 시대를 잘못 탄 면이 있었다. 제2차 세계대전 이후 미국은 풍요로운 시대의 새 장을 열었다. 고속도로가 여기저기 만들어졌고, 사람들은 널찍한 집에서 자가용을 굴리며 살게 됐고, 바빠진 사람들은 차를 타고 패스트푸드점에 가서 칼로리 높은 음식을 싼 가격에 사 먹었다. 기계와 새로운 품종, 그리고 화학 비료를 이용한 농업 생산성이 높아지면서, 미국 중서부의 광활한 땅에서 경작한 잉여 농산물을 이용한 식품 산업이 발달하게 되었다. 역사상 처음으로 식량 부족에 대한 걱정 없이 풍요로움의 행복을 즐기던 사람들에게 칼로리 섭취를 제한하자는 이야기가 귀에 들어올 리 없었다.

칼로리 제한의 효능을 역설한 맥케이의 연구가 1930년대 당시에는 주목받지 못했지만, 1980년대부터 상황이 달라졌다. 그 사이에 질소 비료가 널리 퍼지면서 품종 개량을 통해 농업 생산성도 크게 증가했다. 농업에 시장 경제가 도입되면서 광활한 미국 대륙에 필요 이상의 옥수수가 재배되었다. 남아도는 옥수수로 시럽을 만드는 산업이 발달하게 됐고, 또 이를 이용해서 만든 청량음료가 대중들에게 널리 퍼졌다. 이 시기에 비만이 미국의 새로운 사회 문제로 부각되었다. 영양 결핍으로 오래 살지 못했던 이전 세대와는 달리, 과도한 영양 섭취 탓에 심혈관계 질환으로 단명하는 사람들이 늘어나게 된 것이다. 맥케이의 연구는 발표된 지 수십 년 후에야 비로소 다시 주목받게 되었다. 이 즈음에 UCLA의 로이 월포드 박사가 맥케이와 유사한 연구를 하게 되었다.

월포드 박사는 똑똑하고 에너지 넘치는 사람이었고, 미국 의회의 자문위원으로 활동하는 등, 외부 활동도 활발한 편이어서 자신의 연구를 널리 홍보할 수 있는 능력도 갖추고 있었다. 그런 월포드 박사의 학생, 리처드 와인드루치 (Richard Weindruch)가 맥케이의 옛 연구와 비슷한 결과를 얻게 되었다. 생쥐를 여러 그룹으로 나누어 한 그룹은 먹이를 마음 껏 먹게 하고 다른 그룹은 칼로리 섭취량을 각각 달리 해서, 수명, 암 발병률, 면역 기능을 측정하는 실험을 한 후 그 결과 를 발표했다.[20]

논문의 구체적인 내용은 이러하다. 마음껏 먹인 쥐들에 비해 55%가량 먹이를 적게 준 생쥐 그룹의 수명이 35~65% 정도 늘어났다. 더불어 암 발병률은 적었고, 면역 기 능이 좋아졌다. 연구가 지대한 관심을 받던 와중에 로이 월포 드가 1991년 '바이오스피어2' 프로젝트의 대원으로 선발되었 던 것이다.

월포드 박사의 학생이었던 와인드루치 박사는 이 연구 이후 위스콘신 대학교에 교수로 자리잡으면서 원숭이를 대상으로 칼로리와 노화의 관계에 대해 장기적인 연구를 계속했다. 그 연구 결과가 2008년 〈사이언스〉에 발표되어, 사회적으로 큰 관심을 끈 바 있다. 보통 미국 국립 보건원(National Institutes of Health)에서 연구비를 받으면 5년 단위로 결과물을 내놓으면 서 연구비 지원을 갱신해야 하는데, 와인드루치는 1989년부 터 20년간 연구비를 받아서 중간 결과를 2008년에야 처음 발 표했다.

　　　　와인드루치 연구팀은 음식을 마음껏 먹인 원숭이들과 칼로리를 제한한 원숭이들을 그룹별로 나누어서, 각각 수명과 건강 상태를 체크했다. 적게 먹은 원숭이들은 다른 그룹에 비해 30% 적은 칼로리를 계속 섭취했다. 사람으로 비유하면 키 180센티미터에 체중이 60킬로그램 정도인 남자라고 할 수 있다. 적게 먹은 원숭이들의 87%가 20년 넘게 살아 있었던 반면, 마음껏 먹은 원숭이들은 63%만이 살아남았다. 그뿐이 아니었다. 적게 먹인 원숭이들은 당뇨병 및 암 발병률이 현저히 낮았다.

소식이 장수하는 데에 좋다는 인식은 이미 널리 퍼져 있지만, 모든 과학자들이 동의하는 것은 아니다. 2012년에는 〈사이언스〉의 경쟁지인 〈네이처〉에 정반대의 주장을 펼치는 논문이 실렸다.[21]

　　　　미국 국립 보건원 연구팀은 121마리의 원숭이를 두 그룹으로 나누어서, 한 그룹은 적당량의 음식을 섭취하게 하고 다른 그룹은 30% 적은 양의 칼로리를 먹게 했다. 이 논문의 저자인 라파엘 드 카보(Rafael de Cabo) 박사는 다른 사람들과 마찬가지로 적게 먹는 것이 수명을 늘려줄 것이라 기대했는데, 그렇지 않은 결과가 나와서 꽤 실망했다고 한다. 위스콘신 대학 연구와 과연 어떤 점이 달라서 서로 다른 결론을 얻었는지는 정확히 알려지지 않았지만, 미국 국립 보건원 연구가 잘못되었다는 지적이 적지 않다. 특히 위스콘신 대학 연구진은 계속해서 자신들의 후속 연구를 발표하면서 미국 국립 보건원 연구진이 "적당량을 먹인다는 그룹의 원숭이들도, 실제로는 기준량보다 적게 먹고 있다"고 지적했다. 워싱턴 대학에서 노화 연구로 유명한 맷 케이벌린(Matt Kaeberlein) 박사는 'Faculty 1000(F1000)'*이라는 과학 매체를 통해 미국 국립 보건원 연구를 공개적으로 비판하기도 했다.

> "우리 실험실에서 일을 잘 못하는 학생이 실험을
> 대충 하고서, '역시나 두 그룹 사이에 차이점을 발견하지
> 못했다'고 보고하면, 나는 제일 먼저 실험을 제대로 했는지,
> 비교집단을 제대로 설정했는지 학생에게 물어봅니다.
> 미국 국립 보건원 연구는 비교집단이 제대로 있는 실험인지
> 입증하는 자료가 없는 연구인데, 우리더러 어떻게 이걸
> 믿으라는 말입니까?"

---

*
'Faculty 1000'은 영국에 본부를 둔 논문 평가 기관이다. 처음에는 1,000여 명의 교수들이 주목할 만한 논문들을 일반 과학자들에게 추천하는 웹사이트로서 출범했는데, 지금은 전 세계에 퍼져있는 1만여 명의 교수들이 멤버로서 의견을 개진하고 있다. 발표된 논문들의 잘된 부분, 잘못된 부분을 공개적으로 논평한다. 나는 2006년부터 F1000 멤버로 참여하고 있다.

원하는 양보다 적게 먹이면 개체가 오래 산다는 것은 1930년대 송어 연구를 시작으로 효모, 꼬마선충, 초파리 그리고 생쥐 연구에서도 확인되었지만, 미국 국립 보건원의 원숭이 연구 때문에 "논란 있는 결론"이라는 인식이 꽤 오래가게 되었다. 하지만 와인드루치 박사 연구팀은 왜 문제의 연구가 자신들의 결론과 다른지 계속 들여다봤고 또 논문으로 발표하기도 했다. 2016년에 발표된 그들의 연구에 의하면 미국 국립 보건원의 원숭이 실험에서는 많이 먹였다는 원숭이들이 실제로는 그다지 많이 먹지 않았다는 결론을 내린다. 많이 먹였다는 원숭이들의 체중이 실제로는 "소식한 원숭이" 정도밖에 안 된다는 것이 핵심이다. 어느 정도 많이 먹어야 건강을 해치는가에 대해서는 논란이 있을지언정 지나치게 많이 먹으면 건강을 해친다는 상식적인 결론은 뒷받침하는 연구였다.

소식을 몸소 실천해 보고자 하는 독자들에게 한마디 주의사항을 덧붙여야겠다. 소식을 하면 몸의 노화 속도가 조금 늦춰진다는 것은 대부분의 과학자들이 동의하는 바지만, 충분히 먹지 못해서 생기는 심리적인 악영향도 무시할 수 없다. 제2차 세계대전 말미에 미네소타 주립대학에서 당시 군 입대를 기피한 36명을 대상으로 24주간 음식물 섭취를 대폭 줄이는 실험을 했다. 하루에 1,600칼로리의 음식만 먹게 했으니 바이오스피어 대원들이 먹었던 양보다도 적었다. 특히 단백질과 지방질의 함량이 낮은 음식을 먹게 했다. 그러자 일주일에 0.5kg씩 몸무게가 줄었을 뿐 아니라, 머리카락이 빠지는 사람이 생기는가 하면, 상처가 아무는 속도도 줄어들었다.

우울증에 시달리고 성욕이 감퇴하는 더 큰 문제들도 발생했다. 실험 대상자들은 밤낮없이 음식 생각만 했다고 한다. '굶주림에 의한 신경증'이라는 새로운 용어가 탄생했다. 36명 중 2명은 신경 쇠약 증세를 보였고, 또 다른 2명은 갑자기 울거나 자살을 이야기하거나 폭력을 쓰겠다고 위협하기도 했다. 이들은 실험이 끝난 후 마음껏 먹을 수 있게 되자 폭식을 했다. 그중에는 하루에 1만 칼로리를 먹는 사람들도 있었다. 그리고 20주 동안의 회복기간 후엔 몸의 지방질 함량이 실험 시작 전보다 평균 50% 늘어났다고 한다. 굶었다가 오히려 역효과가 난 것이다.

현대 사회에서는 적당히 적게 먹는 것이 건강에 좋다는 것을 알면서도 막상 실천하기는 어려운 것이 현실이다. 이러한 틈새를 파고들어 '적게 먹는 효과를 낼 수 있는 약'을 개발하겠다는 회사와 과학자들이 다수 있다. 그중 한 사람이 하버드 의과대학의 데이비드 싱클레어(David Sinclair) 교수이다. 항상 논란의 중심에 있으면서도 언론의 주목을 많이 끄는 사람이다.

데이비드 싱클레어는 호주 태생으로 매사추세츠 공대의 레너드 구아렌테(Leonard Guarente) 교수 밑에서 박사후 과정을 밟으면서 이 분야에 뛰어들었다. 구아렌테의 실험실에서 빨리 늙는 돌연변이 효모를 찾아보다가, '써투(sir2)'라는 유전자를 발견했다. 이 유전자를 많이 발현시키면 효모가 오래 산다는 결과도 발표했다. 처음에는 효모에서나 생기는 일이라고 모두가 대수롭지 않게 여겼는데, 나중에 이 써투 유전자가 세포 내의 영양분 양에 따라 유전 정보 해독에 영향을 미치는 인자라는 결과가 발표되었다. 이를 바탕으로 싱클레어는 다음과 같은 이론을 밀어붙였다.

"효모에서 원숭이에 이르기까지, 영양분을 적게 섭취하는 것이 오래 사는 비결임은 다 알려진 사실이다. 왜 적게 먹는 것이 세포의 노화를 늦출까? 적게 먹으면 세포 내 에너지원의 일종인 NADH가 줄어들고, 대신 NAD라는 물질이 늘어난다. 우리가 써투를 발견하고 자세히 보니, 이것이 NAD에 의해 활성화되는 단백질임을 알아냈다. 그리고 이렇게 써투가 활성화되면 DNA를 감싸고 있는 단백질인 히스톤에 변화를 일으키는 기능을 한다. 히스톤은 DNA를 감싸는 단백질이다. 히스톤을 변화시키니 자연히 DNA에 수록된 유전 정보 발현이 달라진다. 이를 종합해 볼 때 써투는 영양분이 부족할 때 그에 따라 유전자 발현을 조절하는 단백질인 것이다. 영양분이 적당히 적은 경우 써투가 특정 DNA에 수록된 정보를 바탕으로 mRNA를 만들게 하고, 그렇게 만들어진 mRNA를 바탕으로 특정 단백질들을 만들게 한다. 이렇게 해서 나타나는 유전자 발현의 변화가 세포를 더 튼튼하고 오래 살게 하는데, 써투가 이 과정을 매개하다 보니 수명 연장을 돕는다."

이 연구로 데이비드 싱클레어는 하버드 의과대학에 조교수 자리를 얻게 되었고, 레너드 구아렌테는 일약 매사추세츠 공과대학의 스타가 되었다. 그리고 세계 최고 권위의 학술지들에 이들의 논문이 연달아 실렸다. 구아렌테의 실험실에서 박사후 과정을 하던 하이디 티센바움(Heidi Tissenbaum)은 효모 말고 다른 동물에서도 써투가 수명을 늘린다는 결과를 발표했고, 다른 학생들은 생쥐 및 인간에도 비슷한 유전자가 있다는 연구 결과들을 쏟아냈다. 생쥐와 인간에는 사실 써투와 비슷한 유전자들이 하나가 아니라 여러 개인데, 그래서 이 부류의 유전자들을 '시르투인'이라 부르기 시작했다. 그리고 몇 해 후, 데이비드 싱클레어 팀에서 시르투인의 기능을 촉진하는 약을 찾았다고 발표했다.[22]

신약이 나왔다고 하면 일단 대중의 관심이 집중되기 마련인데, 거기에 더해 두 가지 사항이 신약에 대한 관심을 폭발적으로 높였다. 첫째는 마음껏 먹더라도 노화를 늦출 수 있다는 데에 대한 일반인들의 기대감이었고, 둘째는 찾아

낸 성분이 레드 와인에도 들어 있다는 '레스베라트롤'이라는 화학물이라는 것이다. 안 그래도 서양 사람들이 레드 와인에 대해 느끼는 신비감이 대단하던 차였기에, 과학 소설에서도 찾아보기 힘든 각본이 완성되었던 것이다. 즉시 투자자들이 싱클레어에게 돈을 대기 시작했다. 2004년 싱클레어는 '서트리스(Sirtris)'라는 바이오테크 회사를 설립하더니, 몇 해 후 세계 굴지의 제약 회사 '글락소스미스클라인'에게 7억 달러를 받고 회사를 매각했다. 하버드에서 조교수 생활을 시작한 지 불과 몇 년 만에 부와 명예를 동시에 거머쥔 것이다.

그런데, 언제부터인가 이상한 징조들이 나타나기 시작했다. 어느새 써투는 학계 최고의 인기 유전자가 되어 있었고, 수많은 사람들이 이를 주제로 논문을 내고 있었지만, 구아렌테의 옛 제자들이 그 논문들이 틀렸다는 주장을 하기 시작했다(이에 대해서는 10장에서 자세한 내용을 다루기로 한다). 싱클레어 팀의 연구 결과에 의심을 품은 것은 그의 옛 제자들만이 아니었다. 서던캘리포니아대학교(USC)의 발터 롱고(Valter Longo) 교수 연구팀이 〈셀〉에 발표한 내용은, 써투라는 돌연변이가 오히려 효모의 수명을 단축시킨다는 것이었다.[23] 계속 잡음이 쏟아져 나왔지만, 싱클레어와 구아렌테는 아랑곳하지 않고 계속 써투에 관한 연구를 최고 학술지들에 출판했다. 2011년 내가 엘리슨 의학재단 심포지엄에 참석했을 때는 써투에 대한 잡음이 최고조에 달했던 시기였다. 어떤 컬럼비아대학 교수가 나를 붙들고 써투에 대한 이야기를 시작했다.

"싱클레어가 무려 7억 달러라는 거금을 받고 레스베라트롤 특허를 글락소스미스클라인에 넘겼는데, 채 일 년도 되지 않아 화이자(Pfizer)에서 싱클레어의 연구 결과가 틀렸다는 논문을 냈어요. 이미 7억 달러는 싱클레어 손에 넘어간 상태이고. 지금 이 문제가 심상치 않은 것은 틀림없어요. 싱클레어를 안 좋게 보는 사람들이 아주 많지요. 구아렌테도 그렇고. 몇 년째 미국 학술원 회원이 되길 기대하는 것 같은데, 연구 결과에 대한 논란이 계속 생기니까 아마 당선되기는 힘들 겁니다."

심포지엄 마지막 날 마지막 연사로 싱클레어 교수가 연단에 올라왔다. 자신감이 넘치는 사람이라는 평이 자자했는데, 조그마한 체구에 소문과는 다소 다른 인상이라서 조금 놀랐다. 싱클레어는 조리 있는 말솜씨로 써투에 관해 발표했다. 효모에서 처음 발견된 유전자가 이제는 꼬마선충, 초파리, 생쥐에게도 생명을 연장시키는 효과가 입증되었다는 이야기, 자신의 회사 서트리스에서 레스베라트롤을 발견한 이야기, 그리고 여러 논문들을 통해 발표했듯이 레스베라트롤이 실제 쥐의 수명을 연장한다는 이야기, 그리고 레스베라트롤을 조금 변형해서 장수에 더욱 효과가 있는 약을 만들려고 노력하고 있다는 이야기를 전개해 나갔다. 논란도 피하지 않았다. 화이 자에서 자신의 연구에 의문을 제기했다는 얘기도 소개하면 서, 그건 실험을 특정 방식으로 했기 때문에 나온 차이일 뿐 이라고 하며, 논란을 종식시킬 수 있는 자신의 설명을 곁들이 고서는 발표를 끝냈다.

이제 청중들로부터 질문을 받을 차례. 몇 가지 쉬운 질문에 답하고 나자, 강당 뒤쪽에 앉아 있던 거구의 사나이가 손을 들었다. 메인 주에 소재한 잭슨 연구소의 데이비드 해리 슨(David Harrison) 교수였다. 성격이 괄괄하고 목소리가 유독 컸는데, 질문을 하려는 것이 아니라, 코멘트를 하려고 손을 든 것이었다.

"여기 잘 모르시는 분들이 있을까 봐 얘기하는데요,
저기 저 연사, 레스베라트롤이 수명 연장에 효과가 없다는
논문도 냈습니다."

싱클레어가 대답했다.

"그건 제 연구 결과가 아니라, 우리 동료 아무개의
논문입니다."

더 큰 목소리로 해리슨이 반박했다.

> "당신이 그 논문 공동 저자 아니야? 공동 저자면
> 그 논문 내용에 책임을 져야 할 것 아니야?"

싱클레어는 작지만 힘 있는 목소리로 지지 않으려고 대응했다.

> "지금 여러 논란이 있는 줄은 저도 알고 있지만,
> 두고 보세요. 우리 회사에서 개발하고 있는 약들은 효과가
> 곧 입증될 겁니다."

이쯤에서 학회를 주재하던 사람이 끼어들었다.

> "시간상 여기서 학회 일정을 마치겠습니다. 그럼,
> 그 약들이 효과가 있는지는 한번 두고 봅시다."

2011년 엘리슨 학회가 끝난 지 두어 달이 지났을까, 〈네이처〉에 실린 또 다른 기사[24]가 싱클레어와 구아렌테에게 타격을 가했다. 이번에는 영국 런던대학의 데이비드 젬스(David Gems)와 린다 패트리지(Linda Partridge)의 공동 연구였다. 요지는 구아렌테를 스타덤에 올렸던 꼬마선충의 수명 연장 효과를 다시 세심히 관찰했더니, 써투의 효과가 없는 것으로 결과가 나왔

다는 것이다. 그 주장을 더 강화하기 위해 초파리에서도 실험을 했는데, 역시 효과가 없다는 내용도 담았다. 그리고 그 주장에 신빙성을 더하기 위해 다른 대학의 연구팀에도 확인 실험을 요청했는데, 비슷한 실험 결과가 나왔다는 내용도 담겨 있었다.

영국 신사들답게 〈네이처〉는 구아렌테에게도 같은 호에 반박할 기회를 주었다. 구아렌테는 반박 논문에서, 자신들의 옛 실험을 재현한 결과, 예전과 같은 강한 효과는 못 보았지만, 그래도 수명을 늘리는 작은 효과는 있었다는 내용을 담았다.[25] 자신들의 종전 주장을 방어하는 내용이긴 했지만, 과거 자신들의 논문이 반쯤은 잘못됐다는 내용을 자인했으니, 체면을 구긴 것도 이만저만이 아니었다. 각종 매체에서 양쪽 저자들을 인터뷰했는데, 구아렌테는 영국 런던대학 연구팀에 대해 다른 연구자의 약점이나 잡아서 최고 학술지에 논문을 실으려는 그릇된 행태라고 비판한 반면, 데이비드 젬스는 원래 이런 식의 연구는 본인도 하기 싫었지만 효과가 없는 유전자가 지나치게 유명해지는 바람에 그릇된 정보로 시간을 허비하는 과학자들이 많아질까 봐 이 일을 시작하게 되었다고 했다.

7억 달러를 내고 서트리스를 사들인 글락소스미스클라인은 어떻게 생각할까? 대변인을 통해 회사는 "수명을 늘리는 약을 개발하려 하는 것이 아니라 노인성 질환을 치료하려고 서트리스를 인수했기 때문에, 일부 하등 동물에서의 수명 연장 연구 논란과 상관없이 계속 신약 개발을 해 나갈 계획"이라고 발표했다. 하지만 얼마 안 가 2013년에 이 회사는 서트리스를 폐쇄했다. 개발하던 신약이 부작용 문제가 있다는 이유에서였다. 이러한 상황에서 싱클레어는 점차 과학계에서 외톨이 신세로 전락했다. 연구비 지원이 끊기기 시작했고, 모두들 싱클레어는 이제 끝장이라고 생각했다.

그 이후로 거의 십 년이 지났다. 과학계에서는 외톨이가 되었지만 싱클레어는 다른 방법을 통해서 드라마틱한 재기에 성공했다. 이제 레스베라트롤 대신 NMN이라는 화합물이 우리 수명을 연장시킬 수 있다고 얘기를 하고 다닌다. NMN은 써투를 활성화시키는 NAD라는 물질의 원료가 되는 약품이다. 과학계에서 외톨이가 됐는데 어떻게 재기했을까? 그 뛰어난 언변과 글솜씨는 아무도 부정할 수 없는 수준이다. 그 덕에 오스트리아 정부에서는 훈장을 받았고 바이오 산업 투자자들이 계속 연구비를 댔다. 그리고 2019년에는 노화를 막을 수 있다는 책을 출판했는데 일주일 만에 〈뉴욕타임스〉 베스트셀러 리스트 11위에 올랐고, 우리나라에도 번역되어 출간됐다. 그 책에서도 과장되거나 정확하지 않은 주장을 많이 했다고 과학자들의 힐난을 받았다. 매거진 〈보스톤〉에서 동료 하버드 의대 교수를 인용한 것이 그 예다.

"그 사람이 연구하고 그 내용을 논문으로 발표하는
것까지만 한다면 좋아요. 그런데 거기서 그치지 않고
몸을 젊게 만드는 비법이 있다고 떠들고 다니는 걸 보면
정상적인 과학자의 행동이라고 보기 힘들죠. 그가 최근에
쓴 책을 읽어보면 "이 사람 왜 이렇게까지 하는 거야" 하는
생각이 들어요. 자기에 대해 젊음의 비법을 발견한 인류의
구세주라고 생각하는 것 같은데, 과장은 이제 그만 하고,
데이터로 승부했으면 좋겠어요." 26

싱클레어를 취재한 기자에 의하면 싱클레어는 자신이 밀고
있는 NMN 같은 약을 매일 스스로 복용하고 있다고 한다. 이
렇게 검증되지 않은 약을 왜 복용하느냐고 기자가 묻자 싱클
레어는 "나는 과학자이니까"라고 대답했단다. 그리고 조금
머뭇거리더니 한마디 더 덧붙였다고 한다.

"그리고요… 나를 공격하는 내 과학적 적수들보다
오래 살려고."

과학자들은 그 약에 대해 부정적이지만 우리가 사는 사회는
자본주의의 원리가 작동한다. 실제로 효과가 없더라도 설득
력만 있으면 투자자들이 몰리고 그 중간에 회사를 팔거나 주
식을 상장해서 떼돈을 벌 수 있는 구조이다. 궁극적으로 약

개발에 실패하더라도 이렇게 돈을 버는 것이 자본주의 사회에서는 죄가 되지 않는다. 이제 싱클레어에게 투자하겠다는 자본가들이 다시 줄을 섰으니 그 돈으로 싱클레어는 계속 활발히 활동하고 있다. 실제로 그의 약들이 사람의 수명을 연장할 수 있는지는 시간만이 알 일이다.

노화란
무엇인가

"기계도 오래 쓰면 망가지는데, 노화란 어쩔 수 없는 자연의 섭리 아닌가?" 사람들이 흔히 하는 이야기지만 지금까지 밝혀진 과학적 사실들과는 동떨어진 말이다. 2부에서는 이를 자세히 살펴보고자 한다. 물리학자들이 이야기하는 열역학 제2법칙, 그리고 비교 생물학자들이 내리는 결론을 종합해 보면 노화는 필연이 아니라는 결론이 도출된다. 분명 늙지 않는 생명체도 존재한다. 인간과 포유동물은 늙지만 동물마다 노화의 속도가 다르고, 이는 우리의 DNA에 크게 영향을 받는다.

20세기 후반부터는 노화를 유전학적으로 연구하는 분야가 무척 활발해졌다. 이러한 과학자들의 발견에서 나타나는 특이점은 수명에 영향을 주는 유전자는 많은 경우 영양분 섭취와 관련이 있다는 사실이다. 영양분 섭취가 신체의 성장을 도모하지만, 더불어 기대수명을 짧게 만든다는 개념과 부합하는 결과다. 포도당을 섭취할 때 분비되는 인슐린, 단백질을 섭취할 때 활성화되는 토르 등이 우리의 노화에 영향을 미친다는 연구 결과가 크게 주목받고 있다. 그리고 이들을 조절하는 약이 노화를 늦출 수 있지 않을지도 지대한 관심을 끌고 있다. 이 주제에 얽힌 이야기들을 여기 2부에서 자세히 살펴보자.

제 2 부

젊음이란 무엇인가?

몇 해 전 우리 가족은 1920년에 지어진 뉴욕의 한 아파트로 이사를 했다. 지은 지 100년이 넘은 건물로 이사했다는 얘기를 하면 놀라는 한국 분들이 많다. 한국에서는 보통 30년 단위로 아파트를 재건축하니 100년 된 아파트라고 하면 낡고 허름한 건물을 떠올리는 모양이다. 하지만 우리가 이사한 아파트는 겉으로 보기에는 20년 된 아파트와 달라 보이지 않는다. 페인트가 벗겨지면 다시 칠하고, 벽돌이 손상되면 교체한다. 파이프가 훼손되면 벽을 뜯어서 보수를 하고, 최근에는 엘리베이터를 새로 교체했다. 뉴욕에는 우리 아파트보다 오래된 건물들이 수두룩할뿐더러, 개중에는 뼈대가 더 튼튼하다며 특별히 고가에 거래되는 건물들도 많다 보니, 정작 우리는 아파트가 오래됐다는 이유로 걱정을 해 본 적이 없다.

세월의 풍파에 망가지는 것이 아파트뿐이랴. 새로 공장에서 출하되는 자동차는 그 광택과 디자인, 엔지니어들이 공을 들여 만든 우수한 성능으로 소비자들의 마음을 사로잡는다. 하지만 5년, 10년이 지나면서 녹이 슬고 광택을 잃어간다. 무수히도 반복된 연료의 연소 작용으로 엔진은 마모된다. 그리고 점차 기능을 잃어간다. 하지만 평소 자동차를 잘 정비하면 이러한 변화에 역행할 수 있다. 갈고, 닦고, 부품을 교체하면 세월의 풍파에도 자동차의 기능을 잘 유지할 수 있다.

모든 사물은 세월이 지나면서 조금씩 망가져 가는 것이 세상의 섭리다. 이를 물리 화학자들이 '열역학 제2법칙'이라는 고상한 용어로 표현했다. 과학자들은 '법칙(Law)'이라는 표현을 함부로 쓰는 것을 부담스러워하는데, 그래도 검증에 검증을 거쳐서 틀림없다고 판명된 아주 소수의 이론들은 '법칙'이라는 타이틀을 얻는다. 열역학 제2법칙은 19세기 과학자들이 다소 복잡한 수학 및 통계학적 방법으로 확립한 법칙으로서, 이 분야를 전공하는 학생들도 수학적으로 이해하기 다소 어려워한다.

이 법칙이 말하고자 하는 바는 간단하다. 쉬운 말로 표현하면 '외부에서 특별한 도움이 없다면 세상의 모든 변화는 무질서도가 증가하는 방향으로 일어난다'는 것이다. 아파트를 예로 들어 보자. 새로 지은 건물은 무질서도가 낮다. 벽돌, 지붕의 기와, 뼈대 및 각종 시설이 설계된 의도에 따라 질서 있게 위치해 있기 때문이다.

건물을 짓는 과정은 사람에 의해 이루어지는 과정이기 때문에 '외부에서 특별한 도움이 없다면'이라는 열역학 제2법칙의 전제가 들어맞지 않는다. 즉 건설 과정은 오히려 무질서도가 감소하는 과정이라 할 수 있다. 그러나 건설이 끝난 후 외부에서 공을 들여 수리하는 과정이 없다면, 그때부터 무질서도가 증가하기 시작한다. 잘 정렬됐던 벽돌이 가끔 떨어져 나가기도 하고, 지붕에 금이 가 물이 샐 수도 있고, 기와가 깨지기도 하면서 무질서도가 늘어난다. 이렇게 무질서도가 증가하는 과정을 보며 우리는 아파트가 망가져 간다고 여긴다. 이렇게 망가져 가는 아파트의 기능을 유지하려면 열역학 제2법칙의 전제를 역행해야 한다. 외부에서 에너지를 들여서 무질서해진 구석을 다시 고치는 것이다. 꾸준히 고치기만 한다면 건물은 천 년 이상까지도 기능을 유지할 수 있다.

열역학 제2법칙을 생명 현상에도 적용해 설명할 수 있다. 우리 몸의 모든 부분들이 원래 설계된 대로 작동하는 상태를 보고 우리는 '젊다'고 표현한다. 나이듦의 상징으로 여기는 흰 머리카락은 어떻게 생길까? 머리카락의 색소를 만드는 세포가 원래 기능을 발휘하지 못하고 세포의 구석구석이 조금씩 무질서해지기 시작하면 어느 시점에서 색소를 더 이상 만들지 못하는 상황에 이른다.

열역학 제2법칙에도 해당하는 섭리니 노화는 어쩔 수 없는 현상일까? 내가 가르치는 학생들에게 자주 하는 이야기가 있다. "20대 초중반의 여러분들은 외모로 봤을 때 분명 인생의 전성기에 있다. 주름살이 하나도 없고, 피부에 탄력도 있다. 어느 때보다 근육도 강하다. 근육은 근섬유가 규칙적으로 배열된 형태를 하고 있는데, 유아기에 비해 근육이 커졌으니 세월이 지났는데도 무질서도가 더 낮아진 셈이다. 20년이 지난 기계는 성능이 떨어지고, 20년이 지난 건물은 낡아서 재개발하기도 하는데, 우리 신체는 어떤 이유에서 20년이 지난 후에 최고의 성능을 발휘하는가?"

답은 분명하다. 생명체들은 방치된 아파트나 기계와 다르다. 물리학으로 생명 현상을 이해하려 했던 사람들이 일찍이 이에 대해 설파한 바 있다. 그 대표적인 사람이 양자역학에 대한 공헌으로 노벨상을 수상한 어윈 슈뢰딩거(Erwin Schrodinger)박사다. 그가 1944년 출판한 책 『생명이란 무엇인가(What is Life)』에서 그는 생명 현상을 다음과 같이 설명한다. 만약 외부로부터 도움을 받지 않는 시스템이라면 열역학 제2법칙이 적용될 테니 우리 몸은 급속히 망가지고 부패할 것이다. 죽은 생명체라면 그렇다. 하지만 살아 있는 생명체는 영양분을 섭취하고 그 에너지를 이용하므로 '외부로부터 특별한 도움을 받지 않는다'는 열역학 제2법칙의 전제와 맞지 않는다. 오히려 외부 에너지를 이용해서 몸의 무질서도를 낮추는 능력이 있으니 질서정연하고 아름다운 생명체를 만들고 이를 유지할 수 있는 것이다.

생명체마다 몸의 망가진 부분을 고치는 능력에 차이는 있다. 머리카락 색소를 만드는 세포의 예를 들어보자. 백년 가까이 사는 사람은 그 세포를 꾸준히 보수하기에 첫 40년에서 50년 동안은 검은 머리를 유지한다. 하지만 그 보수 기능이 비교적 약한 생쥐는 1년이 채 안 돼 흰 털이 생겨난다.

젊은이들의 탱탱한 피부도 살펴보자. 우리 몸이 모두 그렇듯 피부도 세포로 만들어져 있다. 제일 바깥쪽에 표피 세포층이 있고, 그 밑에 또 다른 세포들이 있다(그림 12). 이들 세포가 서로 단단히 연결돼 있을 때 탄력 있는 피부를 유지한다. 이렇게 세포를 연결해 주는 부분을 연결 조직이라 부른다. 피부 미용에 관심 있는 독자들은 콜라겐이라는 성분명이 익숙할 것이다. 이 성분은 연결 조직에 있는 단백질로 만들어진 섬유다. 마치 밧줄과 같은 모양을 하고 있는 콜라겐은 몸의 세포와 조직들을 엮어 주는 역할을 한다. 서로를 더 탄탄하게 엮으면 신체 조직에 더 탄력이 생긴다. 피부에 탄력이 생기면 주름살이나 처진 살이 생기지 않는다. 하지만 세월의 풍파 때문에 이러한 연결 조직을 만드는 세포들이 조금씩 손상된다. 피부색이 옅은 사람들은 자외선으로부터 자신의 세포를 잘 보호할 수 없으니 피부 세포가 더 빨리 마모된다. 손상된 세포들이 콜라겐과 같은 섬유를 제대로 만들지 못하면 세포 사이의 연결 조직이 약화된다(그림 12). 그땐 주름살만 생기는 것이 아니라 온몸의 살이 처진다. 사람의 경우 개인차가 있기는 하지만 이삼십 대까지는 어느 정도 탄력 있는 피부를 유지한다.

신기한 것은 근육과 같은 조직은 사용하면 할수록 더 커지고 강해진다. 기계라면 쓸수록 마모가 심해질 텐데, 근육은 반대로 적당히 운동을 할수록 더 커지고 규칙적인 구조로 변한다. 인체는 무슨 비결로 이토록 오래 노화를 피하거나

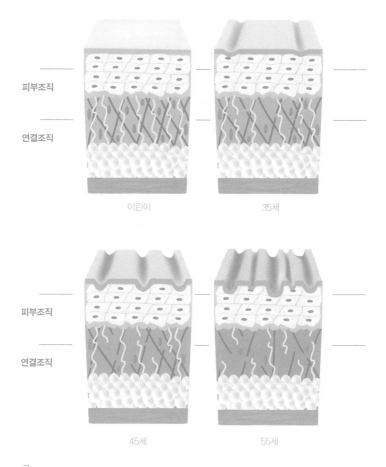

피부조직

연결조직

어린이   35세

피부조직

연결조직

45세   55세

그림
—
12

피부의 연결 조직. 피부 세포 밑에 연결 조직이 존재하는데, 여기에 콜라겐과 같은 섬유들이 세포 사이를
연결하고 또 탄력을 유지해 주는 역할을 한다. 나이가 늘면서 이렇게 연결 조직을 구성하는 섬유들이
줄어들기 때문에 피부의 탄력이 점차 감소하고, 따라서 주름살이 생긴다.

역행하는 걸까? 인간처럼 비교적 오래 사는 생명체는 세포가 망가지고 마모된 부분을 더 잘 수리하게끔 되어 있는 걸까? 이러한 문제를 실험적으로 연구하는 과학자들이 있다. 내가 예전에 엘리슨 의학재단 학회에서 만난 미시간대학의 리처드 밀러(Richard Miller)교수도 그런 사람 중 하나다.

　　　　미시간대학이 위치한 앤 아버는 자동차 공장으로 유명한 대도시 디트로이트에 근접한 곳이지만, 예전에 방문했을 때 한적하고 작은 소도시라는 느낌을 받았다. 밤의 도로변 울창한 숲 사이로는 야생 동물들의 눈동자가 어둠을 뚫고 수없이 보였고, 캠퍼스를 가로지르는 휴론 강 옆길을 걷노라면 아름다운 물과 숲을 실컷 볼 수 있었다. 밀러 교수는 이곳에서 야생 동물들을 채집해 세포를 끄집어내어 배양한 다음 그 세포들이 스트레스에 얼마나 잘 견디는지를 연구한다.

밀러 교수와 점심 식사할 기회가 있어서, 실험에 쓰이는 각종 야생 동물을 어떻게 구하느냐고 물어본 적이 있다. 그랬더니 예상하지 못한 대답이 돌아왔다. 평소 고등학생들에게서 연구 경험을 쌓고 싶다는 연락이 많이 오는데, 거의 다 퇴짜를 놓는다고 한다. 그러다 한 학생에게 퇴짜를 놓기 전에 무심코 질문을 하나 해 봤단다.

　　　"부모님은 무슨 일 하시나?"

"아버지가 시골 민가에 어슬렁거리는 야생 동물이
있으면, 연락 받고 동물들을 잡아가는 '익스터미네이터
(exterminator)'입니다."

이 이야기를 듣고는 마음을 바꿔 그 학생을 실험실에 받아들였다. 단, 학생의 아버지가 잡은 동물들을 실험실에 기증한다는 조건으로. 그리하여 수명이 짧은 동물에서부터 긴 동물까지 골고루 실험할 수 있었다고 한다.

리처드 밀러와 비슷한 연구로 유명한 사람 중에 로체스터대학의 베라 고르부노바(Vera Gorbunova) 교수가 있다. 로체스터는 뉴욕 주 북부, 캐나다 국경에서 자동차로 한 시간가량 떨어진 곳에 위치한다. 미국 오대호 주변에는 과거에 운하들이 많아서 물류 산업이 많이 발전했다. 그중 하나인 로체스터는 카메라 필름 회사 코닥과 복사기로 유명한 제록스가 본사를 두었던 곳이기도 하다. 하지만 오대호를 이용한 물류 운반이 점차 줄어들고, 또 코닥이 망하면서 도시도 활력을 잃어갔다. 몇 년 전, 로체스터대학에 강연하러 간 적이 있는데, 뉴욕시와 로체스터를 왕복하는 비행기가 작은 프로펠러기일 정도로 작은 도시가 되었다. 그곳에서 나눈 고르부노바 교수와의 대화는 지금도 기억에 남아 있다.

"고르부노바 교수님, 논문을 보니 온갖 야생 동물의 세포로
실험을 많이 하시는데, 그런 세포들은 어디서 구하십니까?"
"이곳이 워낙 시골이다 보니, 조금만 돈을 주면 동물을
잡아주는 사냥꾼들이 많아요. 다람쥐는 기본이고 비버,
사슴 등등은 얼마든지 잡아주지요."

밀러와 고르부노바 교수가 실험하는 가설은 이렇게 요약할
수 있다.

"세상의 모든 것은 세월이 지나면 마모되잖아요? 그리고
우리 몸은 특히 산화 작용이라는 의도하지 않은 화학
반응으로 인해 이곳저곳 끊임없이 망가지지 않습니까?
가만히 놔두면 열역학 제2법칙에 의해 몸의 모든
부속품들이 계속 무질서해지고 죽을 수밖에 없지요. 그런데
생명체마다 수명이 다릅니다. 외부적 요인 때문에 생체
성분이 산화되고 망가지는 속도가 일정하다고 가정하면
종자마다 수명이 다른 것은 망가진 곳들을 수리하는 타고난
능력이 다르기 때문 아닐까요? 오래 사는 동식물은 아마도
수리할 수 있는 능력이 뛰어나고, 또 짧게 사는 생명체는
그 능력이 덜해서 그렇지 않을까요?"

이런 가설을 확인하기 위해 이들은 여러 동물들로부터 세포

를 채취해서 이것저것 망가트리는 '스트레스 테스트'를 했다. 그 결과, 밀러와 고르부노바의 결론은 대체로 가설과 일치했다. 밀러 교수의 연구 논문 중에 8종의 설치류를 분석한 것이 있는데, 오래 사는 동물들의 세포가 중금속, 과산화수소, 높은 온도에 대한 내성이 강하다는 결론을 담고 있다.[27] 이 물질들은 세포의 성분을 망가뜨리는 성질이 있으니, 거기에 내성이 강하다는 것은 망가진 것들을 수리하거나, 아니면 독극물로부터 스스로를 보호할 수 있는 능력을 타고났다는 것을 뜻한다. 어느 생명체나 망가진 세포를 고칠 수 있는 것은 외부의 영양분을 이용해서 엔트로피를 낮추는 능력 때문인 것이다. 다만 그러한 능력이 출중한지, 아니면 적당히 있는지는 종마다 차이를 보인다. 이제 왜 그런 차이가 생기는지 한번 살펴보자.

제 2 부

8

노화의
유전적
진화

지구의 역사는 45억 년쯤 된다고 한다. 실감이 나지 않는 어마어마한 숫자이기 때문에, 천 년을 1초에 거슬러 올라갈 수 있는 타임머신을 탔다고 상상해 보면서 역사를 거슬러 올라가 보자. 똑딱똑딱. 2초가 채 안되어서 삼국시대에 도달한다. 그리고 5초 만에 한민족의 시조 단군이 고조선을 세우는 것을 볼 수 있다. 10초쯤 지나면 평야에 농토가 없는 세상이 나온다. 농사법을 아는 사람이 아무도 없고, 사람들은 수렵과 채집을 통해 먹고산다. 타임머신이 출발한 지 1분밖에 안 지났는데, 현대 인류는 더 이상 보이지 않는다. 그래도 2분 후에는 아프리카 초원을 뛰어다니던 우리의 원시인 조상이 등장한다. 타임머신을 한참 더 타서 18시간이 지나면 공룡들이 멸종하는 시대에 다다른다. 6일 만에 지구상에 온갖 형태의 동물들이 갑자기 출현하는 시대, 즉 캄브리아기에 이른다. 그 이후에는 눈에 띄는 것이 별로 없다. 우리가 육안으로 볼 수 없는 단세포 미생물들만이 존재하는 기간이기 때문이다. 43일이 지나면, 지구에 단세포 생명체가 새로 탄생하는 시기가 나타난다. 그리고 나서 53일째에 이르면 우주의 먼지가 뭉쳐지면서 새로이 생긴 지구가 보인다.

모든 것을 인간 중심으로 생각하는 우리에게 53일 간의 타임머신 여행에서 현생 인류가 있었던 기간이 고작 1분밖에 안 된다는 것이 믿기 어려운 이야기일지 모르겠다. 하지만 이것은 어느 과학자 한 사람이 주장한 것이 아니라, 지질학자, 천문학자, 화석을 연구하는 고생물학자, 진화론자, 분류학자, 분자생물학자 등 여러 과학자들의 연구 결과를 종합하여 내린 결론이다.

노화라는 현상이 태초에도 존재했을까? 동식물이 처음 출현한 6억 년 전 상황을 보자. 그 이전까지는 단세포 생물들만이 살았다. 이 시기의 박테리아에는 노화 현상이 없었다는 것이 많은 과학자들의 생각이다. 노화 현상은 박테리아가 진핵생물로 진화하면서, 또 동식물로 진화하면서 생겨났다는 것이다.

자동차나 집도 오래되면 마모되고 망가지기 마련인데, 박테리아는 오래된 흔적이 전혀 생기지 않는 걸까? 한번 곰곰이 생각해 보자. 박테리아는 먹을 것을 먹고 자라다가 이분법을 통해 개체 숫자를 늘린다. 어느 순간 반으로 뚝 잘리는 것이다. 그리고 그 과정에서 원래 세포에 있는 각종 구성 성분을 공평하게 나눈다. 이렇게 생겨난 2세는 영양분을 먹고 성장하다가 다시 또 두 개로 나뉜다. 그리고 세포 구성분을 공평하게 절반으로 나눈다.

그 구성분이 어떤 기계의 부속품이라면 시간이 지

나면서 성능이 저하될 것이다. 박테리아가 분열에 분열을 반복하는 동안 성능의 저하가 심해지다 어느 순간 더 이상 생명을 지탱할 수 없는 때가 올 것이다. 하지만 그런 일은 실제 벌어지지 않는다. 영양분과 공기 등 환경 조건을 최적으로 유지하기만 하면, 박테리아 숫자는 기하급수적으로 늘어난다. 조상의 오래된 세포 구성분을 물려받더라도 박테리아가 계속 성장하고 증식하는 데에 문제가 없다. 아무리 세월이 흘러도 늙는 징후가 없는 것이다. 박테리아는 영양분 섭취를 통해서 얻은 에너지의 상당 부분을 망가진 세포 구성분 수리 및 교체에 쓴다고 생각할 수 있다. 뒤에 18장에서 자세히 살피겠지만 정상적인 사람의 세포는 이처럼 무한히 증식하지 못한다. 수십 번 분열하고 나면 세포 구성분들이 늙어서 분열을 중지한다. 따라서 박테리아들만 살던 태곳적 세상에는 노화 현상 자체가 존재하지 않았다.

그러던 어느 날 세포 안에 '미토콘드리아'라고 불리는 소기관이 들어서더니, 유전물질들을 '핵'이라는 구조물 안에 보관하는 단세포 생물이 출현했다. 진핵 세포라고 불리는 것들이다. 20억 년쯤 전의 일이다. 이러한 진핵 세포 중에는 우리가 술과 빵을 발효시키는 데 쓰는 효모도 있다. 그런데 연구에 따르면 효모는 노화를 한다. 오래 분열하면 할수록 그 어미 세포가 기능을 점차 잃어간다. 그러니 진핵 세포가 출현하면서부터 노화 현상이 생겨났다고 주장할 수 있다.

6억 년쯤 전에 진핵 세포 여러 개가 모여 하나의 개체를 형성하는 동물과 식물들이 등장했다. 많은 경우 동식물들의 체세포는 무한히 분열하지 않는다. 일정한 횟수만 분열하고 늙기 시작한다. 이렇게 우리는 몸이 늙는 방향으로 진화하는 대신 또 다른 전략으로 종족 번식을 한다. 즉 체세포는 언젠가 죽어 없어지지만 생식 세포를 통한 번식을 통해 자손들에게 DNA를 물려주도록 진화한 것이다.

우리와 같은 생물들은 생식 세포를 통해 '유성 생식'을 한다. 즉 우리는 암컷과 수컷이 생식 세포(난자와 정자)를 통해 유전 물질을 반반씩 자손에게 물려준다(그림 13). 나는 나의 아버지를 조금, 그리고 나의 어머니를 조금 닮았다. 그러나 붕어빵 같은 클론은 절대 아니다. 왜냐하면 내 몸의 세포 속 염색체는 모두 두 개씩 있는데, 하나는 아버지에게서, 다른 하나는 어머니에게서 받았기 때문이다.

만약 과학자들이 내 체세포의 핵을 떼어내 난자에 치환하여 사람을 만든다면, 그것은 내 유전자의 100%를 물려받는 무성 생식이 될 것이다. 이것이 클로닝(생명 복제)이다. 유성 생식이 왜 6억년 전 생겨났을까? 유성 생식에 특별한 장점이 있기 때문이다. 우리는 DNA를 후손들에게 50%씩만 물려주는 유성 생식을 하다 보니, 그 후손의 유전적 다양성이 더 커진다. 같은 형제라도 부모로부터 받는 유전자 조합에 차이가 나기 때문에 덩치도 조금 다르고 성격도 조금 다르게 태어

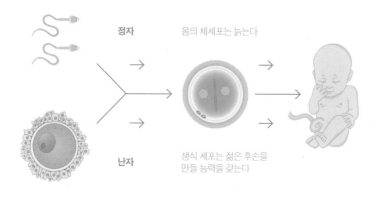

정자

몸의 체세포는 늙는다

난자

생식 세포는 젊은 후손을
만들 능력을 갖는다

무성 생식 생명체의 전략
모든 세포가 건강한 후손을 만들 능력 유지

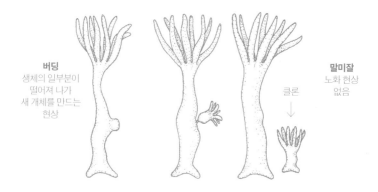

버딩
생체의 일부분이
떨어져 나가
새 개체를 만드는
현상

클론

말미잘
노화 현상
없음

그림
13
14

유성 생식과 노화. 유성 생식을 하는 사람과 같은 생명체는 몸을 구성하는 세포를 체세포와 생식 세포로
나눌 수 있다. 시간이 지나면서 체세포는 늙지만 유성 생식을 통해서 태어난 후손은 다시 젊은 상태에서
시작하도록 되어 있다.

무성 생식을 하는 말미잘. 무성 생식을 하는 생명체는 버딩을 통해서 체세포가 떨어져 나가 자신과 똑같은
후손을 만든다. 이와 같은 후손을 클론이라고도 한다. 후손이 대를 이어 살아남으려면 그 후손과 똑같은
자신의 세포에서도 노화 현상이 일어나지 않아야 한다.

난다. 그러다가 갑자기 환경이 변하면(예를 들어 오존층이 파괴되어 자외선이 더 많은 세상이 온다면) 피부가 하얀 사람들은 피부암에 걸릴 확률이 높기 때문에 점점 수가 줄어들 것이고, 햇볕에 더 잘 견디는 까무잡잡한 피부를 가진 사람의 비중이 더 많아질 것이다.

그런데, 일부 과학자들에 의하면 진화 과정에서 유성 생식이라는 방법이 생기면서 노화 현상이 나타났다고 한다. 그 근거로 드는 예가 무성 생식을 하는 동물들이다. 말미잘의 예를 살펴보자. 말미잘은 산호에 붙어 살아 식물로 착각하기 쉽지만, 지나가는 먹이를 촉수로 잡아먹는 동물이다. 여러모로 신기하기 그지없다. 실험실에서 말미잘을 반으로 자르면, 두 개의 말미잘로 각기 살아간다. 촉수와 머리를 잘라 없애면, 나머지 몸통이 머리를 재생하기도 한다. 이는 클론을 만들 수 있다는 이야기로, 이들은 무성 생식을 한다(그림 14). 따라서 잡아먹히거나 독극물로 인해 죽지만 않는다면, 계속 살 수 있다.

혹시 누군가 말미잘을 수천 년 동안 죽이지 않고 키운 증거를 묻는다면 특별히 내세울 것은 없다. 18세기 에든버러의 한 생물학 연구실에서 말미잘을 백 년 가까이 키웠는데, 수족관이 망가져서 결국 죽었다는 기록 정도가 있다. 이 기록에서도 말미잘이 죽기 전까지 특별히 늙어가는 징후를 보이지는 않았다는 얘기가 전해져 온다. 이같이 무성 생식을 하는 동물은 늙어 죽지 않는다는 것이 과학자들에게 대체로 상식처럼 받아들여진다.

결국 진화 과정에서 노화 현상이 생겨났다는 이야기인데, 이게 왜 자연 선택의 법칙을 따르는 세상에서 유리하다는 걸까? 영국 뉴캐슬대학의 토마스 커크우드(Thomas Kirkwood) 교수는 그가 쓴 책 『Time of our lives』에서 '몸은 소모품'이론 (disposable soma theory)을 통해 그럴듯한 대답을 제시한다. 그가 목욕탕에 앉아 있다가 생각해 낸 것으로도 잘 알려진 이 유명한 이론은 1977년에 〈네이처(nature)〉에 처음 발표한 이후, 급변하는 과학계에서는 드물게 꾸준한 지지를 받아오고 있다. 그 핵심 아이디어는 다음과 같다.[28]

1	살아남는 자손을 많이 낳는 동물들이 진화에 성공한다.
2	몸은 체세포(soma)와 생식 세포(germline)로 나눌 수 있는데, 성공적인 진화를 하려면 생식 세포를 통해 후손을 많이 만들어야 한다.
3	진화론 관점에서 보면, 몸은 생식 세포를 돕는 역할에 불과하다. 성공적인 진화를 위해서는 몸을 희생할 수도 있지만, 생식을 희생하면 곧 멸종에 직면하게 된다.
4	쉽게 잡아먹히는 동물은 쓸데없이 체세포의 수명을 늘리기보다는, 잡아먹히기 전에 생식 세포를 통한 번식을

빨리 하는 것이 종족 번식에 더 유리한 전략이다.

5   천적이 없는 동물은 생식을 조금 늦추더라도 오래 살면서
        종족을 많이 낳을 수 있는 여유가 있다.

종의 번성을 위해서는 결국 유전 물질이 잘 살아남아야 하는
데, 두 가지 전략이 가능하겠다. 첫째는 몸의 노화를 막아 영
원히 살려는 전략일 테고, 둘째는 자손들을 많이 낳아 종을
번성시키겠다는 전략이다. 동물마다 제한된 여건에서 가용
에너지를 쓰는 방법은 다르다. 일부 동물들은 생식과 자손 번
식에 대부분의 에너지를 사용한다. 이럴 경우 아무래도 몸을
건강하게 유지하는 데에는 제한된 에너지만 쓸 수 있기 때문
에 빨리 늙을 수밖에 없다.

        몸은 소모품 이론과 상충되는 다른 이론들도 있다.
한 예로, 일부 학자들은 노화 자체를 촉진시키는 유전자가 분
명히 있다고 생각하는데, 이를 '프로그램으로 인한 노화 이론'
이라고 부른다. 노화가 우리 유전자에 프로그램 되어 있는 것
의 장점은 무엇일까? 나이 많은 개체들이 사라져야 젊은이들
이 먹고살 기회가 확보되기 때문에, 프로그램에 의한 노화가
생겨났다고 한다. 그들이 흔히 예로 드는 동물이 연어다. 연어
는 강에서 태어나 먼 바다로 나가 살다가, 산란기가 되면 자
기가 태어난 강으로 다시 헤엄쳐 돌아온다. 어느 동물이나 몸
의 기능이 절정에 달했을 때 가장 건강한 알을 많이 낳는다.

그런데 연어는 전성기의 팔팔한 몸으로 알을 낳고는 곧바로 힘을 잃고 죽어나간다. 예외 없이 알을 낳은 후 죽는 것을 보고, 죽음도 유전자에 프로그램 되어 있다고 보는 것이다.

식물에서도 프로그램에 의한 노화가 존재한다. 이를 밝힌 사람이 한국 대구경북과학기술원 IBS 식물 노화수명 연구단장인 남홍길 교수다. 그의 아이디어를 쉽게 설명하면 다음과 같다.

> "프로그램에 의한 노화가 없다고? 식물의 잎사귀를 보라고.
> 봄에는 파릇파릇하게 피어나도록 되어 있고 가을에는
> 누렇게 변하도록 돼 있잖아. 그리고 가을에 나뭇잎이
> 떨어져야만 그 다음 해에 새싹을 낼 수 있으니, 나뭇잎은
> 프로그램에 의해 늙는 것이 틀림없다."

남홍길 교수는 이런 아이디어를 바탕으로 나뭇잎을 늙게 만드는 유전자를 찾아서 〈사이언스〉에 그 결과를 발표한 바 있다.[29] 프로그램에 의한 노화 이론의 대표적인 연구다.

8장에서 다시 소개할 꼬마선충학자들 중에도 프로그램에 의한 노화를 주창하는 사람들이 있다. 꼬마선충에 돌연변이를 만들었더니 꼬마선충이 오래 살더라, 그러니 꼬마선충에는 노화를 일부러 촉진시키는 유전자가 있는 것이 아니냐는 주장이다. 처음 들었을 때 그럴듯한 주장이라고 생각

했다. 그런데, 우즈 홀의 엘리슨 의학재단 이사 회원인 영국 런던대학의 마틴 라프(Martin Raff) 교수가 내게 열을 내면서 그런 주장을 하는 꼬마선충 학자들을 비판했던 적이 있다.

"그 사람들이 이제 많이 유명해져서 그런 주장을 아무 생각없이 하지만, 커크우드의 이론 한번 제대로 읽어보지도 않고 하는 이야기일 거요. 그 사람들이 연구하는 것은 노화도 아니야. 단지 세포의 특정 부품을 망가뜨렸더니 아주 간접적으로 노화에 영향을 미치는 것뿐이지. 만약 노화를 촉진하기 위한 목적으로만 존재하는 유전자가 있다면, 어떻게 그런 것이 진화를 하면서 살아남아? 노화를 촉진하는 유전자가 망가지기만 하면 자손을 더 많이 퍼트릴 텐데. 그러면 그들이 더 많이 살아남아 자연 선택될 테고."

식물들이나 연어처럼 예외적인 경우가 있긴 하지만, 진화론 연구자들 사이에서 프로그램에 의한 노화는 인기가 없는 이론이다. 동물의 노화를 다룬 연구에서 몸은 소모품 이론이 과학계에서 가장 오랫동안 널리 받아들여지고 있다. 이 이론으로 여러 동물들의 수명이 논리적으로 설명되기 때문이다.

한번 곰곰이 따져 보자. 작은 짐승들은 일단 천적이 많다. 땅 위의 맹수들도 있지만, 날아다니는 독수리나 올빼미의 먹이가 되기 십상이다. 그런데, 작은 돌연변이 쥐가 그 귀한 양분을 수명 연장에 쓰도록 변했다면 어떻게 될까. 원래 생쥐는 태어난 지 1~2년 지나면 털도 하얗게 변하고 근력도 떨어지게 마련인데, 이 돌연변이는 수십 년간 민첩하게 활동할 수 있도록 진화했다고 가정해 보자. 커크우드 교수의 이론에 근거하면, 그 귀한 양분을 체력 관리에 썼기 때문에, 상대적으로 돌연변이가 자손을 퍼트릴 수 있는 생식 능력이 약해질 수밖에 없다.

　　문제는 자연 상태에서 생쥐의 90%는 첫 생일을 맞이하기도 전에 천적에게 잡아 먹히거나 먹이 부족으로 죽는다는 것이다. 돌연변이 쥐는 유전적으로는 수십 년을 살 수 있는 능력을 얻었더라도, 천적에게 잡아먹힐 수밖에 없는 운명이기 때문에 그 돌연변이가 결국 도움이 안 되는 것이다. 반면 가용 자원을 몸 관리에 많이 쓰다 보니 번식력이 줄어들 수밖에 없고, 따라서 종의 숫자가 줄어든다. 치열한 경쟁의 세계에서 이러한 동물은 차츰 멸종의 길로 들어서게 된다.

　　그래서인지 땅 위에 사는 작은 초식동물들은 수명이 짧은 대신 번식력이 강하다. 그리고 덩치가 큰 동물일수록 수명이 길고 새끼를 적게 낳는다. 개, 고양이, 양은 10~15년을 살고, 그보다 몸집이 큰 말은 25~30년가량을 산다. 그보다 덩치가 더 큰 코끼리의 수명은 50~70년 사이로 알려져 있다. 사람은 그보다 오래 산다. 아무래도 천적들에 의해 잡아먹힐 가능성이 적기 때문에 오래 사는 만큼 개체수도 많아지는 것이다.

날짐승의 수명은 땅 위의 동물과는 또 다르다. 생쥐와 비슷한 크기의 박쥐를 살펴보자. 박쥐는 포유동물이다. 생쥐와 조상이 같다는 이야기다. 그런데 그 옛날 언젠가 돌연변이가 생기면서 앞다리가 날개로 변했고, 육식동물을 피해 살아가는 능력이 출중해졌다. 천적에게 잡아먹히기 전에 얼른 번식해야 종족을 보존할 수 있던 생쥐와는 달리, 천적을 쉽게 피하면서 느긋이 천수를 다하며 살 수 있는 상황이 된 것이다. 이러한 환경에서 체세포 노화 속도를 늦추는 돌연변이가 생기면 그 개체가 더욱 번창한다. 체세포의 건강 유지에 에너지를 주로 쓰는 박쥐는 생쥐만큼 번식력이 뛰어나지는 않지만, 생쥐의 평균수명이 2년 정도인데 비해 박쥐는 20년까지 살도록 진화해 왔다.

몸은 소모품 이론이 땅속에 사는 동물들에게도 적용될 수 있다. 두더지는 일단 굴 속에 있으면 천적의 위험을 쉽게 피할 수 있다. 두더지 연구를 하는 사람 중에 로셸 버펜스타인(Rochelle Buffenstein) 박사가 있다. 엘리슨 의학재단 심포지엄에 연사로 나와서 알게 되었을 당시 텍사스 주립대 산안토니오(UTSA)에서 노화를 연구하던 그녀는 현재 구글이 설립한 생명과학 연구 자회사 캘리코 구글(Calico Google)에서 연구하고 있다. 그녀는 '벌거숭이 두더지쥐(naked mole rat)'라는 동물을 연구하는데, 젊은 시절 이 동물을 노화 연구에 사용하자는 아이디어를 처음으로 낸 뒤 몇십 년째 실험실에서 키워오고 있다고 한다. 벌거숭이 두더지쥐는 실험실에서 흔히 다루는 쥐와 몸집과 활동량이 비슷하다. 그런데 쥐보다 10배 이상 수명이 길다. 버펜스타인 박사의 말로는 실험실에서 키우는 생쥐는 암과 같은 질병에 걸려 많이 죽곤 하는데, 자신이 키운 두더지쥐 중에서는 한 마리도 암에 걸려 죽은 적이 없단다. 이 역시 몸은 소모품 이론으로 설명이 가능한 현상이다. 천적이 없는 땅속에서 사는 동물이다 보니, 굳이 모든 자원을 번식에 사용하지 않아도 종족이 살아남을 수 있는 것이다.

이제 벌거숭이 두더지쥐는 과학계의 스타가 되었다. 매년 연말 〈사이언스〉는 그해에 특별히 주목받거나 각광받은 연구들을 소개한다. 2013년에는 '올해의 주목받는 척추동물'로 벌거숭이 두더지쥐의 노화 연구를 지목했다. 이러한 인기의 여파일까? 얼마 전 방문한 서울대공원 동물원에도 "장수하는 동물로, 암에도 걸리지 않는 아주 특별한 짐승"이라는 설명과 함께 벌거숭이 두더지쥐가 있었다.

옛날 이야기 중에 우리 인간의 수명은 염라대왕의 장부에 미리 다 적혀 있다는 것이 있다. 우리가 얼마나 오래 살지 미리 운명으로 결정되어 있는 것일까? 물론 아니다. 건강한 식생활을 가지고 운동하는 사람들이 더 오래 사는 것을 보면, 인간의 수명이 운명에 의해 100% 결정되지는 않는다는 걸 알 수 있다. 그럼에도 유전적 요소를 무시할 수는 없다. 동물들마다 수명이 크게 차이가 나는 이유는, 각각 유전자가 다르기 때문이다. 진화 과정에서 생쥐는 번식을 많이 하는 돌연변이들이 선택되면서 수명이 짧아졌고, 반면에 날아다니는 박쥐는 몸을 건강하게 유지할 수 있는 유전자들이 선택되면서 수명이 길어졌다.

그렇다면 인간의 수명에도 장수 유전자가 크게 영향을 미칠 수 있는가? 댄 뷰트너의 책『블루존』에 이에 대한 해답을 짐작할 수 있는 재미있는 일화가 있어 소개한다.

뷰트너가 사르데냐 섬 사람들을 취재할 당시 102세였던 쥬세페 무라(Giuseppe Mura)의 이야기다. 어머니가 무라를 임신했을 때, 무라의 아버지가 집을 나가서는 다른 여자와 살면서 또 다른 아이를 갖게 되었다고 한다. 분노에 치를 떨던 무라의 어머니는 어느 일요일, 내연녀와 교회에 가는 중인 아버지를 가로막고서는 권총으로 쏴 버렸다. 어머니는 감옥에 갔지만, 이 작은 산골 마을에서 모두가 서로 사정을 잘 아는지라, 4개월 만에 출소한 어머니는 어렵게나마 무라를 키웠다. 이러한 상황을 전혀 모르는 채 성장한 무라는 17살 때 비슷한 또래의 동네 청년과 시비가 붙어 칼부림까지 하며 싸우는 상황에 처했다. 그러다 지나가던 동네 아저씨의 한마디가 싸움을 중지시켰다.

"형제들끼리 이러면 안 돼!"

싸움 상대는 바로 아버지의 내연녀에게서 태어난 이복동생이 었던 것이다. 그 사건 이후 무라와 이복동생은 가깝게 지내기 시작했고, 몇 해 전 100세 생일 잔치를 온 마을 사람들과 함께 했다고 한다.

미국에서는 100세까지 살 가능성이 5천분의 1밖에 안되는데, 남자가 100세까지 살 가능성은 그보다도 훨씬 낮은 2만분의 1이라 한다. 그렇다면, 한 가족에서 두 명의 형제가 100세까 지 살 가능성이 만약 우연에 의존한다면 통계적으로 2만분의 1 곱하기 2만분의 1, 즉 4억분의 1이다. 중국이나 인도와 같이 인구가 아주 많은 나라에서나 겨우 몇 명 나올까 말까 하는 숫자이다. 아마도 어머니 총에 맞아 죽은 아버지가 대단한 장 수 유전자를 물려주었을 가능성이 높다.

사르데냐 사람들이 정말 다른 이탈리아 사람들과 유전적으로 다를까? 얼마 전 이탈리아 여행을 하며 현지인과 이런저런 얘기를 나누었다.

"이탈리아가 통일된 것이 백오십 년 전이지요? 같은
이탈리아인이라도 지역에 따라 많이 다른가요?"
"네. 남부 사람들과 북부 사람들이 많이 다르다고 하지요."

"말이 서로 안 통할 정도인가요?"

"우리 남부에서 심한 사투리를 쓴다고 북부인들이 우릴
깔보긴 하지만 말이 안 통할 정도는 아닙니다. 단 시칠리아
섬, 그리고 사르데냐 섬 사람들하고는 소통하기 힘듭니다.
차라리 미국인하고 영어로 소통하는 것이 더 쉬워요.
사르데냐 하고는 언어도 많이 달라요."

"그 섬 사람들하고 생긴 것도 많이 다릅니까?"

"시칠리아 사람들은 우리와 비슷하게 생겼는데, 사르데냐
사람들은 체구가 작다는 평판이 있어요."

사르데냐 사람들이 여타 유럽인과 다르다는 증거는 또 있다.
1991년 알프스 산맥의 오스트리아 이탈리아 접경지대에서
독일인 관광객이 눈 속에 파묻혀 있던 하나의 시체를 발견했
다. 최근에 죽은 등산객이라 생각하고 신고를 했는데, 나중
에 유해를 오스트리아의 인스부르크로 옮겨서 정밀 검사를
해 보니 기원전 3500년 전에 죽은 사람이라고 밝혀졌다. 유럽
에서 가장 오래된 미라가 발견된 마을 이름을 따서 '외찌'라
고 이름지었다. 얼음 속에서 수천 년간 잘 보존된 DNA를 유
전학자들이 정밀 검사하기 시작했다. 발달된 DNA 분석 기술
덕분에 누구의 조상인지 가늠할 수 있었다. 그런데 현대 유럽
대륙 사람들의 조상이 아니라는 놀라운 분석 결과가 나왔다.
그 DNA와 유전적으로 가장 가까운 후손들은 바로 사르데냐

거주민들이었다. 기원전 3500년 전에 알프스 산맥 지역에 살던 사람들이 새로 이주해온 민족들에 밀려나게 되었고, 그 후손들이 살아남은 곳이 몇 군데 안 되는데, 그중 한 곳이 사르데냐였다. 유전적으로 다른 사르데냐 사람들은 유럽인들보다 평균 체구도 작다. 그러한 유전적 차이 때문에 100세 이상 장수하는 사람들의 숫자가 많다고 추측할 수 있다.

뷰트너가 지목한 장수 마을을 살펴보면 유난히 섬지방이 많다. 그리고 그 섬의 주민들은 체구가 비교적 작다. 이러한 점들이 수명과 연관이 있을까? 과학적으로 입증하기 어려운 질문이다. 하지만 진화론을 바탕으로 한 '추측'을 전제로 한번 논리를 전개해 보겠다. 각기 다른 종족들이 번성하는 데에는 몇 가지 다른 모델이 있을 수 있겠다. 많은 역사에서 보는 것처럼 강한 종족이 다른 종족을 정복해서 인구를 늘리는 방법이 있겠고, 안전하고 평화로운 곳에서 오랫동안 대를 이으며 인구를 늘리는 방법이 있겠다. 정복자로서 성공하려면 문명이 발달하기 전까지는 근육이 많고 체구가 큰 사람들이 자연 선택되었을 것은 충분히 상상 가능하다. 어떤 지역에서 이런 사람들이 진화해 왔을까 생각해 보자. 일단 탁 트인 평야에 살면서 정복자들이 큰 어려움 없이 인근 지역을 침략할 수 있는 곳, 그리고 이웃을 침략해 식량을 확보해야 하는 환경에서 큰 체구의 사람들이 진화하지 않았을까? 유럽에서는 북유럽이 그런 환경이었고, 또 그렇게 전쟁이 빈번한 환경에서는 장수 유전자에 별 쓸모가 없었을 듯하다. 맹수들에게 희생되느라 생쥐가 장수 돌연변이의 도움을 못 받는 것과 유사한 상황이다. 이러한 추측을 뒷받침하는 데이터가 있을까?

세계 인구 자료를 보면 같은 선진국이라도 북유럽 국가들의 기대수명이 남유럽 국가들보다 약간 짧다. 그렇다면 남유럽에서도 사르데냐처럼 섬지방에서 장수 인구가 더 많이 나올까? 침략자들에게 바다와 산은 쳐들어가기에 더 많은 준비가 필요한 아주 불편한 지형이다. 이런 지역이 전쟁이 덜 발생할 수밖에 없기에 상대적으로 큰 체구의 필요성이 적다. 이렇게 평화로운 지역에서는 장수 돌연변이가 효과를 발휘할 수 있다. 천수를 다하면 더 많은 자식을 낳고 기를 수 있을 테니까. 이탈리아와 스페인은 남유럽의 반도에 위치하면서 북쪽 경계선에 커다란 산맥이 있어 다른 북유럽 국가보다 방어가 더 용이하다. 실제로 이 국가들의 기대수명이 북유럽보다 조금 높다. 여기에 더해 사르데냐의 입지는 정복하기 불편한 위치에 있었으니, 이탈리아 본토보다 남쪽 섬들의 기대수명이 높다는 통계와 얼추 들어맞는 추측이라 생각된다.

오래 사는 데 적합한 유전자가 있을까? 반대로 오래 살지 못하는 유전자도 있을까? 예일대학교 유전학과에서 오래 연구하고, 지금은 뉴욕의 록펠러대학 총장인 리처드 리프턴(Richard Lifton)은 젊은 시절에 유전자가 어떻게 발현되는지 규명하는 데 크게 공헌했고, 지금은 고혈압의 원인이 되는 유전인자들을 연구하는 세계적 석학이다. 한 세미나에서 리프턴이 발표했던 내용의 일부를 간단히 소개한다.

리프턴은 세미나를 시작하면서 영국 수상이었던 처칠(Winston Churchill)과 미국 조깅 문화 보급에 지대한 공헌을 한 제임스 픽스(James Fuller Fixx)의 사진을 함께 보여주었다. 처칠은 뚱뚱했고 담배를 많이 피웠으며, 나이 들어서도 별다른 운동을 하지 않았는데도 불구하고 90대까지 천수를 누렸다. 반면 운동을 열심히 해야 오래 살 수 있다는 복음을 전파하는 데 앞장섰던 제임스 픽스는 1970년대 후반 조깅의 효과에 관한 내용의 베스트셀러를 연이어 출간했고 스스로 몸소 조깅을 열심히 실천하면서 일반인에게 조깅 붐을 일으킨 역사적인 인물이다. 그런데 픽스는 1980년대 초, 50대 초반의 나이로 버몬트 주의 시골길에서 혼자 조깅을 하다가 심장마비로 사망했다. 픽스의 말을 듣고 조깅을 시작한 수많은 미국인들을 허탈하게 만든 사건이었다. 이에 대해 리프턴 교수는 세미나에서 다음과 같이 강조한다.

> "그렇다면 픽스처럼 조깅하지 말고 처칠처럼 흡연을
> 하라는 말이냐고요? 아닙니다. 픽스는 52세에 사망했지만
> 집안 내력에 심장마비에 취약한 유전자가 있었어요.
> 그의 아버지는 35세에 처음 심장마비가 왔고 43세에
> 사망했으니, 픽스는 그나마 조깅을 열심히 한 덕분에

10년 정도 더 산 셈입니다. 내가 오늘 강조하고 싶은 것은 유전적으로 단명할 수밖에 없는 상황이 있다는 것이지요. 그중에서 제가 관심을 갖고 연구하는 주제가 고혈압을 잘 일으키는 유전인자들입니다."

그러고나서 리프턴 교수는 세미나의 본론으로 들어간다.

제 2 부

9

당분, 인슐린과 수명

12세기에 시작된 십자군 전쟁에 참전해 레바논에 도착한 유럽인들은 꿀같이 달짝지근한 액체가 들어있는 식물인 사탕수수를 처음 접하게 되었다. 사탕수수에서 추출한 쥬카르(zukar)를 맛본 이들은 그 맛에 흠뻑 빠졌다. 이것이 유럽에 전해지면서 '슈거(sugar)', 즉 설탕이 유럽인들의 식생활에 기본적인 재료가 되었다. 세계인들의 식단을 바꾼 설탕은 현대 사회에서 비만의 주요 원인이다. 과학자들은 현대인의 건강한 노후를 위협하는 최고의 적으로 당분을 지목한다.

설탕의 주성분인 수크로스(sucrose)는 포도당(glucose)과 과당(fructose)이 결합되어 만들어진 탄수화물이다. 정제된 설탕이 입속의 침에 섞이면, 아주 쉽게 분해된다. 인류 진화 과정에서 끊임없이 갈구하던 영양분이다 보니, 설탕을 좋아하는 사람들이 자연 선택을 통해 살아남았다. 설탕이 녹말보다 쉽게 포도당으로 분해되니, 우리는 그 맛을 좋아할 수밖에 없다.

설탕에 중독된 유럽인들은 곧 사탕수수를 재배할 곳을 찾기 시작했다. 유럽에서 비교적 날씨가 따뜻한 지중해의 섬 시칠리아, 스페인 남부 대서양의 카나리아 제도 등에 사탕수수 플랜테이션이 세워지기 시작했다. 사탕수수에서 추출해낸 설탕은 불티나게 팔려 나갔다. 당시 사탕수수 농장은 어떻게든 만들기만 하면 떼돈을 버는 산업이었다. 사탕수수를 일찍 도입한 덕분인지 이탈리아는 달짝지근한 디저트가 발달한 나라로 유명하다.

뉴욕에서 알게 된 오페라 가수에게 음악인의 체중에 대해 물어본 일이 있는데, 의외의 대답이 돌아왔다.

"뚱뚱해야만 노래를 잘하나요?
유명한 오페라 가수 중에 유독 뚱뚱한 사람이 많던데요?"
"뚱뚱한 것과 목소리는 별 상관없는 듯하고요. 다만,
잘나가는 오페라 가수들은 공연을 마치고 밤늦게 최고급
식당에서 식사한 후, 최고의 디저트를 먹습니다. 공연이
늦게 끝나다 보니, 새벽에 그렇게 먹는 것입니다.
살이 안 찔 수가 없지요."

그리스의 사이프러스, 크레타, 스페인 남부에 계속해서 사탕수수 농장이 들어섰다. 아무리 설탕을 생산해도 폭발적인 수요를 채울 수가 없었다. 지리적으로 북쪽에 있어 설탕을 손에 넣기 쉽지 않았던 영국인들은 신대륙을 발견하면서 설탕을 손에 넣을 수 있게 되었다. 스페인, 영국 등이 경쟁적으로 식민지를 만들기 시작했고, 특히 카리브해에 사탕수수 농장을

만들어 놓고는 아프리카 흑인들을 노예로 쓰면서 설탕을 채취했다. 이러한 착취의 잔재는 카리브해 섬의 인종 구성이 중남미 본토와 확연히 다른 데서 확인할 수 있다. 특히 작은 규모의 섬일수록 아프리카 흑인의 후예가 절대 다수를 차지한다. 사탕수수가 바꾸어 놓은 풍경이다. 이렇게 늘어난 사탕수수 재배는 유럽인들 사이에서 설탕이 듬뿍 들어간 디저트 문화가 발달하는 계기가 되었고, 현대에 들어와 설탕이 잔뜩 들어간 탄산음료가 전 세계적으로 확산되게 만들었다.

앞서 언급한 것처럼 포도당이 또 다른 당분인 과당과 결합한 화학 물질이 설탕이고, 포도당 여러 개가 결합한 것이 탄수화물과 녹말이다. 특히 어린이들은 본능적으로 밥, 빵, 국수 등을 좋아하는데, 기본적인 에너지 수요를 충족시키고자 하는 원초적 욕구 때문으로 보면 된다. 화학적으로 여러 개의 포도당이 결합된 물질인 녹말을 포도당으로 분해하기보다는 설탕을 분해하는 것이 더 쉽기 때문에, 우리는 설탕을 선천적으로 더 좋아한다.

우리 몸이 본능적으로 단맛을 좋아하는 이유는 생화학적으로도 분명하다. 몸을 구성하는 세포들이 포도당을 가장 기본적인 에너지원으로 쓰기 때문이다. 우리 몸은 수많은 영양분 중에서 최우선적으로 포도당을 산화시켜 에너지를 만들어 내는 경향이 있다. 영양분을 충분히 섭취했을 때에는 포도당을 서로 화학적으로 연결해서 글라이코젠이라 불리우는 동물성 탄수화물의 형태로 우리 간에 저장한다. 그러다 다시 영양분이 부족해지면 글라이코젠을 간에서 우선 분해해서 세포들이 가장 좋아하는 포도당을 다시 만들어 혈액을 통해 몸 구석구석으로 공급한다.

우리 몸은 이렇게 간에 저장돼 있는 탄수화물을 우선 소진한 다음 다른 영양분을 본격적으로 분해해 에너지를 만든다. 이 원리를 살을 빼는 데 활용할 수 있다. 살을 빼기 위해서는 지방을 줄여야 한다. 그런데 운동을 시작하고 첫 20~30분 동안 우리 몸은 간에 저장한 탄수화물과 포도당을 우선 연소시킨다. 그러니 20분 이하의 운동은 살을 빼는 데 별 도움이 되지 않는다. 세포들이 가장 선호하는 포도당이 거의 소진될 정도로 운동을 할 때 지방질이 연소되기 시작한다. 이 이론을 적용해 운동 선수들을 종목별로 비교해볼 수 있다. 마라톤 선수들은 깡마른 체형이 많은데, 오래 뛰는 사람들이 지방을 많이 연소하기 때문이다. 한편 근력 운동은 많이 하지만 마라톤처럼 오래 뛰지 않는 종목의 선수들은 몸에 지방질을 유지한다. 단기적인 운동으로는 주로 탄수화물만 연소시키기 때문이다.

우리 몸은 지방질 섭취가 다소 부족해도 여분의 탄수화물을 지방으로 바꿀 수 있는 효소들이 발달해 있다. 일부 아미노산도 탄수화물로 만들어낼 수 있다. 그 덕분에 우리 선조들은 먹을 것을 구하기 어려운 시기에도 연명할 수 있었다. 아마 이런 이유로, 정제된 탄수화물이나 설탕 등을 선호하는 본능이 진화 과정 속에서 강화되었을 것이다.

포도당이 우선적으로 에너지를 만드는 영양분이다 보니, 탄수화물의 비율이 높은 밥과 빵이 우리의 주식이 되었다. 밥과 빵의 재료가 되는 곡물은 씨앗인데, 자세히 뜯어보면 앞으로 식물로 자라게 될 배아가 있고, 배아에게 영양분을 제공하는 배유가 있다. 땅에 묻힌 씨앗이 새싹이 나고 광합성을 시작하기 전까지는 배유에서 제공하는 영양분으로만 버텨야 한다. 그리고 이들을 보호하기 위해 바깥이 딱딱한 층들을 이루고 있다. 가장 바깥에는 왕겨가 있고, 그 바로 밑에는 조금 덜 딱딱한 강층이 있다. 구석기 시대부터 사람들은 수확한 곡물을 돌에 갈아 겨를 제거해서 먹었다.

딱딱한 왕겨만 제거하면 현미가 되고, 강층과 배아까지 제거하면 백미가 된다. 탄수화물 덩어리인 백미는 식감도 좋고 맛도 좋지만, 강층을 제거하면서 영양분이 많이 줄어든다. 우리 몸에 유용한 섬유와 기름, 그리고 비타민 B 대부분은 겨와 배아에만 들어 있기 때문이다. 실제로 흰쌀밥만 먹는 사람들에게 나타나는 '각기병(Beriberi)'이라는 질병이 있다. 이 병에 걸리면 살이 빠지고 팔다리에 통증이 생기며 감각이 무뎌지고, 심장 박동이 불규칙해지는 증상이 나타난다. 이 병은 19세기 일본 해군에게서 많이 발병했는데, 나중에 알고 보니 항해 중에 흰 쌀밥만 먹었던 것이 문제였다. 겨에 있는 성분인 비타민 B1을 보충하면 이 질병을 치유할 수 있다는 것을 밝혀낸 네덜란드 의사 크리스티안 에이크만(Christiaan Eijkman)과 영국인 생화학자 프레더릭 홉킨스(Frederick Hopkins)는 후에 노벨 생리의학상을 수상했다.

포도당은 중요한 에너지원이지만, 너무 많이 먹으면 건강에 문제가 될 수 있다. 대표적인 예가 당뇨병이다. 섭취한 탄수화물을 제대로 흡수하지 못하면, 남아도는 포도당이 소변에 섞여 나온다. 당뇨병 치료를 위한 중요한 처방 중 하나가 단 음식이나 탄수화물을 먹지 않는 것이다.

당뇨병을 이해하려면, 췌장에서 분비되는 인슐린이라는 호르몬 이야기를 빼놓을 수 없다. 췌장은 음식을 소화시키는 여러 효소들이 만들어지는 기관이다. 소화 효소를 만드는 세포들이 바다처럼 넓게 퍼져 있다면, 그 사이사이에 조금 다른 성질의 세포들이 마치 작은 섬처럼 뭉쳐 있다(그림 15). 1860년대에 독일의 의대생 랑게르한스가 현미경으로 처음 관찰하고 보고했다고 해서 '랑게르한스섬(islets of Langerhans)'이라는 이름이 붙었다. 1890년대에, 다른 독일 학자들이 췌장이 뭐하는 기관인지 알아보기 위해 개에게서 췌장을 떼어내 키우는 실험을 했는데, 그 개의 오줌에 파리 떼가 모여드는 것이 관찰되었다고 한다. 오줌에 당분이 많아졌

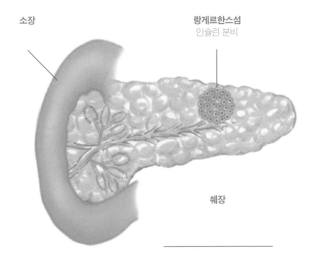

소장

랑게르한스섬
인슐린 분비

췌장

그림
15

췌장의 구조. 췌장은 위와 간 아래, 소장의 옆에 위치한 장기다. 소화 효소를 분비하는 세포가 대부분이지만, 그 사이사이에 조금 다른 성질의 세포들이 뭉쳐 있는 '랑게르한스섬'이라는 부분도 있다. 랑게르한스섬을 구성하는 세포들 중 혈당이 높아지면 인슐린을 분비하는 세포도 있다. 이러한 기능을 하는 세포가 죽으면 제1형 당뇨병 발병의 원인이 된다.

기 때문이었다. 오줌에 당분이 많아진 이유는 확실치 않아도 이를 계기로 췌장에 문제가 있을 때 당뇨병이 생긴다는 이론이 정착되었다.

이런 환경에서 과학계의 스타가 한 명 탄생했다. 젊은 캐나다 의사 프레더릭 밴팅(Frederick Banting)은 당뇨병의 역사에 관해 이것저것 읽고 난 후, 대략 다음과 같은 아이디어를 떠올렸다. 췌장의 세포들이 혈액 속 포도당의 양을 원격 조정한다면, 이는 췌장에서 분비되는 어떤 호르몬의 영향일 것이다. 랑게르한스섬의 세포들이 그 무엇인가를 분비한다면, 이것이 온몸으로 퍼지며 당분을 낮추는 역할을 하는 것이 틀림없지 않을까? 그래서 토론토대학의 존 매클라우드(John Macleod) 교수를 찾아가서 개를 가지고 실험을 할 수 있게 해달라고 졸랐다.

매클라우드 교수는 조수 한 명과 실험용 개 열 마리를 내주었고, 밴팅은 1921년 여름 내내 그 개들의 췌장을 분리해 냈다. 밴팅이 이전 문헌을 자세히 읽었더니 췌장의 다른 세포들이 소화 효소를 생산해서 소장으로 분비하는데, 그 관을 동여매면 랑게르한스 세포만 빼고 다 죽어 없어진다는 보고도 있었다. 이전에도 랑게르한스 세포에서 분비되는 호르몬을 찾는 시도가 있었지만, 혹시 소화 효소들이 이 호르몬까지 다 분해해서 실패한 것은 아닐까 의문을 품은 밴팅은 소화 효소가 분비되는 관을 동여매 다른 소화 효소를 분비하는 세포들을 모두 없앴다. 이렇게 해서 랑게르한스 세포만 따로 분리해 낼 수 있었고, 이를 이용해서 실험을 해 나갔다.

개의 췌장에서 성분을 추출하는 것으로는 충분하지 않아 나중에는 소의 췌장에서도 성분을 추출했다. 그래서 찾아낸 것을 처음에는 '섬에서 나온 단백질'이란 뜻의 '아일레틴(Isletin)'이라고 불렀다. 이것이 훗날 인슐린(Insulin)이란 이름으로 바뀌었다. 곧이어 소아 당뇨병으로 알려진 제1형 당뇨병 환자에게 인슐린을 주사하는 임상 시험이 시작되었다. 첫 대상자는 췌장에 문제가 있어 인슐린을 분비하지 못하는 토론토의 14살짜리 당뇨병 환자 레너드 톰슨(Leonard Thompson)이라는 환자였다. 첫 번째 인슐린 주사를 놓았더니 그는 고열에 시달리기 시작했다. 아일레틴에 불순물이 너무 많아 면역 반응이 일어났기 때문이다. 부랴부랴 아일레틴을 더 정제하여 다시 주사를 놓았는데 기적적으로 레너드 톰슨의 병세가 호전되었다.

기적의 신약이 개발되었다는 소문이 빠르게 퍼지면서 인슐린을 요청하는 연락이 쇄도하기 시작했다. 그러나 실험실에서 정제하는 소량의 인슐린으로는 수요를 도저히 충족할 수 없었다. 그때만 해도 산학 협동이 전무하던 시절이었지만, 밴팅이 '일라이 릴리(Eli Lilly)'라는 제약 회사와 협정을 체결하면서 인슐린을 대량 생산해 더 많은 당뇨병 환자들을 살릴 수 있었다. 당시 제1형 당뇨병에 걸렸다는 진단을 받는 것은 사형 선고나 다름없었다. 인슐린이 없어 포도당을 제대로 흡수하지 못하면 먼저 몸의 체중이 많이 줄어든다. 여기에 더해 뇌세포에도 포도당이 제대로 공급되지 않아 뇌가 제대로 작동하지 못하다 보면 혼수 상태에 빠지게 된다. 당시 50여 명의 제1형 당뇨병 환자들이 입원해 있던 한 병실에 밴팅이 인슐린을 들고 찾아갔다. 그리고 병실 한쪽 끝 침상에서부터 한 사람씩 차례로 인슐린 주사를 놓았다. 마지막 주사를 놓을 때쯤 처음 주사를 맞았던 혼수상태의 환자들이 정신을 차리기 시작하면서 병실에서 가족들의 환호성들이 터져 나왔다고 전해진다. 이처럼 드라마틱한 과학 이야기가 또 있을까? 인슐린은 그야말로 '기적의 신약'이었다.

인슐린의 효과가 대단히 극적이었기에 밴팅은 인슐린을 발견한 지 불과 2년 만에 지도 교수인 매크로이드와 노벨상을 공동 수상한다. 아이디어와 일은 자신이 다 했는데 교수는 연구비와 개만 제공한 것만으로 노벨상을 수상해서 밴팅이 대놓고 노벨상 위원회에 항의했다는 일화도 전해진다.

인슐린은 단백질로 만들어진 호르몬이다. 단백질은 아노미산이 특정 순서로 붙어서 만들어진 물질로, 우리 몸에는 20가지 아미노산이 존재한다. 각기 다른 단백질들은 이같은 아미노산의 조합과 서열이 다르다. 1950년대 영국 케임브리지의 프레더릭 생어(Frederick Sanger) 박사가 최초로 단백질의 아미노산 서열을 규명하는 과학 기술을 개발하고, 그 본

보기로 처음 썼던 재료가 인슐린이었다. 생어 교수는 이 업적으로 노벨상을 수상했다.

　　그리고 1970년대 후반에 이르러서야, 유전자 공학이라는 새로운 분야가 생겨났다. 캘리포니아대학교 샌프란시스코(UCSF) 의과대학의 허버트 보이어(Herbert Boyer) 교수가 DNA를 자르고 붙이는 기술을 발전시키면서, 다음과 같은 획기적인 아이디어를 냈다. 박테리아가 사람 세포보다 더 잘 자라고, 전체적인 단백질 합성 능력도 훨씬 높다. DNA를 마음대로 자르고 붙이는 기술이 생겨났으니, 사람의 유전자를 박테리아 DNA에 붙여 넣어보자. 그러면 박테리아는 자기 DNA인 줄 알고 사람 단백질을 무진장 만들어내지 않을까? 그러니 이렇게 해서 박테리아를 사람이 유용하게 쓸 수 있는 단백질 공장으로 만들어 보면 어떨까? 이러한 아이디어로 만든 회사가 바이오테크 회사의 원조라고 할 수 있는 제넨텍(Genentech)이다. 그리고 거기서 처음으로 만들어 판매한 것이 박테리아나 효모에서 만든 인슐린이다. 그만큼 인슐린이 의과학에서 차지하는 비중이 컸다.

왜 당뇨가 건강에 해로울까? 그리고 인슐린의 효능은 그 정도로 극적일까? 이를 이해하기 위해서는 탄수화물 대사를 살펴볼 필요가 있다. 우리가 탄수화물을 많이 섭취하면, 그만큼 많은 양의 당분이 장을 통해 몸으로 흡수된다. 혈액 속에 당분이 많아지면, 이를 감지한 췌장의 랑게르한스섬에 있는 일부 세포가 인슐린을 분비한다. 인슐린은 온몸에 퍼지면서 세포들에게 영양분이 충분하다는 신호를 보낸다. 인슐린 수용체(insulin receptor)가 인슐린을 감지하면, 세포 내의 각종 신호전달물질을 이용해 이 신호를 더욱 구체적으로 전달한다(그림 16). 총체적인 메시지는 다음과 같다.

> 혈액에 포도당이 많으니 때를 놓치지 말고 지금 이를 가급적 많이 흡수하라. 그리고 이 에너지를 이용해서, 단백질을 더 많이 만들고 세포를 더 크게 성장시키고 분열하라. 먹을 것이 충분치 않을 상황에 대비해서, 포도당이 있는 동안 가급적 영양분을 많이 저장하라. 필요하다면 지방질이라도 더 만들어서 지금 충분한 포도당을 몸속에 저장하라.

먹을 것이 충분한 경우가 드물었기 때문에, 이같이 영양분을 효율적으로 흡수하지 못하는 개체들은 진화 과정에서 도태되었을 것이다. 반대로 인슐린 신호전달이 아주 효율적으로 작동하는 개체들은 곧이어 조금 배고픈 시기가 오더라도 저장된 영양분으로 살아남았을 것이다. 뒤이어 배고픈 시기가 다시 찾아오면, 인슐린 분비량이 적어지고 몸을 이루는 세포들은 성장을 억제하며 단백질을 덜 합성하는 대신 지방질을 분

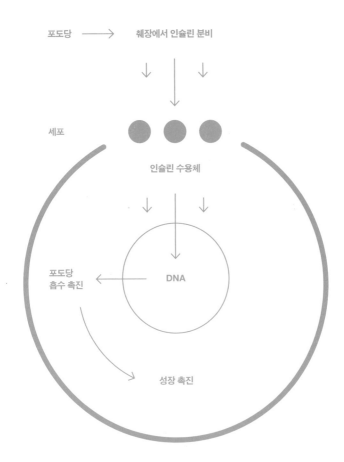

포도당 ⟶ 췌장에서 인슐린 분비

세포

인슐린 수용체

DNA

포도당
흡수 촉진

성장 촉진

인슐린이 세포에 미치는 효과. 세포들마다 인슐린을 감지하는 인슐린 수용체가 있다.
여기에 인슐린이 닿으면 세포 안으로 신호를 보낸다. 그 결과 포도당을 흡수하는
유전자와 세포의 성장을 촉진하는 유전자가 발현된다.

해해 영양분을 공급할 것을 주문한다. 먹을 것이 부족한 상황에 대한 적응인 것이다.

인슐린 신호전달체계에 돌연변이가 생기면, 그 몸의 세포들은 체내 영양분이 적다고 착각하게 된다. 그래서 세포는 포도당 흡수를 하지 않게 되니, 일단 에너지 부족에 시달리게 된다. 인슐린이 없는 제1형 당뇨병 환자들은 이 때문에 몸이 바짝 마른다. 그러다가 에너지 부족으로 인해 여러가지 세포가 제대로 작동하지 못한다. 건강을 유지하거나 살아가는 데 필수적인 세포들이 작동을 못하게 되면 죽음의 문턱에 이른다.

인슐린 분비가 제대로 안 되면 제1형 당뇨병에 걸린다고 했는데, 나이 든 사람들은 또 다른 형태의 당뇨병에 많이 시달린다. 이는 성인 당뇨병이라고 불리기도 하는 '제2형 당뇨병'인데, 이러한 환자들은 인슐린 분비에는 문제가 없지만 몸이 인슐린을 제대로 인지하지 못하기 때문에 문제가 생긴다. 왜 이런 문제가 생길까? 평소에 혈중 포도당과 인슐린 양이 너무 많기 때문이다. 제1형 당뇨병과 정반대의 상황인데도 시간이 지나면서 비슷한 문제를 일으키는 것이다. 그 이유는 다음과 같다. 평생 혈중 인슐린 양이 지나치게 높으면 점차 몸 안의 세포들이 인슐린에 무감각해진다. 나이 든 세포들이 점점 인슐린이 없다고 착각하기 때문에 우리 몸은 당분을 빨리 흡수하지 않게 되고, 그에 따라 혈당이 높아진다. 그 때문에 중요한 세포들이 전반적으로 제 기능을 못하게 된다. 기능을 잃는 것들 중에는 혈관을 이루는 세포도 있으니 당뇨병 때문에 혈액 순환에도 문제가 생긴다. 그에 따라 부수적으로 생기는 문제들이 당뇨병의 주요 증상들이다. 혈관에 문제가 생기면 심장에서 멀리 떨어진 곳에 영양분 및 산소 공급이 어려워지니 발, 다리 그리고 눈에 이상이 생긴다. 일례로 상처가 생기면 잘 아물지 않는다. 그리고 심한 경우는 괴사하는 조직이 생기기도 한다. 이러한 이유 때문에 당뇨병이 대표적인 노인성 질환으로 꼽힌다. 이를 방지하려면 평소 지나친 탄수화물 포도당 섭취를 자제하는 것이 제일 효과적이다.

최근에는 제2형 당뇨병을 예방하는 약들이 많은데, 그중 널리 쓰이는 것이 메트포르민(Metformin)이라는 약이다. 라일락이라는 식물에 많이 있는 물질인데 1920년대부터 혈중 포도당 수치를 낮춘다는 보고들이 있었다. 인슐린 분비에는 영향을 미치지 않는데, 어떻게 혈당을 낮출까? 우리 혈액의 포도당이 어디서 오는지부터 따져 보자. 물론 탄수화물을 먹을 때 혈당 수치가 올라간다. 하지만 식사를 하지 않아도 어느 정도의 포도당이 혈액 속에 있는데, 우리의 간에 저장돼 있던 포도당이 필요할 때 나오기 때문이다. 메트포르민은 간에서 혈중으로 나오는 포도당의 양을 줄이는 기능을 한다고 한다. 오랫동안 연구된 약이지만 정작 널리 쓰이게 된 것은

1990년대 영국에서 임상 시험 결과가 널리 알려진 이후부터다. 10년에 걸쳐서 4천여 명 정도를 대상으로 한 연구인데 사람의 혈당 수치와 심혈관계 질환 사망률을 낮춘다는 결과가 발표되면서 사람들의 주목을 받게 됐다. 그리고 이제는 제2형 당뇨병 환자에게 가장 많이 쓰이는 약이 되었다. 물론 간에서 나오는 포도당 수치를 낮추는 약이니, 아무리 메트포르민을 열심히 복용해도 먹는 탄수화물과 포도당으로부터 보호하는 효과는 아마 없을 것이다. 그래서 메트포르민을 복용하는 환자들에게 탄수화물 섭취도 병행해서 줄이라고 강조한다.

1970년대 후반부터 일부 괴짜 과학자들이 수명을 늘리는 돌연변이를 찾아 나서게 되는데, 나중에 이 돌연변이들이 인슐린 신호전달 관련 유전자를 망가트린다는 것이 밝혀지면서 당분과 인슐린에 대한 관심이 더욱 고조되었다. 처음으로 수명을 연장시키는 돌연변이를 찾아 나선 괴짜 과학자는 1970년대 후반 콜로라도대학에서 박사후 과정을 하던 마이클 클라스(Michael Klass)라는 인물이다. 예쁜꼬마선충(C. elegans)을 가지고 실험하는 기초 과학자였던 그의 지도 교수 데이비드 허시 교수는 훗날 컬럼비아대학교로 옮겨갔는데, 내가 1994년 컬럼비아대학 박사 과정에 입학했을 당시 우리 생화학과의 학과장으로 있었다. 최근 허시 교수님께 그 당시 연구에 대해 물어봤다.

"어떻게 수명을 연장하는 돌연변이를 찾아 나서게
되었나요? 그리고 마이클 클라스 씨는 그 기념비적인
연구를 하고는 학계에서 사라졌던데, 그 사람은 그 후에
어떻게 됐습니까?"

"클라스 박사는 내가 데리고 있던 박사후 과정
연구원이었어요. 내 실험실에 와서 수명을 결정짓는
유전자를 찾겠다고 했는데, 나는 별 관심이 없었지. 나는
박테리오파지를 다루는 진도 빠른 분자생물학을 하던
사람이라 꼬마선충이 얼마나 오래 사는지 앉아서 지켜보는
실험은 체질에 안 맞아요. 하지만 한번 열심히 해보라고
했지요. 그리고 당시 미국 보건국에서 꼬마선충 연구에
지대한 관심을 보이길래 연구비 따기는 그리 힘들지
않았어요. 연구비를 따왔더니 그걸 가지고 마이클이 실험을
하다가 수명을 연장시키는 첫 돌연변이 Age-1 이란 걸
발견한 거예요. 연구비는 내가 따왔지만 내가 주도적으로
한 실험이 아니기 때문에 내 이름을 그 역사적인 논문에
넣지 않았지요. 지금은 조금 후회도 됩니다. 나중에 그
유전자가 인슐린과 관련이 있다는 사실이 밝혀졌을 때는
참 재미있다고 생각했는데, 그건 아주 나중에 일어난
일이지요. 마이클은 나중에 제약 회사에 취직했고, 요즘은
규모가 작은 바이오테크 회사에서 일하고 있다고 합니다."

돌연변이 하나 만들고 잊힐 뻔했던 연구가 되살아 난 것은 당시 캘리포니아대학교 샌프란시스코 있던 신시아 케넌 교수가 이 분야에 뛰어 들었을 때다. 원래 발생학의 권위자로서, 역시 꼬마선충 전문가다. 얼마 전 포르투갈의 학회에서 만나서 식사를 하며 이런저런 얘기를 할 기회가 있어서 초창기 돌연변이 연구에 대해 한번 물어봤다.

"교수님 전에 마이클 클라스가 첫번째 장수 돌연변이를 발견했지요? 왜 그런 연구가 끊어졌나요?"

"마이클 클라스가 장수 돌연변이를 발견했다는 논문을 처음 내기는 했는데, 논문에 허점이 조금 많았어요. 원래 제대로 된 논문이라면 정말 그 돌연변이 때문에 동물이 장수하는지 세심하게 증명해야 하는데, 데이터가 부실해서 몇 가지 면에서 확실한 결론을 내기 힘든 논문이었지요."

"그럼 Age-1 돌연변이 연구 결과는 틀린 건가요?"

"아니. 마이클 클라스가 그 연구를 그만둔 후에 그 옆에 있던 사람이 연구를 더 세심하게 해서 Age-1 돌연변이에 관한 결론은 맞는 것으로 판명났어요. 하지만 첫 번째 논문이 허술했으니 다른 사람들이 무시했고, 그래서 계속된 연구가 없었죠."

"수명이 두 배 늘어나는 돌연변이 연구에 사람들이 관심이 없었다고요?"

"그러게 말이에요. 내가 나중에 수명이 두 배 늘어난
돌연변이를 처음 관찰했을 때 그 강렬한 느낌은 말로
표현도 못하죠. 다들 늙어 죽었어야 하는 운명인데
돌연변이들이 유유히 움직이는 걸 보노라면 무슨 종교적
경험을 하는 느낌이었다고나 할까요?"

케넌 교수는 클라스와 비슷한 방법을 이용해서 1980년대 중
반부터 대학원생들을 데리고 수명을 늘리는 돌연변이들을 연
구했다. 그러면서 발견한 것이 'daf-2'라는 돌연변이이다. 단
마이클 클라스와는 달리 이의를 제기할 수 없는 실험을 통해
서 믿을 만한 논문을 발표했다. 그리고 수명 연장 돌연변이
연구의 중요성을 전 세계에 설파하고 다녔다.

"생쥐와 박쥐는 생김새는 비슷하지만, 선천적으로 타고난
수명이 크게 차이 납니다. 생쥐는 2년 정도 나이를 먹으면
늙어 죽지만, 박쥐는 종에 따라서 그에 비해 10배 정도
더 사는 것들도 있어요. 그래서 수명이 유전적으로
결정되는 것은 아닐까 생각하기 시작했습니다.
이러한 생각을 갖고 무작위로 유전자를 망가뜨리고는
비정상적으로 오래 사는 돌연변이들을 찾아나선 겁니다.
결과는 실로 놀라웠어요. 우리 몸의 유전자들은 우리가

건강하게 오래 살도록 돕는 역할을 하는 줄로만 알았는데,
개중에는 망가지면 꼬마선충을 두 배 가까이 오래
살게 만드는 것도 있는 것이 아닙니까? 수명만 두 배로
늘어난 게 아닙니다. 움직이는 모습을 관찰하면 오래
사는 꼬마선충이 젊음을 유지하고 있어요. 만약 이것이
사람에게도 적용된다면 얼마나 놀랍겠어요? 데이트를
나갔는데 20대 혹은 30대로 보이는 상대방이 너무
잘생겨서 한눈에 사랑에 빠졌다고 가정해 봅시다.
그런데 나중에 알고 보니 그 사람의 실제 나이가 60세라면
얼마나 충격적이겠어요?"

케년 교수의 연구 결과에 자극받은 여러 과학자들이 곧바로
꼬마선충을 가지고 수명을 늘릴 수 있는 돌연변이를 찾아 나
서기 시작했다. 아마 그중에서 제일 왕성하게 활동한 사람은
하버드 의대 부속 매사추세츠 종합병원의 꼬마선충 전문가
게리 루브쿤(Gary Ruvkun)이라 할 수 있다. 일을 효과적으로
빨리 하는 것으로 유명한 루브쿤 교수 연구팀은 케년 박사보
다 먼저 망가진 유전자들의 실체를 밝혀냈다. 그리고 그 결과
에 다시 한번 놀라고 말았다.

　　케년 박사가 발견한 daf-2 돌연변이는 인슐린 수
용체가 망가져 있었고, 클라스 박사가 발견한 Age-1은 인슐
린 신호전달체계에서 수용체 바로 다음에 작용하는 유전자가

망가져 있었던 것이다. 포도당 때문에 시작되는 인슐린 신호 전달체계가 수명에 영향을 끼친다는 개념이 두 가지 다른 유전자 연구를 통해 보여진 것이다. 이것을 기반으로 과도한 탄수화물과 당분이 노화를 촉진하고 온갖 성인병 발병률을 높인다는 개념이 곧 확립됐다. 나중에 구글(Google)에서 노화를 늦추는 방법을 찾겠다고 칼리코(Calico)라는 생명과학 회사를 2013년에 창업했는데, 노화 연구를 이끌 과학자로 신시아 케넌 교수를 지목하고 부사장으로 영입했다.

케넌 박사는 자신의 연구 결과를 실천에 옮기는 것으로도 유명한 사람이다. 외모나 에너지 넘치는 태도가 나이보다 10년은 젊어 보인다. 케넌 교수가 여러 대중 잡지와 인터뷰를 할 때마다 늘 하는 이야기가 있다.

"적게 먹는 것이 인슐린 신호전달체계를 줄이고, 그래서 우리가 오래 살 수 있게 하는 건 틀림없어요. 저도 건강을 위해서 적게 먹으려고 시도해 봤지만, 배고픈 것은 정말 참기 힘들더군요. 그 대신 설탕 같은 것은 피하려고 합니다. 설탕이 인슐린 분비를 촉진하잖아요. 꼬마선충을 가지고 실험하는데, 꼬마선충 먹이에다가 설탕을 조금 뿌리면 이것들이 진짜 빨리 늙어 죽거든요. 커피 마시는데 무심코 타는 설탕, 저는 그런 것 안 해요."

언젠가 학회에서 만난 사람이 케넌 박사에 대한 이야기를 해주었다.

> "그 실험실 가서 발표를 하는데, 피자를 주문해서 먹으면서 듣더군요. 그런데, 케넌 교수는 피자의 토핑만 먹고 빵 부분은 손도 안 대더라고요."

최근 혈당을 낮춰서 각종 노인성 질환을 치료하겠다는 의사들과 과학자들이 많아졌다. 얼마 전 잘 아는 의사가 메트포르민을 처방한다길래 질문을 안 할 수가 없었다.

> "이거 당뇨병 치료제 아닌가요?
> 혈당 수치 낮추는 약이잖아요"
> "네, 당뇨병 치료제로 쓰이는 건 맞는데,
> 의사들이 요즘 이걸 약방의 감초처럼 여러 가지
> 다른 질병에도 많이 처방해요."

노화 연구로 온갖 논란과 함께 사회적 이목을 끌고 다니는 하버드 의대의 데이비드 싱클레어 교수도 자신이 선전하는 'NMN'이라는 물질과 더불어 메트포르민을 매일 복용한다고 한다[22]. NMN과는 달리 메트포르민은 싱클레어 박사의 연구와 직접 연관이 없는 물질이다. 그가 이를 복용한다는 것은 포도당과 인슐린이 노화에 영향을 미친다는 다른 과학자들의 연구 결과가 널리 인정받고 있다고 해석할 수 있는 대목이다. 아마도 지나친 포도당이 많은 성인병을 악화시킨다는 공감대가 학계에 쌓이다 보니 메트포르민이 더욱 조명을 받는 모양이다.

SIDE STORY 2

생쥐와 초파리
당분 섭취
실험

당분에 대한 동물들의 욕구는 얼마나 강할까? 인간이 단맛을 느끼는 이유는 혀의 미각 세포 때문이다. 단맛을 느끼는 미각 세포의 수용체가 당분을 인지해 뇌에 신호를 보낸다. 그렇다면 당분은 혀로만 느끼는가? 최근 단맛을 느끼는 수용체가 없는 동물들도 설탕을 좋아한다는 연구 결과가 나오고 있다. 생쥐에서 이 수용체를 없애고 설탕(칼로리가 있는 당분)과 사카린(칼로리가 없는 당분) 중 하나를 선택하도록 하면, 맛을 느낄 수 없는데도 어떻게 알았는지 생쥐들은 설탕을 선택한다고 한다.[30] 미각 세포 수용체가 없는데, 어떻게 단맛을 느낄 수 있을까?

우리나라 과학자 중에는 카이스트의 그레그 서(Greg Suh) 교수가 이 분야에서 활발하게 연구하고 있다. 미각 수용체가 망가진 돌연변이 초파리들에게 칼로리가 있는 포도당과, 칼로리가 없는 당분(L-형태의 포도당)을 주었더니, 역시 칼로리가 있는 포도당을 선호했다. 어떻게 칼로리가 있고 없음을 구별할 수 있었을까? 뇌에 있는 Dh44라는 호르몬을 분비하는 신경 세포가 있는데, 서 교수는 이것이 여러 경로를 통해 당분의 에너지 함량을 구별하고 있음을 밝혔다.

초파리들은 칼로리가 있는 당분을 먹을 때마다 이 Dh44라는 신경 세포를 자극한다. 이 신경 세포가 흥분하면, 초파리는 만족감을 느끼는 동시에 입을 쭈뻣쭈뻣 내밀며 더 먹으려는 반응을 보인다.[31] 동물들은 그만큼 포도당을 좋아한다. 혀뿐만 아니라, 배 속에서도 단맛을 느끼는 것이다.

제 2 부

10

단백질 섭취와 노화

단백질 섭취가 노화에 영향을 미칠까? 앞서 소개한 사례들에서는 장수한 사람들은 고기를 거의 먹지 않았다. 일부러 먹지 않았다기 보다는 구하기 힘들었기 때문이다. 그만큼 예전부터 고기는 귀한 음식이었다. 쌀이나 밀농사를 지어 10명을 먹여 살릴 수 있는 농토에 소에게 먹일 사료를 재배하면 한 사람밖에는 먹여 살릴 수 없다. 때문에 부자를 제외하고는 고기를 구하기 위해 가축을 키우는 경우가 드물었다. 농토가 척박해서 사람이 먹을 수 없는 풀만 자라는 경우 그 풀을 먹을 수 있는 가축을 키우는 경우가 예외적으로 있었다. 고기를 먹을 기회가 드물다 보니 단백질과 지방질을 갈구하는 방향으로 우리 입맛이 진화해 왔다.

고기는 쉽게 상해서 옛날 도시 사람들은 싱싱한 고기를 구하기 힘들었다. 그러다 1800년대 산업 혁명이 일어나면서 미국에서부터 조그만 변화가 생겨났다. 서부를 개척하던 사람들이 광활한 토지에서 가축을 키우고 버팔로를 사냥하면서 고기를 많이 구할 수 있게 되었고, 냉장고가 발명되었다. 기차에 냉동칸을 만들어 육류를 도시로 공급하면서 빵, 채소 위주의 음식을 먹던 도시인들도 고기류를 이전보다 쉽게 사먹을 수 있게 되었다.

그래도 여전히 고기는 곡물보다 귀했다. 팔기 전까지 긴 시간동안 비용을 들여 키우다 보니 값을 비싸게 받을 수밖에 없었다. 그러나 고깃값은 시간이 지날수록 더욱 저렴해졌다. 미국, 오스트레일리아 등지에서 일종의 농업 혁명이 계속 일어났기 때문이다. 인구 밀도가 낮은 광활한 농토에서는 비교적 손이 적게 가는 작물을 키울 수밖에 없는데, 옥수수가 대표적이다. 기본적으로 먹는 사람들의 수요에 맞춰 옥수수를 재배했지만, 1970년대부터 미국의 정책이 바뀌며 수요에 상관없이 옥수수를 키우기 시작했다.

너무 많이 생산해 너무 많이 남게 된 옥수수는 소의 사료로 쓰이게 되었다. 옥수수 사료를 먹고 자란 소는 인기가 많았다. 풀을 먹고 자란 소의 고기에서 나는 특유의 냄새가 있는데, 이 냄새를 싫어하는 사람들이 특히 반겼다. 또 사료를 먹고 자란 소는 지방질 함유량이 많아서, 고기가 더 부드럽기도 했다. 그러다 보니 소를 초원에서 자유롭게 풀을 뜯게 하는 것에서 우리에 소를 가두고 옥수수 사료를 먹여 빨리 자라게 하는 사육 방식이 더 많이 이루어지게 되었다. 최근에는 유전자 조작 기술이 발달해 제초제에 내성이 생긴 옥수수를 더 저렴한 가격으로 더 많이 재배할 수 있게 되었다.

사람은 정제된 탄수화물과 단백질, 지방질을 갈구한다. 사람에게 항상 부족한 영양분이 단백질과 지방질 성분이었으니 이를 열심히 찾고 좋아하도록 우리 입맛이 진화해 왔다. 그래서 이런 성분들이 적당히 어우러진 음식을 특별히 더 맛있게 느끼는 것이다. 지방질이 적당히 섞인 고기에 지방질이 더 풍부한 치즈를 얹고, 정제된 탄수화물로 된 브리오슈 빵을 얹은 햄버거는 그래서 맛있다. 햄버거의 인기에 힘입어 맥도날드와 같은 회사들은 굴지의 다국적 기업이 되었다.

프렌치프라이는 미국 식품산업의 발달과 함께 발전했다. 아이오와 주 서쪽은 원래 농사짓기 적합하지 않은 땅이었는데, 물을 끌어오고 개간하면서 감자 농사가 대규모로 이루어졌다. 그리고 감자의 껍질을 깎고 프렌치프라이 모양의 직사각형으로 자르는 기계가 개발되면서 프렌치프라이가 값싸게 대량생산되었다.

프렌치프라이가 맛있는 이유는 녹말 덩어리가 침 속의 효소로 인해 당분으로 분해되면서 입에서 녹는 느낌을 줄 뿐 아니라, 동물성 기름에 튀긴 고소한 맛이 더해지기 때문이다. 이 맛은 맥도날드를 비롯한 기업들이 사람들의 입맛을 연구해 내놓은 결과이기도 하다. 햄버거와 같이 녹말, 지방, 단백질 함량이 높은 패스트푸드를 많이 섭취하면 비만과 심혈관계 질환에 노출될 수밖에 없다. 맥도날드로 대표되는 거대 기업들이 사람들의 입맛을 열심히 연구해서 내놓은 패스트푸드 햄버거는 한국인을 포함한 전 세계 인구의 식생활을 바꾸어 놓는 데에 일조했다. 자연히 한국인의 입맛도 점차 서구식으로 바뀌었다.

지금은 흔해진 달걀도 원래는 귀했다. 닭도 여느 새들과 비슷한 수의 알을 낳았기 때문이다. 그런데 19세기 후반부터 닭을 사육하는 사람들이 인위적으로 알을 많이 낳는 종자들을 선택하기 시작했다. 그렇게 생산이 늘어나면서 가격이 저렴해진 달걀은 새로운 식품산업의 원동력이 되었다. 빵, 케이크, 과자, 팬케이크 등 우리가 좋아하는 음식들은 달걀, 우유, 그리고 탄수화물을 적당한 비율로 섞어 만든 것이다.

나의 아이들과 조카들은 나와 유전자 조성이 비슷할 텐데 나보다 몸집이 더 건장하다. 우리 세대가 성장기였던 때는 보릿고개를 벗어나던 시기라 먹을 것이 부족하지 않았다. 그런데도 이들 세대보다 평균 신장이 조금 낮다. 나는 그 이유가 단백질 섭취량 때문이라 생각한다. 1970, 80년대만 해도 고기를 마음껏 먹지 못했고, 우유도 지금처럼 흔하지 않았다. 밥과 채소는 부족함 없이 먹고 자랐지만, 단백질의 구성분인 아미노산 섭취는 지금보다는 부족했던 것이다. 최근 20년간 아미노산이 몸의 성장에 얼마나 지대한 영향을 미치는지에 관한 연구가 많이 발전했는데, 한 가지 사례를 소개한다.

이야기는 남미의 이스터 섬에서 시작된다. 칠레 영

토에 속하지만 본토와는 한참 떨어진 곳에 위치한 이스터 섬은 옛 원주민이 우리나라 제주도의 돌하르방처럼 생긴 거대한 석상들을 많이 세워서 유명한 곳이다. 이곳의 원주민들을 '라파누이(Rapa Nui)'라고 부르는데, 새로운 항생제를 찾던 과학자들이 이 섬에서 발견한 미생물들이 분비하는 물질에 원주민들의 이름을 따서 '라파마이신'이라고 명명했다. 그리고 이 물질은 인체의 면역 작용을 억제한다는 것이 알려지면서 병원에서 여러 용도로 쓰이게 되었다.

스위스 바젤에는 '생명과학센터(Biozentrum)'라는 세계적 연구소가 있다. 이곳에서 1990년대 초반에 미국인 마이클 홀(Michael Hall) 박사가 효모를 가지고 라파마이신 실험을 시작했다. 몇 년 전 그와 함께 식사를 하면서 라파마이신 연구를 한 이야기를 생생하게 들을 기회가 있었는데, 그 이야기의 일부를 여기 옮겨 본다.

실험실 연구원 중에 지금은 듀크대학교 생물학과 학과장을 하는 조셉 하이트만(Joseph Heitman)이 있었다. 연구원 시절 워낙 많은 실험을 하고 나갔는데, 라파마이신이라는 항생제가 효모의 성장을 억제한다는 것을 밝히고 그 내용을 〈사이언스〉에 발표했다.[32] 그리고, 그 이유를 알아보기 위해 라파마이신에 내성이 있는 효모 돌연변이를 만들고 연구실을 떠났다고 한다. 별 이상한 실험까지 다 하고 갔다고 생각했던 홀 교수는 어느 날 초파리 연구로 유명한 생명과학센터 연구소장 발터 게링(Walter Gehring) 박사와 이에 대한 얘기를 했다. 게링 박사는 라파마이신에 내성이 있는 효모 이야기에 지대한 관심을 보이면서 그에 대해 연구할 것을 계속 권장하더란다. 상상하건대, 그 대화 내용은 대략 이러했을 것이다.

> "홀 교수, 가만히 생각해 봤는데, 그 라파마이신에 내성이 있다는 효모를 연구해 보면 재미있는 결과물이 나올 것 같네. 요즘 세포가 어떻게 성장하는지에 대한 연구가 많이 나오지 않는가. 세포 주기를 조절하는 유전자들이 이제 막 발견되고 있고, 세포의 성장을 지나치게 촉진하는 돌연변이가 암을 일으킨다는 것도 알려지고 있고. 그런데 아직 이 분야는 초기 단계야. 라파마이신이 효모의 성장을 억제하고 라파마이신을 처리해도 계속 성장하는 돌연변이가 있다니, 중요한 성장조절 유전자가 망가진 것이 틀림없다고 보네. 그걸 찾아내면 재미있는 발견이 될 걸세."

홀 교수는 프로젝트에 인력을 충원해서 라파마이신이 작용하는 단백질을 찾게 되었다. 이를 '타깃 오브 라파마이신(Target of Rapamycin)'이라 이름 붙였고, 1993년에 세계 최고 권위의 과학저널 〈셀(Cell)〉에 발표했다.[33] 30여 년이 지난 지금, 줄임말로 '토르(TOR)'라 불리는 이 단백질은 우리 몸의 성장, 단백질 합성, 노화를 이해하는 데 필수적인 물질이다. 토르를 발견한 공로로 마이클 홀과 조세프 하이트만 박사는 2017년 미국의 노벨상이라 불리는 라스커(Lasker) 상을 수상했다.

토르는 세포의 영양 상태를 점검한 후 그에 맞게 세포의 성장을 조절하는 단백질이다(그림 17). 세포가 성장하기 위해서는 무엇보다 단백질 합성이 증가해야 한다. 단백질은 아미노산을 일렬로 연결한 분자들을 일컫는 용어이다(그림 18). 20개의 각기 다른 아미노산이 서로 다른 조합으로 특정 단백질을 구성한다. 근육질 고기에 비교적 많은 단백질을 섭취하면 아미노산으로 분해된 뒤 위장에서 흡수되어 체액을 통해 이동해 각기 세포 안으로 다시 흡수된다, 세포 안의 아미노산은 서로 연결되면서 새로운 단백질을 만든다.

우리 세포는 아미노산을 아무렇게나 연결하는 것이 아니라 유전자에 수록된 정보에 따라 특정 순서로 아미노산을 연결한다. 이러한 과정을 '유전자 발현'이라고 하는데, 뉴욕대학교의 우리 연구실에서 주로 연구하는 주제이다. 인간의 세포는 자신의 DNA에 수록된 정보를 바탕으로 단백질을 합성하기 때문에 소나 돼지의 단백질을 섭취해도 인간의 단백질만 만든다. 만들어진 단백질의 상당수는 다른 물질을 만들거나 분해하는 효소인데, 지방질을 더 만드는 효소도 있고, 포도당을 분해해서 에너지를 만드는 효소도 있다.

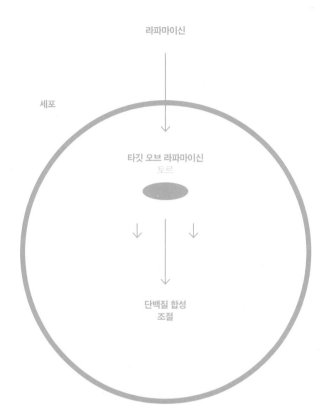

그림
—
17

라파마이신은 남미 이스터 섬에 사는 미생물에서 발견된 물질로서 세포내의 타깃
오브 라파마이신(토르) 단백질을 억제하는 기능을 한다. 토르의 원래 기능이 단백질
합성을 늘리고 세포의 성장을 촉진하는 것이니, 라파마이신을 먹으면 그 반대로
단백질 합성과 세포의 성장이 줄게 된다. 놀랍게도 실험동물의 수명을 늘리는 데 큰
효과가 있기도 하다.

단백질이 많을수록 근육을 수축, 이완하는 데 도움이 되기 때문에 근육에 단백질 함량이 많다(그림 18). 우리가 운동을 많이 할수록 근육에 단백질이 많아지면서 근육 세포들이 더 커진다. 보통 세포들도 분열하고 성장하려면 단백질 합성부터 시작해야 하니, 단백질 섭취가 우리 몸의 성장에 지대한 영향을 끼치는 것이다. 여기서 아미노산은 단백질의 구성분으로 세포 성장을 도모하는 것에 더해서 세포에게 성장하라는 신호 전달에도 영향을 미친다. 무엇보다 아미노산은 토르를 강하게 활성화시킨다. 주위에 아미노산과 같은 단백질의 구성분이 많다는 것을 세포에 알려주는 역할을 한다.

아미노산이 토르를 활성화시키는 기작을 많이 규명한 사람이 최근까지 매사추세츠 공대에서 교수로 활동했던 데이비드 사바티니(David Sabatini) 주니어이다. 그의 아버지인 데이비드 사바티니 시니어는 뉴욕대학교 세포생물학과 학과장으로 오래 일하며 나와 인연이 있다. 사바티니 집안에서 자란 아이들은 모두 과학계의 리더로 성장했다. 동생은 하버드 의대 저명 교수이고, 데이비드 자신은 최근까지 매사추세츠 공대에서 높은 위상을 가지고 있었다.

그가 유명해진 것은 대학원생 시절부터 하던 토르 연구 때문이다. 마이클 홀이 효모에서 토르를 발견했던 것과 비슷한 시기에 존스 홉킨스 의과대학에서 의학박사과정을 밟으면서 라파마이신에 관심을 갖게 되었다. 사바티니는 마이

단백질

아미노산

근육 섬유

근육 섬유 다발

힘줄

근육

미오피브릴
단백질

그림
18 아미노산, 단백질, 그리고 근육. 20가지의 다른 아미노산이 존재하는데,
이것들이 일렬로 연결된 것이 단백질이다. 우리 몸에서 아미노산 및 단백질이
가장 많은 부위는 근육이다. 근육은 여러 개의 근육 섬유 다발로 되어 있고,
그 구성분인 근육 섬유의 주 성분이 미오피브릴이라는 단백질이기 때문이다.
따라서 근육이 크기 위해서는 아미노산 섭취가 필수다. 최근 연구 결과에 의하면
토르가 근육의 성장을 지시하는 데 중요한 역할을 한다. 특히 아미노산이 토르를
활성화시킨다. 이러한 이유 때문에 바디빌딩에 관심 있는 사람들이 아미노산을 많이
섭취한다고 한다.

클 홀의 유전학적 접근법과는 사뭇 다른 방법을 이용했다. 사람 세포의 구성분 단백질을 분리해서 라파마이신에 달라붙는 것을 찾는 전통적인 생화학적 방법을 택했다. 이 방법으로 라파마이신에 붙는 'FKBP12'라는 단백질을 발견하고, '라파마이신-FKBP12'가 토르에 같이 붙어서 그 기능을 억제한다는 사실도 발견했다.[34] 박사학위를 받은 사바티니는 미국 최고의 인재들이 몰린다는 매사추세츠 공대에 실험실을 차리게 되었고 곧 정식 교수로 채용되었다. 얼마 지나지 않아 그의 실험실은 유능한 학생과 박사후 과정 지원자가 가장 많이 몰리는 곳이 됐다. 그 인재들이 불철주야 일한다는 소문도 퍼졌다.

그러면서 사바티니 실험실에서 토르에 관한 수많은 논문이 쏟아져 나왔다. 토르는 혼자서 작동하는 단백질이 아니라 수많은 단백질들과 같이 작동하면서 아미노산의 유무를 감지하면서 세포내의 단백질 합성량을 조절한다는 논문들이 계속 발표되었다. 아미노산이 풍부하면 토르가 활성화되니 세포내 단백질 합성량이 증가하면서 세포의 성장도 증가한다. 반면 아미노산이 부족하면 토르가 기능을 잃으면서 세포내에서 새로운 단백질을 적게 합성하니 세포 성장이 억제된다. 종류가 20가지인 아미노산 중에서 루이신이라는 아미노산이 세포의 성장을 강하게 촉진하는데, 루이신을 감별하는 단백질이 따로 있고, 이것이 토르를 조절한다는 것도 발견했다. 사바티니의 실험실은 다른 아미노산을 감지하는 단백질들도 연이어 발견했다.

사바티니는 발표 실력도 무척 뛰어난 사람이었다. 토르에 관한 대단한 발견들을 발표하면서도 가끔씩 청중들을 재미있게 하는 내용도 적절히 넣는 센스를 발휘했다. 한번은 뉴욕대학교에 와서 발표를 하는데, 토르가 리소좀(lysosome)이라는 세포 내 소기관 옆에서 아미노산을 감지한다는 내용에 대해 강연을 했다. 그 얘기를 풀어나가면서 뉴욕대학교 세포생물학과의 학과장이었던 자기 아버지 얘기를 꺼냈다. 세포 내 각종 소기관에 권위자였던 아버지가 저녁 식사 중에 토르에 관해 질문하기 시작했단다.

"토르 요즘 많이 뜨던데, 세포 내 어디에 있는지
확인해봤니?"
"아니요."

나도 그의 아버지를 잘 안다. 평소 마음씨 좋은 할아버지지만 과학 얘기를 할 때면 가끔씩 날카로워지는데, 그날도 그런 상황이 발생했던 것 같다.

"아니, 토르가 세포 성장에 중요하다면 세포 어디에
있는지부터 살펴봐야 하는 거 아니야? 어디에 있는지도
모르면서 토르의 권위자라고 할 수 있는 거야?"

쏘아붙이는 아버지에게 아들도 지지 않고 반항했다.

> "아버지, 세포내 소기관 연구는 이제 구닥다리 연구예요.
> 우리는 이제 그런 연구 안 해요."

그러면서 사바티니는 세월이 한참 더 흐른 후 토르가 어디 있는지 한번 알아봤다고 한다. 리소좀이라는 아미노산을 흡수하는 중요한 세포 내의 소기관이었다. 토르가 아미노산을 감지할 수 있는 위치에 있다는 걸 확인하는 중요한 연구 결과였는데, 자신이 아버지에게 반항하지 않았다면 10년은 일찍 그 중요한 발견을 할 수 있었을 거라는 이야기로 청중들을 웃게 했다.

승승장구하던 사바티니는 2021년 젊은 여성 연구원과 부적절한 관계를 맺은 것이 드러나며 연구비를 후원하던 하워드 휴즈 의학재단에서 제명되고, 메사추세츠 공대에서도 종신교수직을 사임하게 된다. 노벨상 후보에 이름이 오르내릴 만큼의 명성이 한 순간에 무너지고 교수직도 잃었지만 사바티니의 토르에 관한 연구는 일반인에게도 지대한 영향을 미치게 되었다. 일례로 근육 세포의 성장을 촉진시키는 토르에 대한 사회적 관심이 최근 많이 늘어난 것을 꼽을 수 있다. 몇 년 전 뉴욕대학교에 강연하러 온 마이클 홀과 식사를 하며 대화를 나눌 기회가 있었다. 그는 시중에 보디빌딩에 효과가 있다고 시판되는 약들의 일부분은 그냥 아미노산 알약에 불과할 것이라는 이야기를 들려주었다. 근육이 커지려면 토르가 활성화되어야 하는데, 운동을 통해 토르를 활성화시킬 수도 있지만 아미노산을 섭취하면 더 쉽게 할 수 있기 때문이다.

이쯤이면 지금 자라나는 세대들이 앞선 세대보다 왜 키도 더 크고 몸도 더 건강해 보이는지 이해가 간다. 채식 위주의 식사를 했던 나는 토르를 충분히 활성화시키지 못하는 환경에서 자랐다. 반면에 지금 아이들은 삼시세끼 단백질 함량이 높은 음식을 먹고 자란다. 채식주의자가 아닌 이상 몸의 세포가 항상 성장을 촉진하는 쪽으로 작동하는 것이다. 근육이 더욱 우람할 수밖에 없고, 키가 더 클 수밖에 없다.

그렇다면 단백질을 무조건 많이 섭취하는 것이 좋을까? 우람한 체구와 훤칠한 키를 원하는 아이들에게는 충분한 단백질 섭취를 권장한다. 상체 근육이 점차 줄어드는 것이 불만인 중년에게도 단백질 섭취를 권장해 볼 만하다. 반면, 건강하게 장수하고 싶어하는 사람들에게는 단백질 섭취를 줄이는 것이 통계적으로 효과가 있을 것이라고 조언할 수 있다. 단, 수명에 관한 것은 항상 통계적이기 때문에 효과를 장담하기는 힘들다는 얘기도 함께. 단백질 섭취를 줄이는 것이 수명에 미치는 효과를 설명하기 위해 라파마이신 이야기로 다시 돌아가자.

아미노산 섭취를 줄였을 때와 비슷한 효과를 내는 라파마이신 연구를 하다가 유명해진 사람들이 몇 명 더 있다. 그중 인상 깊었던 사람이 엘리슨 의학재단 심포지엄에서 만난 워싱턴 주립대 교수 맷 케이벌린이다. 그는 앞서 6장에서 소개한 매사추세츠 공과대학(MIT)의 레너드 구아렌테 교수의 지도로 박사학위를 받았다. 효모를 가지고 노화를 연구하는 구아렌테는 1990년대 후반 이후 효모에 영양분을 적게 주었을 때 오래 사는 기작을 밝힌 것으로 대단한 유명세를 탄 사람이다.

그가 발견한 시르투인(sirtuin)이 효모의 수명에만 영향을 미치는 것이 아니라, 꼬마선충, 쥐 등에서 영양분 섭취가 줄어들었을 때 오래 살게 하는 중요한 유전자임을 주장하는 논문을 여러 편 내면서 구아렌테는 일약 노화 연구의 스타로 떠오르게 됐다. 그런 구아렌테 밑에서 박사학위를 받은 케이벌린은 이후 스승의 논문을 재현하려 실험했는데 번번히 실패했다. 그래서 어느 날부터 스승의 연구 결과를 불신하면서, 새로이 연구를 시작하게 되었다.

원점부터 다시 연구를 시작하면서 케이벌린은 효모의 수명을 연장시키는 방법을 알아봤다. 그래서 발견한 것이 라파마이신이 효모의 수명을 연장시킨다는 사실이었다.[35] 내가 만났을 당시 엘리슨 학회에 참석한 사람들을 상대로 열심히 "대학원 때 지도교수의 연구 결과가 잘못됐으며, 적게 먹었을 때 오래 살게 되는 이유는 라파마이신의 타깃인 토르의 기능이 떨어지기 때문"이라고 설득하고 돌아다니던 장면이 지금도 눈에 선하다. 토르의 기능이 떨어지면 세포는 새로운 단백질 합성을 억제하고 세포의 성장을 막을 뿐 아니라, 굶주린 환경에 대비하는 여러 변화를 일으킨다. 즉 스트레스에 대비하는 것이다. 이렇게 토르의 기능이 떨어진 세포들은, 성장을 중지하는 대신 온갖 스트레스에 대한 내성이 증가한다는 것이 여러 연구들을 통해 입증된 상태이다.

그 이후 여러 다른 학자들이 초파리, 쥐 등을 가지고 실험을 하면서, 라파마이신의 효능을 확인하는 연구 결과물을 연이어 발표했다. 2009년 발표된 논문에 의하면 라파마이신을 먹인 생쥐들의 수명이 30%가량 늘었다고 한다. 앞서 데이비드 싱클레어 박사가 주장하는 수명 연장 물질들에 대해서는 과학계에서 크게 논란이 많다는 이야기를 소개했다. 하지만 이와 대조적으로 아미노산 섭취를 줄이거나 라파마이신을 통해 토르를 억제하면 실험동물들의 노화를 늦추고 수명이 늘어난다는 것은 이제 학계에서 정설로 자리 잡혀 가고 있다. 나는 가끔씩 노화 관련 연구 사업을 심사하면서 이를 체감하고 있다. 라파마이신 투여의 효과를 살펴보겠다는 제안서가 특히 많다.

라파마이신은 의사의 처방을 통해서 얻을 수 있는 약품이지만 원래 면역 억제제로서 개발된 약이다. 임상 시험을 통해 라파마이신을 투여 받는 사람들의 5% 정도가 심한 부작용 때문에 복용을 멈춰야 한다는 보고도 있다. 사정이 이러하니 미국 식품의약국에서는 필요에 따라 처방할 수 있지만 "생명을 위협하는 부작용도 따를 수 있다"는 경고문을 붙이도록 하고 있다. 의사의 처방 없이는 얻을 수 없는 약물이다.

하지만 학계에서 집중 조명을 받는 물질이기에 이러한 경고를 무시하고도 라파마이신을 복용하는 사람들이 있다. 그중 미국 대중 매체를 통해 알려진 예로 미국 뉴욕에 사는 알란 그린(Alan Green)이라는 의사가 있다. 그는 70대에 들어서 여러 노화 증상이 심해지면서 라파마이신 복용을 시작했다고 얘기한다.

> "내가 왕년에 마라톤도 뛰었던 사람이고 꾸준히
> 운동하는 생활을 했습니다. 그런데 70이 넘으면서
> 움직임도 둔해지고 호흡곤란도 자주 느꼈어요. 아이고,
> 이렇게 급격히 내리막길을 걷다가는 얼마 못 살겠다고
> 생각했습니다. 상황이 이렇게 됐으니 더 이상 잃을
> 게 없다고 생각했어요. 그래서 스스로에게 일주일에
> 6밀리그램씩 라파마이신을 처방했어요. 약을 복용해온 지
> 4년이 됐는데 부작용은 없었고 체중도 감소했고 에너지도

많이 회복했을뿐더러 호흡곤란 증세도 없어졌어요.
전반적으로 기분이 좋습니다."

그는 자신에게 라파마이신 처방을 해 달라는 환자들이 많이
몰리고 있다는 이야기도 했다. 부작용을 겪는 환자는 없냐는
질문에 다음과 같이 답했다.

> "라파마이신을 복용하는 우리 고객의 5% 정도가 박테리아
> 감염 증세를 앓곤 합니다. 피부 같은 곳에 감염이 있으면
> 바로 항생제를 처방해서 해결하지요. 감염이 있는데도
> 항생제를 빨리 복용하지 않았던 고객이 두 명 있었는데,
> 폐렴으로 발전해서 응급실에 가야 했고요."[36]

라파마이신의 효능은 이제 과학계에 널리 받아들여진 상태
이다. 하지만 노화 증상이 심해졌다고 부작용이 있을 수 있는
약을 의사에게서 처방받는다는 이야기를 듣노라면 불안한 마
음을 지울 수 없다. 약물을 복용하는 것 보다 단백질의 섭취
량을 줄이는 것이 안전하면서도 비슷한 효과를 낼 텐데.

SIDE STORY 3

라파마이신과 토르가 과연 어떻게 수명을 조절하는가? 앞서 소개했지만 토르는 세포의 단백질 합성량을 조절하는 기능을 가진 것으로 제일 유명하다. 이를 더 자세히 연구하는 사람들이 있는데, 우리 연구팀을 포함한 많은 이들이 '4E-BP'라는 단백질에 주목한다. 단백질 합성을 약간 억제하는 단백질인데, 토르가 이 단백질 기능을 떨어뜨린다. 그 때문에 전체 단백질 합성량이 증가하는 것이다. 그런데 4E-BP라는 단백질은 실험동물의 수명에 영향을 미친다.

4E-BP가 세포내에 많아지면 실험동물의 수명이 늘어나며, 각종 스트레스에 버티는 능력이 증가한다. 역으로 4E-BP를 없애면 수명이 짧아지고 각종 스트레스에 약해진다. 이런 연구 결과들이 계속 발표되다 보니 토르가 4E-BP를 억제함으로써 동물들의 수명 연장을 도모한다는 것, 그리고 세포의 단백질 합성량과 수명은 반비례한다는 개념이 과학계에 널리 받아들여지고 있다.

4E-BP는 토르에 의해서 조절되는 것으로 유명하지만 우리 실험 결과에 의하면 토르 이외에도 수명에 영향을 미치는 여러 신호전달체계에 의해서도 조절 받는다. 그 한 예로 수명 연장에 지대한 영향을 미치는 인슐린 신호전달체계 역시 4E-BP 유전자 발현을 억제한다. 그리고 아미노산이 결핍될 때 활성화되는 또 다른 단백질 GCN2에 의해서도 4E-BP 유전자 발현이 증가한다. 강민지 박사(현재 울산의대 교수)가 우리 실험실에서 박사후 연구원으로 일하던 당시에 GCN2 신호전달과 4E-BP의 관계를 밝혔다. 그리고 초파리에서 GCN2를 없애면 적게 먹어도 수명이 늘어나지 않는다는 것도 규명했다.[37] 이 모든 것을 종합해 보면 대개 영양분이 부족할 때 4E-BP가 세포 내에 많이 생기며 단백질 합성량을 줄이고, 그 때문에 성장은 줄어들되 세포는 더 튼튼해진다는 결론을 낼 수 있다.

현재 우리 실험실에서 계속 규명하고자 하는 것은 '왜 단백질 합성을 줄이면 세포가 더 스트레스에 강해지는가'하는 문제이다. 물론 단백질 합성을 완전히 억제하면 그 세포는 살아남을 수 없다. 그런데 토르와 4E-BP는 단백질 합성을 적당한 선에서 조절한다. 그리고 그 효과가 천편일률적이지 않다. 4E-BP는 세포의 성장에 관여하는 유전자 발현을 억제하지만 세포의 고장 난 곳을 고치는데 관여하는 유전자 발현은 막지 못한다는 결과를 우리 실험실에서 계속 확인하고 있다. 우리가 그저 '단백질 합성'이 활성화되거나 억제된다고 얘기하는 것을 더 세세히 구분해서 고려할 필요가 생긴 것이다. 우리 실험실에서 현재 그 자세한 기작을 활발히 알아보고 있다.

제 2 부

11

몸집 작은 사람이 오래 사는 이유

앞서 음식을 적당히 절제해서 먹으면 오래 살 수 있다고 소개했다. 하지만, 건강에 좋다고 어린아이들의 먹는 양을 줄이면 또 다른 부작용이 있는데, 몸집이 덜 자라게 된다. 단백질을 적게 먹으면 근육이 생기지 않게 되고, 지방질 섭취가 적으면 깡마른 몸매가 될 수 있다. 딜레마가 아닐 수 없다. 몸집과 수명이 서로 반비례의 효과가 있음을 입증하는 과학적 증거들이 적지 않게 발표되어 있어, 이 장에서 소개하고자 한다.

8장에서 몸집이 큰 동물들이 오래 산다고 했던 것을 기억하는 독자라면 몸집과 수명이 서로 반비례한다는 것이 의아할 수 있겠다. 하지만 8장에서 역설한 것은 여러 다른 종의 동물들을 비교했을 때의 이야기이다. 몸집이 크다 보니 천적을 염려하지 않아도 되는 것이고, 천적이 없으니 급하게 번식하는 데 모든 에너지를 다 소모하지 않아도 되는 것이다. 그렇게 생긴 여유를 가지고 몸의 노화를 늦추는 여러 유전자가 진화하다 보니, 생쥐보다는 고양이가 오래 살고, 고양이보다는 말이 오래 살고, 말보다는 코끼리가 오래 살도록 진화해 왔다. 지금까지의 연구 결과를 종합해 보면, 큰 몸집이 수명을 늘리는 원인이 된다기보다는, 몸집이 큰 것과 오래 사는 형질이 더불어 진화해 왔다는 결론에 도달한다.

그렇다면, 같은 종 안에서는 몸집과 수명 사이에 어떤 상관관계가 있을까? 오키나와, 사르데냐 같은 곳에서 자란 사람들은 비교적 가난한 환경이다 보니 어린 시절 고기를 먹을 기회도 별로 없고, 아무래도 도시의 부유한 아이들보다 몸집이 조금이라도 작지만, 통계적으로 오래 산다는 것이 입증되었다. 큰 개의 수명은 10여 년밖에 안 되는 반면 작은 개들은 15년 정도 살 수 있다는 것이 정설이다. 몸집과 수명이 반비례 관계에 있다는 예는 그 밖에도 수없이 많다.

몸집이 작은 사람들은 나이 들어서 생기는 질병도 적다는 과학적 근거들이 있다. 일례로 2011년에 〈사이언스〉의 자매지인 〈사이언스 트랜스래셔널 메디슨(Science Translational Medicine)〉에 나온 한 논문[38]이 내 눈길을 끌었다. 사진이 두 장 있었는데, 둘 다 논문의 저자인 에콰도르의 내분비내과 의사 제이미 게바라-아귀르(Jamie Guevara-Aguirre)가 정중앙에 있고, 그 주위를 여러 명의 저신장 장애인들이 둘러싼 기념 사진이었다(그림 19). 그런데 한 사진은 게바라-아귀르 박사가 젊은 시절이었고, 다른 사진은 꽤 나이가 들어 보였다. 그리고 자세히 보니, 한쪽 사진에서 어린아이였던 사람들이 다른 사진에는 성인이 되어 있었다. 논문은 에콰도르

그림
19

게바라-아귀르 박사의 논문에 실린 사진. (위쪽) 연구 처음 시작 당시 라론 증후군 환자들과 찍은 사진. (아래쪽) 20년 후 같은 사람들과 찍은 사진. (Universidad San Francisco de Quito –USFQ-, and Instituto de Endocrinología IEMYR의 Jamie Guevara-Aguirre 박사 제공)

의 라론 증후군 환자 99명을 20여 년에 걸쳐 관찰해 봤더니, 이들이 성인병에 잘 안 걸린다는 내용이었다.

게바라-아귀르 박사가 연구 대상으로 삼은 것은 우리나라에도 알려진 1930년대 뮤지컬영화 〈오즈의 마법사〉 초기 장면에 출연한 사람들이었다. 키가 보통 어른 키의 반도 안 되는 사람들이다. 이스라엘 학자 즈비 라론(Zvi Laron)의 연구 대상이었다고 해서, 그런 이름이 붙여졌다. 이들은 성장 호르몬 수용체에 돌연변이를 갖고 있다. 성장 호르몬은 원래 자라나는 아이들의 뇌하수체(뇌의 끝부분에 붙어있는 기관)에서 분비되는 호르몬으로서 몸 전체의 성장을 지시하는 물질이다(그림 20). 성장 호르몬은 간 및 다른 조직에서 또 다른 호르몬이 나오도록 지시하는데, 그중에 특히 잘 알려진 것이 인슐린 계통의 호르몬 IGF1(Insulin-like Growth Factor1)이다. 앞서도 잠시 소개했지만 인슐린 계통의 호르몬은 뼈와 다른 세포들을 빨리 성장하게 하는 기능이 강하다. 이러한 성장 호르몬의 수용체가 망가지면 IGF1 호르몬 양이 줄어들 수밖에 없다. 그리고 인슐린 신호전달이 전반적으로 약해질 수밖에 없다. 앞서 소개한 오래 사는 꼬마선충 연구에서 인슐린 신호전달이 약해져서 노화가 늦춰지는 것을 연상하게 만든다.

아이의 발육 상태가 부진해서 병원을 찾으면 의사가 성장 호르몬을 주사하기도 하는데, 키를 크게 하는데 성장

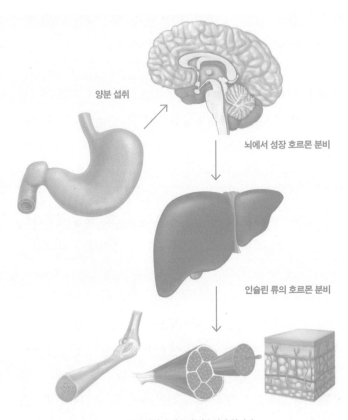

양분 섭취

뇌에서 성장 호르몬 분비

인슐린 류의 호르몬 분비

몸에 퍼져서 인슐린 신호전달 활성화

그림
20

성장 호르몬의 역할. 아이들이 영양분을 섭취하면 뇌의 뇌하수체에서 성장 호르몬이
분비된다. 성장 호르몬은 온몸으로 퍼지는데, 간에서 인슐린 류(IGF1)의 호르몬을
만들어 분비하도록 한다. IGF1이 또다시 몸의 구석 구석으로 퍼져서 인슐린
신호전달을 활성화시키니 세포들이 성장한다.

호르몬만큼 효과를 발휘하는 물질은 드물다고 본다. 그런데 성장 호르몬 수용체가 작동하지 않으면, 아무리 성장 호르몬이 분비되어도 몸이 이를 인지하지 못해서 성장하지 못한다. 라론 증후군 환자들은 보통 성인의 절반 정도밖에 성장을 못 하는데, 자기들끼리 결혼해서 아이를 낳는 관습 때문에 망가진 성장 호르몬 수용체가 이어지면서 후손들도 라론 증후군 환자로 태어났다. 유전학에서 이야기하는, 열성 유전자인 것이다.

게바라-아귀르 박사가 발표한 연구 결과를 보면, 이들은 발육 부진으로 인한 문제는 많아도, 일단 성인이 되고 나면 노화와 연관된 질병이 확실히 적게 나타난다. 그 내용을 여기서 간단히 요약하면 다음과 같다.

　　　연구 대상의 10% 정도가 연구 기간 중에 사망했다. 원인을 보면 소아질병에 의한 사망률이 특히 높았다. 발육이 부진하면 그에 수반된 여러 가지 부작용으로 어릴 때 죽을 확률이 높다는 의미였다. 그런데, 같은 기간 동안 암에 걸려 죽은 사람은 하나도 없다는 것이 놀라운 결과였다. 한 사람이 난소암에 걸리긴 했지만, 치료 후 완치되었다. 모든 연구에는 비교집단이 필요하다. 에콰도르의 지역적 특징 때문에 나타나는 현상일 수도 있고, 이 사람들의 가족문화, 식생활에서 오는 현상일 수도 있지 않은가? 그래서 정상적인 사람들과 결혼해 정상적인 아이들을 낳은 라론 증후군 환자 친척들의 암 발병률을 살펴봤다고 한다. 그 비교집단에서도 암에 의한 사망률이 20%였다니, 같은 증후군 환자들 사이에서는 암 발병률이 정말 낮은 것이었다. 그뿐이 아니었다. 당뇨병과 같은 다른 성인성 질환도, 정상 발육한 친척들에 비해 현저히 낮았다.

라론 증후군과 반대의 경우가 거인증을 앓는 사람들이다. 거인증을 앓았던 유명 인사 중에 프랑스 출신의 레슬러 앙드레 루시모프(André René Roussimoff)가 있다(그림 21). 외국에서는 '앙드레 더 자이언트(André the Giant)'라는 별명으로 알려졌으며, 키가 무려 2미터 24센티미터에 몸무게 230킬로그램의 거구로, 일본 미국 등에서 1970, 80년대 레슬링계를 풍미했던 인물이다. 미국에서는 1973년부터 1987년까지 무패의 기록으로 유명했다고 하며, 1976년 일본에서 열린 레슬러 안토니오 이노키와 권투선수 무하마드 알리의 세기의 대결에 앞서 언더카드로 처크 웨프너(Chuck Wepner)라는 권투선수와 싸웠는데, 웨프너를 링 밖으로 집어던지면서 승리를 이끌었다고 기록되어 있다. 나중에는 일본에서 안토니오 이노키와도 한 판 붙었다고 한다(결과는 이노키의 승리로 끝났다). 우리나라에서도 제법 인기를 끌었던 〈육백만불의 사나이〉에서 '빅 풋'이라는 거구의 괴물로 출연하는 등 영화배우로도 왕성한 활동을 했다.

그림
21

앙드레 루시모프 : 거인증을 앓았던 명사의 대표 사례.
1980년대 프로레슬러로 유명세를 떨쳤다. (출처 - 위키백과)

루시모프가 앓았던 병명이 '거인증'이다. 라론 증후군 환자가 성장 호르몬 수용체 돌연변이 때문에 체구가 작다면, 거인증 환자들은 뇌하수체에서 성장 호르몬이 너무 많이 분비되어 체구가 비정상적으로 커지는 경우이다. 앙드레 루시모프는 12살 때 이미 키가 180센티미터가 넘고 체중은 100킬로그램쯤 되었다고 하니, 성장 호르몬이 많이 분비되면 확실히 성장 속도도 빠르다. 보통 사람들은 어른이 되면 성장 호르몬의 분비가 줄어드는데, 루시모프 같은 거인증 환자는 성장 호르몬의 분비가 계속된다는 것이 문제였다. 그러면서 중년에 이르러서는 눈썹 위와 턱의 뼈가 더 자라는 전형적인 거인의 얼굴 형태가 나타났다. 이 밖에도 거인증은 연골들이 더 비대해지면서 손이 더 커지고, 심장도 더 커지면서 고혈압, 당뇨병에 시달릴 뿐 아니라 직장암에 걸릴 확률이 증가한다. 나이 들어서 걸릴 수 있는 병이 증가하는데, 라론 증후군과는 정반대의 현상이다. 루시모프도 1993년, 52세 나이에 심장마비로 사망했다.

미국과 한국을 오가는 나의 오해일지는 모르겠으나 체구가 큰 서양인들은 나이가 들면서 체형의 변화도 더 심하다는 느낌을 받는다. 아담한 체구의 동양인들도 물론 나이가 들며 조금씩 살이 붙지만, 훤칠한 서양인들의 젊은 시절과 노년의 사진을 비교하면 키가 큰 만큼 살도 많이 붙는 느낌이다. 물론 좋지 않은 식생활을 가진 미국 사람들의 생활 태도에서도 그 이유를 일부 찾을 수 있겠으나, 성장 호르몬으로 인한 영향도 있을 것이다. 실제로 성장 호르몬은 또 지방 세포에 영향을 미친다. 저장했던 지방질을 빨리 분해해서 키가 크는 데 영양분으로 쓰라는 신호를 보낸다. 그래서 자라나는 청소년들은 부모와 비슷한 양의 고기와 지방질을 섭취하더라도 부모보다 몸매가 훨씬 호리호리하다.

성장 호르몬은 근육 세포에도 작용한다. 지방 세포를 작아지게 만들고 근육은 성장하도록 지시한다. 그리고 이들이 다 성장하고 나이가 들면 성장 호르몬의 분비가 줄어든다. 성장 호르몬이 지시하던 근육의 성장은 점차 줄어들고, 덩달아 지방질의 분해도 줄어들면서 지방 세포들이 더 커진다. 상체의 근육이 퇴화하고 뱃살이 늘어난 체형으로 변한다.

스포츠 팬이라면 성장 호르몬에 대해 자주 들어보았을 것이다. 성장 호르몬이 근육을 더 키우는 성질이 있다 보니, 도핑에 대한 개념이 상대적으로 약했던 1990년대에, 특히 미국 메이저리그 야구 선수들 사이에서 성장 호르몬이 종종 사용되었다. 이 같은 사실이 몇몇 은퇴한 야구 선수들의 자서전을 통해 폭로된 바가 있다. 뉴욕 양키스의 투수 앤디 페티트(Andy Pettitte)는 성장 호르몬 투여를 시인하고, 사과하는 인터뷰에서 "부상에서 더 빨리 회복하기 위해 주사를 맞았고, 잘못을 저질렀다고 생각한다"고 밝혔다. 페티트의 동료이자 여러 차레 사이영 상을 수상했던 로저 클레멘스(Roger Clemens)는 상원 청문회까지 불려갔지만 끝까지 성장 호르몬 투여를 부인했다. 위증 혐의를 적용하느니 마느니 말들이 많았지만, 미국 국회의원들, 특히 공화당 의원들 중에 그의 팬이 많았기 때문에 결국 유야무야되었다.

제이슨 그림슬리(Jason Grimsley)라는 미국 야구 선수는 집으로 성장 호르몬을 배달시켰다가 경찰에 붙잡힌 경우다. 증거가 확실한 데다 경찰에 협조하지 않으면 형을 더 길게 구형하겠다는 협박에 넘어가는 바람에, 누가 성장 호르몬을 어떤 경로로 사용하고 있는지 낱낱이 폭로하면서 더욱 악명을 떨치게 됐다. 그림슬리의 증언에 따르면, 성장 호르몬은 미국에 합법적으로 운영되는 안티에이징 병원에서 주로 공급받는다는 것이었다. 체형이 노인형으로 변해가는 것에 걱정이 많은 사람들이 이러한 클리닉을 찾으면, 의사들이 성장 호르몬을 처방하는 곳이 제법 있다는 이야기였다. 성장 호르몬 주사를 맞으면 겉으로는 젊고 건강한 모습을 하게 될지 모르지만 수명이 짧아지는 부작용이 있을 수 있다는 이야기를, 클리닉을 찾아온 환자들에게 의사들이 충분히 하고 있는지 의심이 간다.

체구와 수명이 대체로 반비례한다는 이론을 뒷받침하는 증거가 꽤 많이 발표되었다. 2014년 봄, 뉴욕에 있는 알버트 아인슈타인 의과대학 연구팀이 90대 노인의 IGF1 호르몬 분비량과 수명이 반비례한다는 논문을 발표해서 이목을 끌었다.[39] 앞서 소개했지만 IGF1이라는 호르몬은 성장 호르몬이 신호를 보내서 만드는 단백질이다. 그리고 일단 만들어지면 몸의 세포들이 성장하도록 지시한다. 아직도 진행 중인 연구라지만 일단 평균보다 IGF1분비가 적은 90대 노인들이 100세 이상 살 가능성이 높았고, 평균보다 호르몬 분비가 많은 사람들이 오래 살 확률은 상대적으로 낮다는 내용이다. 여기에 많은 사람들이 딜레마를 느낄 만하다. 중년 이후 계속 젊어 보이려면 성장 호르몬과 IGF1분비가 어느 정도 있어야 하는데, 그러면 수명이 단축될 테니 말이다.

제 2 부

왜
여성이
남성보다
오래
사는가

호르몬 이야기가 나온 김에 성 호르몬과 수명의 상관관계에 대해서도 알아보자. 성 호르몬이 사람의 수명에 영향을 미칠까? 우리가 알고 있는 몇 가지 사실에 기초해 보면 답이 나온다. 일단, 어느 사회나 나라를 막론하고 여성의 평균수명이 남성보다 길다. 미국의 통계를 보면 남녀 차이가 10% 정도 된다고 한다. 그렇다면 이 효과가 성 호르몬 때문일까? 성 호르몬이 인체에 끼치는 영향이 크다는 것은 틀림없는 사실이다. 예를 한번 보자.

여성이 아이를 갖고자 한다. 그런데 임신이 안 되어 의사를 찾아갔다. 의사는 이런저런 테스트 끝에 다음과 같은 말을 한다.

> "염색체를 조사했는데요, 놀라시겠지만 사실 XY염색체를
> 가지셨으니 원래는 남성으로 태어나셔야 했습니다.
> 그런데, 안드로젠이라는 남성 호르몬을 인지하는 수용체에
> 돌연변이가 있어요. 그래서 몸에 있는 세포들이 스스로를
> 여성으로 인지합니다. 그래서 여성의 신체를 가지시게
> 되었지만 진짜 여성처럼 임신을 할 능력까지는 안되는

겁니다."

이 사례 외에도 성 호르몬의 위력을 알 수 있는 예들은 많다. 성전환 수술을 받은 사람들은 수술만으로는 한계가 있어 성 호르몬을 주기적으로 주입 받는다.

스포츠 팬이라면, 남성 호르몬과 유사한 스테로이드의 위력을 많이들 알고 있을 것이다. 한국인들에게 유명한 사례로 1988년 서울 올림픽에 출전했던 벤 존슨(Ben Johnson)이 있다. 캐나다 선수인 벤 존슨은 1988년 서울 올림픽 100미터 달리기 결승점을 1등으로 들어왔다. 모두들 이전 대회(1984년 로스앤젤레스 올림픽) 100미터 금메달리스트인 미국의 칼 루이스(Carl Lewis)가 우승할 것이라고 예상했었다. 당시 칼 루이스가 보유한 세계기록이 9.93초였고, 각종 대회마다 칼 루이스가 우승을 휩쓸었다. 벤 존슨은 매번 칼 루이스에 이어 2, 3위로 들어왔다. 100미터 육상 경기는 원래 이변이 거의 없는 종목이지만 서울 올림픽에서 큰 이변이 나왔다. 벤 존슨이 세계기록을 큰 격차로 깨면서 9.79초의 기록으로 금메달을 차지한 것이다.

당시는 칼 루이스의 거만한 태도에 안티 팬들이 꽤 많은 상태였던 데다가 우리나라에서 반미 감정도 높았던 시기였다. 잠시나마 통쾌하다고 생각했던 사람도 많았을 텐데,

도핑 검사 결과 벤 존슨의 소변에서 아나볼릭 스테로이드가 발견됐다고 발표하면서, 벤 존슨은 사흘 만에 금메달을 박탈 당했다. 검출된 아나볼릭 스테로이드는 테스토스테론과 비슷한 효과를 내는 화학 물질이었으니, 이를 복용하고서 인공적으로 근육을 키웠다는 증거가 나온 것이다.

그 밖에도 스테로이드 투여로 스포츠계에서 퇴출된 명사들은 수없이 많다. '투르 드 프랑스'를 7년간 제패했던 미국 사이클 영웅 랜스 암스트롱도 그중 한 명이다. 사이클이 비인기 종목 이었는데도 그가 스타 중의 스타가 되었던 것은, 인간 역경을 극복한 드라마 같은 삶 때문이었다. 암스트롱은 사이클을 시작하고 유망주로 한참 떠오르던 25세 때 고환암 판정을 받았다. 암은 뇌와 폐에 이미 전이된 상태였다. 그의 주치의는 암스트롱에게 살 수 있는 확률이 20~50%라고 말했는데, 훗날 인터뷰를 통해 환자에게 희망을 주기 위한 이야기였을 뿐, 실제 살아날 가능성은 거의 없었다고 밝혔다. 이러한 상황에도 암스트롱은 각종 항암 치료와 수술을 반복한 후 기적적으로 완치되었다. 완치 후 자신처럼 암에서 생존한 사람을 돕겠다고 '랜스 암스트롱 재단'을 만들면서, 조금씩 대중들에게 알려졌다. 그러던 암스트롱이 1999년 투르 드 프랑스에서 크나큰 이변을 일으켰다. 그 이전까지 이 대회에서 암스트롱의 최고 기록은 36위였다. 이때부터 7년 연속 투르 드 프랑스에서 우승을 차지했다.

1999년 우승 후보 명단에도 들지 못하던 암스트롱이 우승하자 경쟁자들이 이의를 제기했다. 도핑을 했을 것이라는 주장들이 계속해서 나왔다. 그때마다 암스트롱은 언론 인터뷰를 통해 이를 적극 부인했다.

> "나는 그동안 돈도 많이 벌었고 미국 국민의 사랑을 받는 사람이 됐습니다. 뭐가 아쉬워서 금지된 약물을 복용하며 대회에 나가겠어요?"
>
> "지금은 어린 내 아들이 나중에 아빠를 어떻게 생각할지 많이 생각합니다. 내 아들이 '아빠는 거짓말을 하며 반칙으로 대회에서 우승하는 사람'이라고 기억하길 바라겠어요? 나는 내 아들이 자랑스러워하는 아빠가 되려고 부단히 노력하고 있습니다. 금지된 약물을 복용한 적은 절대 없습니다."

꼬리가 길면 잡힌다던가. 2005년 은퇴 이후 암스트롱의 옛 동료들이 증언하면서 그의 도핑 사실이 드러났다. 자신의 후계자였던 미국팀의 플로이드 랜디스(Floyd Landis)가 투르 드 프랑스에서 우승 직후 도핑 테스트에 걸리게 되었다. 암스트롱에게 도움을 요청했는데 거절당하자, "암스트롱도 자신처럼 약물을 복용했지만 단지 걸리지 않았을 뿐"이라고 증언했다.

암스트롱은 결국 2012년에 금지 약물 복용을 시인하였고, 사이클계에서 영구 추방당했다.

암스트롱이 복용한 금지약물 리스트에는 어떤 것들이 있었을까? 그는 팀 닥터로 미켈레 페라리(Michele Ferrari)를 고용했는데, 이 사람이 자신의 박학한 의학 지식을 이용해서 여러 가지를 처방했다. 근력을 강화하기 위해 남성 호르몬인 테스토스테론을 주입했다. 그런데 싸이클은 근력만 가지고는 우승할 수 없다. 프랑스의 험준한 피레네산맥을 통과할 때는 그 누구보다 월등한 폐활량이 필요하다. 폐활량에 기여하는 것이 혈액 속에서 산소를 운반하는 세포, 적혈구다. 그래서 골수에서 적혈구를 더 많이 만들도록 하는 호르몬 에리스로포이에틴(erythropoietin)도 주입했다. 원래 극심한 빈혈 환자에 쓰기 위해 상품화된 단백질이지만, 운동선수가 이 주사를 맞으면 적혈구가 많이 생기니 폐를 통해 들어온 산소를 몸에 더 잘 공급할 수 있게 된다. 도핑 검사 기관에서 에리스로포이에틴 검사를 하러 다니기 시작하자, 페라리는 또 다른 전략을 짰다. 암스트롱의 피를 뽑아 냉장고에 저장한 후, 대회 직전에 다시 수혈함으로써 피의 양을 늘렸다. 이렇게 해서 근육과 심폐기능을 향상시켰다. 그리고 그 효과를 확실히 보았다.

원래 테스토스테론은 몸에 퍼지면서 근육을 늘리고 지방질을 줄이는 역할을 한다. 남자의 고환에서 특히 많이 분비되면서 남성 특유의 근육질 몸매가 생기는 데 일조한다. 여성들은 테스토스테론의 양이 적다 보니, 몸에 근육이 적은 대신 지방질이 좀 더 많다. 그리고 여성 호르몬 에스트로겐의 영향으로 많은 지방질이 가슴과 엉덩이에 쌓인다. 이렇다 보니 테스토스테론과 유사한 스테로이드 계통 약물을 여자 운동선수들에게 투여했을 때, 근육을 키우는 효과가 더 확실히 난다. 피하 지방이 줄어들며 근육이 생긴다. 1970년대에 특히 동독에서 여자 선수들에게 스테로이드를 많이 투여한 결과 당시 올림픽 메달 순위에서 동독이 앞서나갔다는 이야기가 이제는 널리 알려져 있다. 독일이 통일된 이후, 당시 동독 정부의 문서들이 공개되면서 실상이 자세히 알려지게 되었다. 스테로이드 주입을 받은 많은 여성 선수들이 근육만 늘어난 것이 아니라 수염이 나는 등 다른 부작용으로 상당히 고생했다고 전해진다.

스테로이드는 어떤 작용을 할까? 일종의 신호전달물질인 이러한 호르몬들은 세포의 유전자 발현을 바꾸는 성질이 있다. 세포마다 호르몬 수용체라는 단백질들이 있는데, 이것들이 테스토스테론과 붙으면 활성화된다. 그리고 세포 내의 핵 안에 들어가 DNA와 붙는다. 일부 연구에 의하면 근육 세포에서는 이들이 앞서 소개한 인슐린 계통의 호르몬을 발현시킨다고도 한다. 이것들이 세포를 더 크게 성장시키는 성질이 있으니 근육 세포들이 더 커지고 체격이 더 우람해진다는 해석이 있다.

성 호르몬이 이 같은 효과를 내다보니, 당연히 남자들이 단명하게끔 만드는 기능도 있지 않을까 예로부터 의심을 가진 과학자들이 많았다. 그런데 이 질문에 해답을 줄 수 있는 역사적 자료들이 확실히 존재한다. 거세를 해서 남성 호르몬을 더 이상 분비하지 못하게 된 사람들에 대한 자료들이다. 19세기까지는 세계 각지에서 남자들의 거세가 이루어졌다. 이들은 테스토스테론을 분비하지 않는데, 그렇다면 여자들처럼 오래 살았을까? 이러한 질문에 답을 얻기 위한 연구들이 몇 가지 있었다.

어떤 연구자들은 19세기 유럽에서 가수로서 성공하기 위해 거세한 사람들의 수명을 분석했다. 지금도 그렇게 느끼는 클래식 음악가들이 많지만, 특히 19세기에는 변성기를 지나지 않은 남자아이들의 목소리가 그 무엇보다도 아름답다고 생각하는 음악 애호가들이 많았다. 변성기가 지나지 않은 소년들로만 구성된 빈 소년 합창단은 그런 이유 때문에 아직도 대단한 인기를 구가하고 있다. 이런 합창단에서 활동하고 있는 아름다운 목소리를 가진 소년이 변성기를 맞았다고 상상해 보자. 합창단장, 또는 매니저가 와서 본인과 가족을 설득한다. 작은 수술 하나만 하면, 노래를 통해 돈과 명성을 얻을 수 있다고.

　　이렇듯 19세기 성악계에는 거세 수술을 한 소년들이 드물지 않았는데, 이들을 이탈리아어로 '거세당한 사람'이란 뜻의 '카스트라토(castrato)'라고 부른다. 이들은 성인이 된 후에도 높은 음을 낼 수 있다. 카스트라토 50명에 대한 정보를 찾아서 비슷한 시기의 일반 성악가들과 수명을 비교한 연구가 있다. 결론은 거세한 성악가들이 평균 1.2년을 더 살았고, 이렇게 작은 차이는 통계적으로 의미가 없다는 것이었다.[40] 하지만 이 연구 결과에 대해 이의를 제기하는 사람들이 있다. 고작 50명에 대한 데이터만으로는 인정하기 어렵다는 비판들이다.[41]

　　그런데, 이와는 정반대의 결론을 낸 연구들도 있다. 미국에서는 20세기 들어서도 지능지수가 낮은 아이들을 거세하는 경우가 한동안 잔존했다고 한다. 20세기 초중반에 우생학이 일부 학자들 사이에 인기를 얻으면서, 유전적으로 열등한 사람들이 아이를 낳는 것을 막자는 사회 분위기가 있었기 때문이다. 이렇게 정신병원에서 거세당한 이들에 대한 평균수명 연구가 1969년 〈저널 오브 제론톨로지(The Journals of Gerontology)〉에 발표되었다.[42] 297명의 거세한 남자와, 비슷한 나이 또래의 거세하지 않은 남자들을 비교했을 때, 거세한 그룹의 평균수명이 6년가량 길었다는 연구 결과였다. 통계적으로 의미 있는 차이라는 계산 결과도 덧붙였다.

거세한 사람들에 대한 기록은 동양에도 남아 있다. 조선과 청나라의 궁궐에 기거할 수 있는 사람들은, 여자는 궁녀들이었고, 남자는 거세한 사람들, 즉 내시들이었다.

기록에 의하면, 1896년 중국 황실에는 약 2,000명의 내시들이 살았다고 한다. 거론되는 내시들의 특징이 몇 가지 있다. 첫째, 대머리가 되는 내시가 없었다고 하는데, 실제로 현대 과학에 따르면 남성 호르몬이 많을 때 머리가 벗겨진다고 알려져 있다. 또한, 어릴 때 거세를 하면 팔 길이가 지나치게 길어진다는 얘기도 돌았는데, 여자들이 키에 비해 평균적으로 팔다리가 긴 것이 사실이니 그럴듯하게 들린다.

우리나라 내시들이 중국과 다른 점은, 결혼해서 가정을 꾸리는 것이 허락되었다. 그리고 입양을 해서 아이들도 키울 수 있었다. 궁궐에 살다 보니 남자아이들을 입양하는 데에는 한가지 조건이 붙었다. 오직 거세한 남아들만 입양이 허용되었다. 우리나라에는 환관들의 가족관계와 삶을 비교적 자세히 기록한 〈양세계보(養世系譜)〉라는 족보가 남아 있다. 대대로 입양된 사람들이 왜 족보를 쓰고 조상을 기억하려 했을까? 국립중앙도서관에서 소장하고 있는 이 족보의 서문에는 다음과 같이 쓰여 있다.

"아! 길러준 은혜도 낳아준 은혜에 못지않게 의가
큰 것이니 어찌 감히 소홀히 하겠는가."

윤득부라는 환관으로부터 시작해서 그 이후 13대에 걸쳐 이 가문 환관들의 출생일, 사망일, 벼슬, 입양아들의 이름 등이 기록되어 있는데, 환관들에 대한 이와 같은 자세한 기록은 세계 어디에서도 찾아볼 수 없다고 한다. 이를 바탕으로 2012년에 인하대학교 민경진 교수가 고려대학교의 과학자와 국사편찬위원회 연구원과 공동으로 옛 기록을 뒤져서 논문을 〈커런트 바이올로지(Current Biology)〉라는 저널에 발표한 바 있다.[43] 〈양세계보〉에 생일과 사망일이 기록된 81명을 조사해 본 결과, 평균수명이 70세 전후였다고 한다. 그중 3명은 100세가 넘도록 살았다니, 조선시대의 평균수명을 고려해 보면 비정상적으로 오래 산 것이다. 환관들이 궁중생활을 했으니 다른 일반인들에 비해 식생활이나 의료 지원 등이 훨씬 좋은 환경에서 산 것이 아닐까? 하고 이의를 제기할 수 있을 것이다. 그래서 이들 연구팀은 당시 비슷한 사회적 경제적 지위를 가진 가문들의 남성들과 비교를 했는데, 환관들의 평균수명이 14~19년가량 긴 것을 확인했다. 거세를 했을 때의 대부분 효과가 테스토스테론 분비 때문이라 가정할 때, 성 호르몬의 위력을 다시금 실감하게 된다.

왜 여성이 남성보다 더 오래 살까? 그리고 왜 여성은 오래 살면서도 중년에 폐경기가 오는 것일까? 그리고 왜 남성은 전반적인 신체의 기능이 빨리 떨어지고 일찍 죽는데도 죽는 날까지 생식이 가능한 것일까? 왜라는 질문이 나오면 흔히 진화론을 바탕으로 대답하려는 경향들이 있는데, 이 문제에 대한 그럴듯한 대답도 있어서 여기에 소개하겠다. 성공적인 진화를 하려면 살아남을 수 있는 자손을 많이 퍼트려야 하는데, 이 관점에서 다음과 같은 설명이 그럴듯하게 들릴 것이다.

인간을 비롯한 많은 포유동물을 보면 새끼가 어느 정도 클 때까지는 엄마의 보호를 받고 자란다. 그런데 엄마가 죽기 직전까지 동생들을 계속 낳았다고 치자. 젖을 먹고 살아남아야 할 어린아이들은 엄마가 죽은 직후 먹이를 구할 수 없어서 며칠 내로 죽는다. 조금 큰 아이들도 엄마의 보호를 못받아 다른 맹수들의 먹이가 되기 싶다. 이런 배경에서 살아남을 수 있는 자손을 가장 많이 퍼트릴 수 있는 엄마는 너무 늙기 전에 생식을 중단하고 가장 어린 아이들이 살아남는 것을 도와줄 수 있는 어미들인 것이다. 따라서 적당한 시점에 폐경기가 오면, 살아남을 수 있는 자손을 더욱 많이 키울 수 있다는 계산이 나온다.

동물의 세계에서 자식의 생존을 돕는 데 있어서 수컷의 역할이 상대적으로 미미하다 보니, 남성들은 여성들처럼 적당한 나이에 생식 기능이 없어지는 현상이 진화되지 않았다고 보는 것이다.

제 2 부

13

지중해 식단, 장수의 비결인가

"지중해 식단이 심장마비와 뇌출혈을 예방할 수 있다."

심장병의 위험이 큰 사람들이 올리브유, 땅콩, 호두, 콩, 생선, 과일과 채소, 그리고 와인을 곁들인 지중해 식단을 먹으면, 심장마비와 뇌출혈의 30%를 예방할 수 있다는 연구 결과가 세계 최고의 의학저널 〈뉴 잉글랜드 저널 오브 메디슨(New England Journal of Medicine)〉에 발표되었다.[44]

　　　원래 최고 권위의 과학저널에는 남들이 미처 몰랐던 새로운 발견만이 실릴 수 있다. 그런데 예외적인 주제가 하나 있다. 무엇무엇을 먹었더니 건강하게 오래 살더라, 하는 주제는 최고 권위의 학술지에 실리고 또 실린다. 〈뉴 잉글랜드 저널 오브 메디슨〉에 실린 이 기사는 과학이라고는 전혀 모르는 내 어머니가 지난 50여 년간 들려준 이야기와 별 차이가 없다. 다만 '지중해 식단'이라는 표현을 붙여서 세인들의 관심을 끈 것이 차이점일 뿐이다. 소고기나 돼지고기를 피하고 과일과 채소를 많이 먹어야 몸에 좋다는 이야기였다.

채소와 과일 얘기를 더 자세히 살펴보자. 로마의 황제 율리우스 시저가 장군으로 유명해진 것은 지금의 프랑스 지역인 갈리아에서다. 뛰어난 지략으로 갈리아의 야만인들을 정복한 후, 곧이어 눈을 돌린 것이 지금의 독일에 해당하는 지역이다. 하지만, 지중해의 따뜻한 기후에 익숙했던 시저의 군대는 춥고 항상 안개가 끼는 독일 지역의 게르만 민족을 정복하는 데 실패했다. 지중해 연안 국가들이 채소와 올리브를 경작하며 와인을 마시는 생활을 하는 동안, 게르만족, 앵글로색슨족, 켈트족들은 배고픔에 시달리며 생존한 사람들이다. 싱싱한 채소와 과일은 부족했고 그나마 밀을 재배할 수는 있어서 빵을 주식으로 연명해 왔다. 영어에서 '주인님'이라는 뜻의 'Lord'는 옛 영어로 빵을 간수하는 사람(Loaf Ward)의 줄임말에서 유래했다고 하니, 밀가루와 빵의 중요성을 실감하게 한다. 곡식을 경작하기에 좋지 않은 환경이다 보니, 목초지에서 소나 양을 키우며 사는 사람들의 비율이 높았다. 전반적으로 못 먹는 상황에 비해서는 고기 소비가 많았다. 포도 재배가 힘들다 보니, 술도 보리를 발효한 맥주를 마시게 되었다. 아무래도 와인보다는 맛이 없다 보니, 향기를 더 내기 위해 맥주를 증류해서 위스키, 스카치 등을 만들어 먹는 문화까지 생겨났다.

미국은 이러한 영국계 사람들에 의해 세워진 나라였다. 초창기 미국 지도자들은 알코올 중독이 큰 사회 문제가 된다고 보기도 했다. 미국 제3대 대통령 토머스 제퍼슨은 다년간 프랑스 대사를 지냈는데, 맛있는 와인을 즐겨 마시는 프랑스 사람들이 증류주를 별로 안 마신다는 것과, 알코올 중독 문제가 미국보다 훨씬 덜하다는 것을 보았다. 그리고 한동안 미국 내에 와인을 퍼트리려는 운동을 했다. 자신의 버지니아 농장에서 프랑스 포도 재배를 시도했고 와인을 담그려고도 했다. 안타깝게도 그의 시도는 실패했고, 미국인들은 계속해서 빵과 맥주, 위스키를 즐겼다. 알코올 중독자들이 많이 발생했고, 이들이 위스키에 세금을 붙이려는 연방정부에 항거해 반란을 일으키는 등 초기 미국 사회에 각종 문제를 일으켰다.

제퍼슨 이후에도 미국의 지식인층 사이에서는 프랑스와 지중해식 식단에 대해 우러러보는 시선이 계속되었다. 그런 와중에 나온 지중해 식단에 관한 논문은 패스트푸드와 탄산음료를 즐겨 먹다가 각종 심혈관계 질환에 시달리게 된 미국인들이 솔깃할 만한 기사이자 연구 결과였다. 연구 자체는 스페인 바르셀로나의 라몬 에스투리치(Ramon Estruch) 교수팀이 진행했는데, 심혈관계 질환의 위험이 높은 환자들을 둘로 나누어, 한 그룹은 지방질을 적게 섭취하도록 했고, 다른 그룹은 지중해 식단을 섭취하도록 했다. 그리고 이 환자들에게, 영양학자들과 규칙적으로 만나 그동안 무엇을 먹었는지 자세히 보고하도록 했다.

그런데 지방을 적게 섭취하기로 했던 그룹은 대부분 실행에 옮기지 못해서 보통 음식을 먹는 '비교 집단' 역할을 했다. 지중해 음식을 먹도록 한 그룹의 사람들은 지침들을 비교적 잘 실행에 옮겼다고 한다. 이들은 하루에 최소 네 숟가락의 올리브유를 섭취하고, 호두, 아몬드, 헤이즐넛 등의 견과류를 하루 1온스(약 30그램) 이상 먹도록 했다. 하루에 과일은 세 번 이상 먹어야 했고, 채소는 두 번 이상 섭취했다. 술을 마시는 사람들은 일주일에 일곱 잔의 레드 와인을 식사와 함께 마시도록 했다. 서양 사람들이 가진 레드 와인에 대한 신비감이 반영되는 대목이다. 생선과 콩은 일주일에 세 번 이상 먹어야 했고, 과자나 케이크 등은 피하도록 했다. 원래는 몇십 년에 걸쳐서 하려던 연구였지만, 금세 너무나 명확한 차이가 나타나는 바람에 5년 만에 연구를 마무리 짓고, 2013년에 논문으로 발표되었다. 지중해 식단을 먹은 그룹의 심장병 발병률이 30%가량 낮았다는 내용이었다. 〈뉴욕타임스〉 1면에 보도될 정도로 많은 사람들의 관심을 끌었다.[45]

채소 섭취의 좋은 점을 밝힌 연구들은 그 이전부터 수없이 많았다. 자주 인용되는 연구 중에 영국의 티모시 키(Timothy Key) 교수 연구팀이 수행한 영국인의 사망원인 분석이 있다. 30여 년간에 걸친 이 연구는 대상자의 숫자도 많았을 뿐 아니라 신선한 과일을 홍보할 만한 동기도 없는 연구팀이었기 때문에, 특별히 신뢰도가 높은 논문으로 자주 거론된다. 연구팀은 건강 식품점에 드나드는 사람들을 모집해서 연구대상으로 삼았다. 이들 중 어떤 이들은 섬유질을 많이 섭취하는 것이 건강에 중요하다고 했고, 다른 부류 중에는 채식주의가 좋다는 사람들도 있었다. 결과를 요약하면 대략 다음과 같다.

일단 이 연구에 참여한 사람들, 즉 건강식품점에 드나드는 사람들이 평균적인 영국인들보다 사망률이 낮았다. 영국인들 사이에 발병률이 특히 높은 심혈관계 질환을 보면, 매일 신선한 과일을 먹는 사람들의 사망률이 특히 낮은 반면, 섬유질이나 그 외의 요소를 중요시한다는 사람들은 별반 효과를 못 보는 듯했다. 여기서 신선한 과일이란, 끓이거나 볶지 않은 상태의 과일을 의미한다. 몸에 좋은 성분들 중 고열에 파괴되는 것이 많기 때문이다.

이러한 연구를 요약한 하버드 보건대학 월터 윌렛 교수를 인용해 보자.[46]

"나라와 지역에 따라 암 발병률이 다른 것을 보면,
사람들의 식생활이나 생활습관이 중요한 역할을 미친다고
할 수 있겠다. 여기에서 아이디어를 얻어 지난 몇 십
년간 영양학자들이 꾸준히 역학조사를 발표해 왔다. 암
발병을 증가시키는 요인 중, 대표적으로 가장 확실한
것이 흡연이다. 운동을 안 하는 것도 암을 증가시키는

데에 기여하고 있고, 그 밖에도 고기를 많이 먹는 것과 대장암과의 연관성도 많이 확립되어 있다. 1980,90년대 영양학 연구들에서 가장 신뢰가 높은 결과물을 들자면, 채소와 과일 섭취가 암 발병률을 낮춘다는 것이다. 식생활을 이런 방향으로 바꾸면, 약 30%의 암을 예방할 수 있다고 추산하고 있다."

이런 여러 연구들의 영향을 받아 세계적 보건기구들이 채소와 과일 섭취를 적극 권장하고 있는 실정이다. 신선한 채소와 과일의 효능은 어찌 보면 전혀 놀라운 결과가 아니다. 앞서 소개했듯이 사르데냐와 같은 유럽의 장수 마을들은 지중해에 인접해 있다. 그곳의 많은 사람들이 얘기하는 장수의 비결이 적당한 운동, 채소와 과일 섭취라고 소개한 바 있다. 주변의 미국 과학자들에게 물어보면 올리브유와 견과류의 효능을 믿는 사람들도 꽤 많다. 이미 윌렛 교수 이전에도 신선한 채소와 과일의 효능을 알리는 논문들이 꽤 있었다. 도대체 신선한 채소와 과일에 무엇이 들어있기에, 사람의 건강에 좋을까?

미국에서 일반인들을 상대로 한 영양학 서적 중 최고의 베스트셀러인 해럴드 맥기(Harold McGee)의 저서 『음식과 요리(On Food and Cooking)』 2004년 개정판에는 다음과 같은 설명이 있다.

"20여년 전 초판을 발행했을 때에는, 채소에 대해서 우리 몸에 필요한 극미량의 비타민을 제공하는 음식이라고 소개했다. 극미량만 필요하다 보니, 적은 양의 채소만 섭취해도 건강에 이상이 없을 것이라고 설명했다. 그런데 이번 교정본을 쓸 때쯤 해서는 우리의 시각이 꽤 많이 변했다. 채소는 수만 가지 항산화제의 보고이며, 우리가 활성산소의 위험 속에 살고 있다 보니 많이 먹으면 먹을수록 좋은 것이 채소와 과일이다. 정말 지난 20여 년간 세월이 얼마나 많이 변했는지..."

여기서 이야기하는 항산화제와 활성산소가 무엇인지 이제 한 번 살펴보자.

제 2 부

14

비타민, 채소 그리고 항산화 물질

"병에 안 걸리고 오래 살고 싶으면, 비타민 C를 먹어라"

이러한 복음을 전 세계적으로 설파하면서 대중들에게 항산화제 열풍을 몰고 온 사람은 20세기에 둘째가라면 서러울 정도로 유명한 화학자, 라이너스 폴링(Linus Pauling)이다.

그는 미국 캘리포니아 공대 교수로 있으면서, 초기에는 원자와 원자가 어떻게 연결되어 분자를 형성하는지에 대한 연구로 화학계에 지대한 공헌을 했다. 그리고 생화학 분야에서도 많은 발견을 했다. 우리 몸의 연결조직의 중요한 구성성분이라 할 수 있는 콜라겐이 세 개의 단백질 가닥으로 엮여 있는 삼중나선의 구조를 가지고 있음을 규명한 것으로도 유명하다.

폴링은 노벨 화학상 수상자이며, 대단한 화학자임에 틀림없다. 유명해진 후에는 자신의 영향력을 십분 활용해서 핵무기 반대운동을 벌였고, 그 공로를 인정받아 노벨 평화상까지 수상하였다. 그리고 노년에는 자신의 직관을 기초로 비타민 C의 효능을 설파하면서 여러 권의 책을 써서 대중들의 식생활에까지 지대한 영향을 미친 사람이다.

폴링의 책, 『비타민 C와 감기(Vitamin C, the Common Cold and the Flu)』에서는 매일 1그램씩 비타민 C를 섭취했을 때 감기에 걸릴 확률이 45% 감소한다는 주장을 펼쳐서, 이후 한동안 의사들이 감기 환자들에게 오렌지주스나 비타민 C를 먹을 것을 권장하는 시대를 열기도 했다. 거기에 더해서 스코틀랜드 외과 의사 이완 캐머런(Ewan Cameron)과 공저한 논문에서는 말기 암 환자에게 하루 10그램 이상의 비타민 C를 투여하면, 그렇지 않은 환자에 비해 생존율이 서너 배 높아진다고도 주장했다.[47] 폴링 박사 스스로도 자신의 주장을 실천에 옮긴 것으로 유명했다. 하루에 12그램의 비타민을 규칙적으로 섭취했다고 전해지는데, 그래서인지 몰라도 1901년생인 폴링은 1994년에 췌장암으로 죽기까지 꽤 건강하게 살았다고 한다. 그리고 그가 남긴 유산으로 전 세계 방방곡곡의 약국에는 비타민 C 등 항산화제 코너가 빠짐없이 등장하였다.

비타민은 원래 인체가 필요로 하는 극소량의 물질들을 일컫는 말이다. 옛 영국 선원들이 세계를 탐험하면서 장기간 채소나 과일을 먹지 못하고 항해하는 경우가 많았는데, 그러면서 많은 선원들이 '괴혈병(scurvy)'으로 죽었다. 괴혈병은 이빨이 다 빠지고, 잇몸에 끊임없이 피가 나며, 전반적으로 인체의 연결조직이 약해지는 질병이다. 18세기 영국 해군 기록에 의하면 전쟁으로 숨진 병력보다 괴혈병으로 죽은 사람들이 더 많았다고 할 정도로 당시 대단한 골칫거리였다. 일례로 조지 앤슨(George Anson)이라는 영국 제독은 세계 일주를 하며 온갖 역경을 이기고 스페인 함선을 제압한 것으로 영국 역사에 남은 인물이다. 앤슨이 1740년 이끈 아메리카 원정 탐험대에는 총 1,955명의 선원이 있었고, 전체 선원의 절반 이상을 괴혈병으로 잃었다고 전해지는데, 당시 괴혈병이 얼마나 심각했는지 보여주는 대표적 사례다.[48]

비슷한 시기 '7년 전쟁'에서 영국 해군이 징집한 18만 명의 청년들 중에 13만 명이 병사했다는 기록도 있다. 대부분이 괴혈병으로 죽었다고 한다. 그러던 중, 영국 의사들이 원인을 알아냈다. 약간의 레몬이나 라임 즙을 먹이면 신기하리만치 괴혈병을 앓는 사람이 없어지는 것이 아닌가. 오스트레일리아를 탐험하며 영국 식민지 개발에 지대한 공로를 세웠던 제임스 쿡은, 이러한 의사들의 처방을 받아들여서 선원들에게 철저한 위생관리와 더불어 신선한 야채와 과일을 먹는 식생활을 강조함으로써 단 한 명의 선원도 괴혈병으로 잃지 않았다고 한다.

그럼 레몬에는 대체 무엇이 들어있길래 괴혈병을 예방할 수 있을까? 20세기 과학자들이 그 성분을 찾아 나섰는데, 이렇게 해서 발견한 것이 비타민 C이다. 이를 발견한 헝가리 출신 과학자 센트죄르지(Albert Szent-Gyorgyi)는 이 발견으로 노벨상을 수상했다.

왜 당대 최고의 화학자였던 폴링이 유독 비타민 C에 관심이 많았을까? 짐작건대, 관심의 출발은 자신이 연구했던 콜라겐과 직접 연관되어 있었기 때문이었을 것이다. 모든 몸의 모든 조직은 세포와 세포 사이에 연결조직이 있다. 세포에서 분비된 섬유(fiber)가 세포와 세포를 서로 붙들고 있기에 튼튼한 조직이 유지되는 것이다. 이 같은 연결조직의 섬유로 가장 대표적인 것이 콜라겐이다. 폴링의 연구에 의해서 콜라겐이 삼중나선을 만들고 있다는 것이 밝혀졌다. 이렇게 새끼줄처럼 엮여 있기 때문에 콜라겐은 세포들을 붙들어 놓는 튼튼한 밧줄 같은 역할을 한다.

그런데 콜라겐이 삼중나선을 이루기 위해서는 비타민 C를 필요로 한다. 콜라겐에 특정 화학 반응이 일어나야만 이렇게 삼중나선을 만들 수 있는데, 그것을 촉매하는 효소가 비타민 C를 이용하기 때문이다. 따라서 비타민 C를 전혀 섭취하지 않는 사람들은 콜라겐 삼중나선을 제대로 만들 수 없게 되고, 이에 따라 세포와 세포를 잇는 연결조직이 약해진다. 연결조직이 약해지면, 처음에는 피부가 탄력을 잃는다. 조금 지나서는 치아 같은 구조물이 연결조직에 붙어있지 못한다. 그리고 연결조직 사이로는 각종 혈관들이 관통하는데, 연결조직이 불안정해지면서 계속 혈관이 터져 피가 난다. 콜라겐이 삼중나선으로 되어 있다는 것을 규명했던 폴링이었으니, 비타민 C에도 당연히 관심을 가졌을 것이다

비타민은 20세기 초까지만 해도 극미량만 있으면 되는 물질로 이해되었다. 그런데, 폴링 및 당대 여러 과학자들의 생각이 20세기 중반쯤 바뀌기 시작했다. 화학 결합이 전자로 이루어져 있고, 전자들이 잘못 이동하면 다른 물질들을 망가뜨릴 수 있다는 사실들이 발견되면서, 이를 방지할 수 있는 물질에 대한 관심이 고조되기 시작했다. 앞서 전자를 잃는 화학 반응을 '산화'라고 정의한다고 했다. 영양분을 많이 산화시킬수록 전자들이 더 많이 이동하게 되는데, 간혹 의도하지 않은 방향으로 전자가 새면 원하지 않은 화학 반응을 일으킨다. 그러면 세포의 각종 구성분을 망가트릴 위험도 높아진다. 이렇게 위험한 전자들을 흡수하거나 제거할 수 있는 물질을 '항산화제'라고 부르게 되었다. 비타민 C가 대표적으로 널리 알려진 항산화제인데, 단지 콜라겐을 만드는 데 도움이 되는 물질에서, 위험한 전자들을 흡수해 줄 수 있는 중요한 물질로 격상되었다. 그러면서, 폴링 같은 사람들이 선봉에 서서 비타민 C를 많이 먹으면 먹을수록 좋다는 주장을 펼치게 된 것이다.

인간이 늙는 원인에 대한 여러 이론이 있지만, 그중에서도 유명한 것이 '활성산소에 의한 노화' 이론이다. 한번 차근차근 설명해 보도록 하겠다. 20대 청년의 피부가 50대인 내 눈에는 완벽해 보인다. 뽀얀 빛깔과 탄력적인 피부같이 완벽한 조직을 만들려면 일단 형성 과정에서 실수가 없어야 하고, 원래 의도대로 정확히 만들어져야 한다.

생화학적으로 보면 인체의 여러 효소와 단백질들이 오차 없이 정확히 제 임무를 수행해야만 우리 몸이 의도한 대로 만들어진다. 초정밀 제품처럼 만들어져야 할 뿐 아니라, 그 유지 과정도 완벽해야 한다. 자동차는 처음 공장에서 출고할 때는 차체가 번쩍번쩍한 것이 완벽해 보이지만, 시간이 지나면 녹도 슬고 긁힌 자국도 생기면서, 20년쯤 지나면 낡아버린다. 녹이 스는 이유는 산소 때문이다. 산소가 가끔씩 철분에 있는 전자들을 빼앗아 가고, 전자를 빼앗긴 철의 재질이 바뀌면서 자동차 차체에 녹이 슨다.

그에 비하면 인체는 그야말로 신비롭다. 20대의 나이도 오래 되었다면 오래 된 시간이다. 그런데도 세월의 영향이 거의 없어 보인다. 자동차도 녹슬게 만드는, 대기 중의 20%를 차지하는 산소가, 사람의 일생 중 첫 20년 동안은 아무런 가시적인 영향을 미치지 않는다. 산소가 사람에게는 해를 입히지 않기 때문일까? 절대 아니다. 우리의 폐는 끊임없이 산소를 흡입하고, 이를 몸의 구석구석까지 전달한다. 포도당에서 뽑아낸 전자들이 끊임없이 세포 안에서 흐르면서 에너지를 만들어 내고, 결국 흡입한 산소와 달라붙는다. 이를 매개하는 단백질들이 아무리 대단한 정밀기계같은 기능을 하더라도 가끔씩 오차가 발생하는 것까지 피할 수는 없다. 그러니 흐르는 전자들이 원치 않는 화학 작용을 끊임없이 일으킨다. 다만 사람의 몸이 자동차와 다른 것은, 산화되어 망가진 부품들을 재빨리 수리할 능력이 있다는 점이다. 젊은이들은 그 능력이 아주 좋아서 뽀얀 피부와 짙은 머리색을 유지한다. 그런데 나이가 들수록 산화된 물질들을 교체할 능력이 점점 떨어진다. 그러니 망가지는 세포 구성분이 늘어난다. 물리화학적 용어를 쓰자면 세포의 무질서도가 증가하는 것이다.

늙는다는 징조 중에 가장 눈에 띄는 것 중 하나가 흰머리다. 흰머리가 생기는 것도, 나이가 들면서 우리 몸의 항산화작용이 저하되기 때문이다. 미장원에 가서 머리를 염색할 때, 흔히 쓰는 것이 과산화수소다. 산소에 전자를 두 개 더 얹은, '활성산소'이다(그림 22). 전자가 정상 상태보다 더 많이 있다 보니 불안정한 물질이고, 여분의 전자를 빨리 다른 물질에 전해주고 싶어 한다. 그래서 머리카락에 바르면 색소에 전자를 전해주면서 이를 파괴하는 화학 반응을 일으켜서 머리 색깔이 옅어진다.

　　우리 몸속에서 항시 전자들이 이동하고 있고, 산소

가 속속들이 있으니, 미장원에 가서 염색을 하지 않더라도 우리 몸에는 과산화수소가 자연적으로 생긴다. 그런데 젊은이들은 항산화 능력이 강하기 때문에, 자연적으로 발생하는 활성산소들이 머리카락 색소를 미처 파괴하기 전에 없어진다. 과산화수소를 없앨 수 있는 효소들이 많이 있기 때문이다. 이를 없애는 효소 중에 카탈라아제(catalase)라는 것이 있는데, 최근 연구 결과에 의하면 나이가 들면서 이 효소가 머리카락에서 많이 줄어든다고 한다.[49] 이렇게 되니 머리에 과산화수소가 많이 쌓이게 되어, 머리카락이 하얗게 변한다는 이야기이다.

어디 머리카락뿐이겠는가? 나이가 들면 피부에 잡티와 검버섯이 생기기 시작한다. 햇볕을 적게 쬐거나, 평소 선크림을 바른 사람들은 그래도 피부가 좋은 편이다. 반면 뜨거운 태양 아래서 매일 일하는 사람들은 검버섯도 많고 주름살도 깊다. 왜일까? 햇빛 중에 특히 에너지가 높은 성분이 자외선인데, 이들이 몸을 이루는 분자들에 손상을 입힌다. 그렇게 손상되는 것 중에 DNA도 있다. 즉, 돌연변이가 생기는 것이다. 피부에서 색소를 만드는 세포의 DNA가 손상되어 세포의 기능이 떨어지면 색소가 골고루 퍼지기보다는 한곳에 모이게 되면서 검버섯이 생긴다. 피부 세포 밑에 콜라겐을 만드는 세포의 DNA가 손상되면 콜라겐이 적게 만들어진다. 이렇게 되면 연결조직이 약해지면서 피부는 탄력을 잃게 되고, 주름살이 생긴다.

활성산소가 우리 몸을 해칠 수 있다는 학설을 확립하게 된 것은, 제2차 세계대전 이후 방사선에 대한 연구를 하던 학자들의 연구 결과에서 비롯한다. 가장 유명한 것이 로체스터대학교에 있던 레베카 거쉬만(Rebeca Gerschman) 박사의 연구이다. 그의 유명한 〈사이언스〉 논문 제목을 번역하자면 '방사선과 산소의 독성효과는 원리를 공유한다' 정도가 되겠다.[50] 당시는 미국이 일본에 원자폭탄을 떨어뜨린 후, 그 살상효과가 천문학적이라는 사실이 대중들에게 널리 알려지게 됐고, 그 무시무시한 무기를 소련도 개발했다는 사실에 모두 우려하던 시기였다. 당연히 연방정부가 막대한 예산을 들여 방사선에 관한 여러 연구를 지원했다. 그런 가운데, 거쉬만의 연구가 당연히 이목을 끌었다. 항산화제를 투약하면 어느 정도 방사선의 독성을 중화시킬 수 있다는 연구 결과였기 때문이다. 이를 어떻게 이해해야 할까? 쉽게 설명하면 대략 다음과 같다.

우리 몸의 분자들은 원자들이 서로 전자를 연결고리 삼아 형성하고 있다. 이 연결고리는 무척 강해서, 이를 깨뜨리려면 많은 에너지를 들여야 한다. 그런데 방사선에서 나오는 에너지가 마침 무척 강해서 우리 몸의 분자들을 깨 버리는 효과가 나타난다. 분자만 깨지고 끝나는 것이 아니다. 연결고리를 형성하고 있던 전자들이 떨어져 나간다. 이러한 전자들은 얼른 다른 분자에 달라붙어야 한다. 그런데 제일 잘 받아주는 분자가 산소이다(그림 22). 이렇게 전자가 정상보다 더 많이 붙은 산소를 활성산소라고 부른다. 정상보다 전자가 하나 더 있는 산소를 슈퍼옥사이드라고 부르며, 두 개가 더 있으면 과산화수소가 된다(그림 22). 거기에 하나를 더하면 두 개의 산소 원자로 되어 있던 산소가 쪼개지면서 히드록시 래디컬(hydroxy radical, 수산기)이라는 활성산소가 만들어진다. 이러한 활성산소들이 임시로 전자를 갖고 있기는 하지만, 그 여분의 전자를 다른 어딘가로 보내고 싶어 한다. 그래서 원치 않는 화학 반응을 일으키고, 세포는 망가지게 된다. DNA에 원치 않는 화학 반응이라도 일어나게 되면 돌연변이가 생길 수도 있다. 항암 유전자에 돌연변이가 생기면 암으로 발전할 수도 있다. 항산화제라는 것이 활성산소에 있는 여분의 전자를 잘 흡수하는 물질이다 보니, 이와 같이 분자들이 많이 망가지는 것을 방지해 줄 수 있다. 그래서 우리 몸을 방사선으로부터 조금이나마 보호해 줄 수 있다는 것이 논문의 결론이었다. 이 논문은 과학계에 큰 반향을 불러일으켰다.

이러한 연구의 영향을 받은 사람이 '활성산소에 의한 노화' 이론의 창시자인 덴험 하먼(Denham Harman) 박사이다. 원래 석유회사에서 홀수 전자를 갖는 불안정한 물질—전문용어로

활성산소의 종류

산소

전자추가 ↓

슈퍼옥사이드

전자추가 ↓

과산화수소

햇빛에 의한 활성산소의 발생

빛 ↓

**산소에 전자 추가해
활성산소 발생**
무질서한
전자의 이동

그림
22

활성산소의 종류와 발생 원인. (좌) 산소라 하면 두개의 산소 원자가 전자들로 연결된 분자를
일컫는다. 이러한 산소에 전자가 비정상적으로 더해진 것들을 '활성산소'라 한다. 전자 하나가
더 추가된 것을 '슈퍼옥사이드'라고 부르며, 전자 두개가 추가된 것을 '과산화수소'라 부른다.
이들 활성산소는 불안정하기 때문에 추가로 가지고 있는 전자를 다른 물질에 전해주면서
의도하지 않은 화학 반응을 일으키기에 인체에 해로울 수 있다. (우) 햇빛에 의해 생길 수 있는
활성산소. 햇빛의 높은 에너지가 분자 사이의 연결고리를 끊을 수 있다. 이렇게 끊어진 분자들
중에는 전자의 수가 홀수인 것들이 생길 수 있는데, 이와 같은 상태는 매우 불안정해서 그
홀수 전자가 주위의 산호에 전해지는 경우가 많다. 즉 활성산소가 발생하는 것이다.

'라디칼(radical)'—을 연구하던 사람이다. 홀수 전자를 갖고 있다 보니, 라디칼은 빨리 다른 물질에 전자를 주거나 받고자 하는 성질이 강하고, 그래서 화학 반응을 잘 일으킨다. 다른 안정된 물질로부터 전자 하나를 빼앗아 오면 전자를 빼앗긴 물질의 전자수가 다시 홀수가 되면서 또 하나의 라디칼을 만든다(그림 23). 이것이 무수히 반복되며 계속 연결되는 화학 반응이라 해서 '체인 반응(chain reaction)'이라 한다. 화학공학 회사들에서 이와 같은 체인 반응을 이용한 공법을 많이 사용한다. 하먼 박사 같은 사람들이 석유화학 회사에서 일하는 이유이다. 그러다가 하먼은 인체 노화에 관심을 갖게 되어 뒤늦게 의과대학에 진학했다. 대학 시절 라디칼들에 의한 단백질 및 DNA 분자의 손상이 노화의 원인일 것이라는 가설을 〈저널 오브 제론톨로지〉에 발표했는데,[51] 이 논문이 '활성산소에 의한 노화' 이론의 근간이 되고 있다. 그는 네브래스카 주립대학에서 평생 동안 이 가설을 뒷받침하기 위해 실험동물에게 항산화제, 방부제를 먹이는 실험을 하며 보냈다. 실패한 실험도 무수히 많았지만, 이 이론 자체는 높이 평가받고 있다.

이러한 여건 속에서 폴링 박사가 항산화제인 비타민 C의 효과를 설파하기 시작했다. 활성산소에 있는 여분의 전자를 잘 흡수하는 물질이기 때문이다. 항산화제로는 비타민 C 외에도 지방질에 잘 녹는 비타민 E도 있고, 그 밖에 채소에 많이 들어

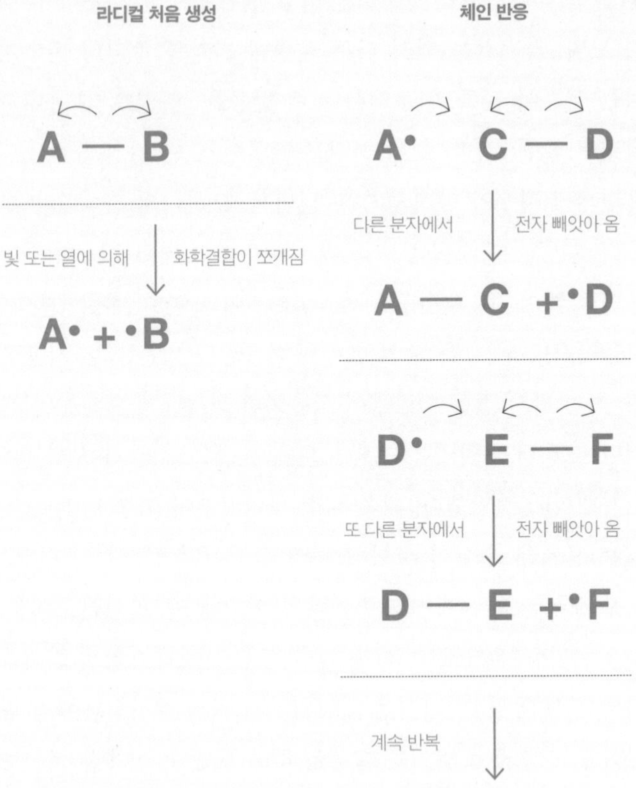

라디컬 처음 생성　　　　　**체인 반응**

A — B　　　　A·　C — D

빛 또는 열에 의해 | 화학결합이 쪼개짐　　다른 분자에서 | 전자 빼앗아 옴

A· + ·B　　　　A — C + ·D

D·　E — F

또 다른 분자에서 | 전자 빼앗아 옴

D — E + ·F

계속 반복

그림 23

라디칼에 의한 체인 반응. 하나의 라디칼 때문에 무수히 많은 분자들이 연쇄적으로 화학변화를 일으키게 된다.

있는 여러 물질들이 있지만, 아무래도 폴링은 자신의 콜라겐 연구와 관련이 많았던 비타민 C에 더욱 애착이 갔을 것이다. 폴링은 화학자로서 높은 지명도가 있었고, 두 개의 노벨상 수상 경력 덕에 일반인들에게조차 지명도가 높았기에, 많은 사람들이 그의 이야기를 귀담아들었다.

하지만 비타민 C의 복음을 전하던 폴링은 이미 반쯤 은퇴한 과학자였다. 반핵운동 당시 매카시즘 열풍에 잠시 캘리포니아 공대 교수직에서 쫓겨나기도 했던 탓에, 실험실을 운영하며 활동하던 시기는 이미 예전에 끝난 상태였다. 비타민 C에 관한 주장도 주로 논문이 아닌 책으로 발표했다.

그러다가 1980년대 후반이 되면서 감기에 비타민 C가 좋다는 주장이 차츰 자취를 감추었다. 이론적으로는 그럴듯했지만, 실제 실험을 해 보니 별 영향이 없다는 논문들이 발표되었기 때문이다. 그 한 예로, 미국 국립 보건원에서는 메이요클리닉과 함께 비타민 C의 효능에 대한 사상 최대 연구를 수행하였고, 비타민 C가 감기에 효능이 거의 없다는 결론을 1985년 〈뉴 잉글랜드 저널 오브 메디슨〉에 발표했다.[52]

약국에서 시판되는 항산화제는 지금도 노화를 늦추고 싶어하는 사람들에게 불티나게 팔리고 있지만, 과학적으로 입증된 효과는 미미하거나 거의 없다는 것이 현재의 정설이다. 활성산소에 의한 노화 이론의 창시자인 하먼 박사도 생쥐에게 수많은 항산화제를 먹이는 실험을 했지만 생쥐의 최대 수명을 연장하는 데에는 실패했다고 전해진다. 만약 감기를 예방하고 암을 억제하는 기능이 있다면, 약국에서 약으로 팔 것이다. 하지만 입증된 효과가 없으니 미국 식품의약국에서는 이들을 '약'이 아닌 '건강 보조 식품(dietary supplement)'으로 정의하고 있다. 약효는 없지만, 굳이 먹고 싶으면 식품으로 먹으라는 이야기이다.

그렇다면 활성산소에 의한 노화이론이 틀렸다는 이야기인가? 그렇지 않다. 과학계에서는 아직도 항산화 효과에 대한 관심이 그 어느 때보다도 높다. 앞서 13장에서 지중해 식단의 효과를 소개한 바 있다. 채소와 과일이 많은 지중해 식단을 먹으면 심혈관 질환 발생률이 낮아지고 몸이 전반적으로 건강해진다는 데에 이의를 다는 사람들은 이제 거의 없다. 그렇다면 채소와 과일에 과연 무엇이 들어있기에 몸이 좋아질까? 많은 영양학자들은 항산화제가 채소와 과일에 많이 들어있기 때문일 것이라고 생각한다.

　　　왜 채소와 과일에 항산화제가 많을까? 식물이 햇빛으로 광합성을 하는 와중에 활성산소가 많이 생기기 때문이다. 광합성을 한번 자세히 따져 보자. 햇빛의 에너지를 받아 이산화탄소에 견고하게 붙어 있던 전자를 이리저리 옮겨서 새롭고 더 큰 분자, 즉 포도당을 만드는 것이 광합성이다. 햇빛과 방사선은 대동소이한 빛에너지이다. 에너지가 더 높은 것이 방사선이고, 조금 낮은 것이 햇빛이다. 그야말로 광합성을 하는 식물의 잎사귀 안에서 불장난이 많이 일어나고 있는 것이다. 이렇게 위험한 광합성을 하는 식물이다 보니, 여러 가지 안전장치가 필요하다. 그래서 혹시 모르게 새어 나오는 전자를 흡수하는 물질, 즉 항산화제가 식물에는 가득 들어 있다. 베타카로틴, 루테인, 제아크산틴, 클로로필, 페놀성 항산화제, 비타민 C, 비타민 E 등 다양한 종류의 항산화제로 무장되어 있는 것이다.

그렇다면 왜 채소는 몸에 좋고, 비타민 C는 효과가 없느냐고 의문을 품을 수 있다. 여기에 여러 가지 의견들이 있다. 항산화제를 쥐에게 먹였지만 수명을 늘리는 데 실패한 덴험 하먼 박사의 주장은 다음과 같다. 항산화 기능을 늘리면 충분히 수명을 연장할 수 있지만 활성산소가 세포 깊숙한 곳에서 생기는데 외부에서 투약한 항산화제가 그 깊숙한 곳까지 다다르지 못한다면 활성산소를 쉽게 중화하지 못할 것이다. 그리고 음식에 대한 과학책으로 유명한 『음식과 요리(On Food and Cooking)』 2004년 개정판에는 다음과 같이 이를 설명한다.

"채소나 과일마다 들어 있는 항산화제의 종류가
조금씩 다르다. 그리고 각기 다른 활성산소를 보호할
수 있는 항산화제의 종류도 조금씩 다르다. 한 가지

항산화제만으로는 이렇게 다양한 활성산소로부터
사람을 보호할 수 없다. 한 가지 항산화제만 너무 많이
섭취하면, 때로는 균형을 해치는 바람에 역효과가 나기
일쑤다. 그래서 항산화 기능이 많은 채소의 이점을 제일
잘 활용하려면, 공장에서 생산된 몇 가지 항산화제를 먹는
것보다는 여러 가지 다른 종류의 과일과 채소를 골고루
많이 먹는 것이 좋다."

항산화제는 분명 식물에 더 많지만 우리 몸에도 자연적으로
존재한다. 주로 단백질 또는 아미노산의 형태의 항산화 물질
이다. 앞서 아미노산이라 하면 20가지가 있다고 소개한 바 있
는데, 그중 황 성분이 있는 시스테인(cysteine)이라는 아미노
산이 전자를 주고받을 수 있는 성질이 뛰어나다.

시스테인을 함유하는 항산화 물질 중 특히 중요한
역할을 하는 것이 글루타티온(glutathione)이다. 시스테인을 포
함해서 세 개의 아미노산으로 되어 있는 항산화 물질인데, 세
포 속에 떠다니는 활성산소의 전자를 흡수하거나 산화된 물
질을 원래 형태로 복원하는 역할을 한다. 그리고 훼손된 분자
가 있으면 그것과 달라붙어서 몸 밖으로 내보내는 기능도 있
으니 세포가 망가지는 것을 방지하는 중요한 기능을 하게 된
다. 이러한 개념이 확실히 확립돼 있다 보니 글루타티온 역시
건강 보조제로 시판되고 있다. 하지만 채소나 과일, 비타민에

비해서는 각광을 받지 못하는 제품이다. 글루타티온을 먹으면 그것이 우리 뱃속에서 쉽게 분해되기 때문에 효과가 미미하기 때문이다. 그래도 글루타티온을 시판하는 제약 회사들이 있는데, 이 물질을 리포좀에 잘 포장해서 뱃속 효소에 의한 분해를 막는다고 선전을 한다.

글루타티온 섭취 대신 조금 다른 전략을 택하는 경우도 있다. 시스테인을 먹으면 어떨까 하는 연구도 있었으나 과량의 시스테인 섭취가 무슨 이유 때문인지 부작용을 일으킨다는 것이 밝혀졌다. 그래서 그 대안으로 나온 것이 독성이 없으면서 우리 세포 안에서 시스테인으로 바뀔 수 있는 또 다른 물질인 N-아세틸 시스테인(NAC)를 먹는다는 전략이다. 이것이 몇 년 전 미국 식품의약국에서 약으로 승인이 났다.[53] 해열제로 널리 쓰이는 타이레놀을 너무 많이 먹으면 간 손상이 일어나는 경우가 있는데 이를 치료하는 해독제로 효과가 있다는 이유이다. 타이레놀은 널리 사용되는 해열제이지만 하루 4그램(8알 정도) 이상 복용할 경우 간에서 대사가 되면서 강력한 산화제를 만들기 때문에 조심해야 하는 약이다. 급성 간 손상을 입어서 응급실을 찾는 사람들의 많은 수가 타이레놀을 과다 복용한 경우라 한다. 이런 환자들을 치료하는 데에 NAC가 효과가 입증된 것이다. NAC를 복용해서 글루타티온이 많아지면 우리 세포는 이를 이용해서 독성이 있는 산화제를 중화시키고 독성이 있는 물질을 몸 밖으로 보낼 수 있게 된다. 즉 의학적으로 입증된 항산화 기능이 있는 것이다.

　　　　이러한 항산화 물질이 우리의 노화를 정말 늦출 수 있을까? 이에 대해 분자생물학적 연구가 활발하다. 그 일례로 실험동물의 수명을 연장할 수 있는 유전자 얘기로 돌아가 보자. 앞서서 인슐린 신호전달이 적어지거나 단백질 섭취를 줄이면 유전자 발현이 바뀌면서 동물 수명이 연장된다고 소개한 바 있다. 최근 유전자 발현을 조사하는 기술이 급격히 발전하면서 많은 연구팀들이 도대체 무슨 유전자 발현이 바뀌는지 자세히 살펴봤다. 뉴욕대학교의 우리 실험실에서도 이러한 연구를 하는데, 인슐린 신호전달을 줄이거나, 아미노산 섭취를 줄일 때 공통으로 나타나는 것이 항산화 유전자 발현이 증가한다는 것이다. 일단 글루타티온의 원료가 되는 시스테인 등의 물질을 합성하는 효소의 양이 증가한다. 그리고 세포로 하여금 외부의 시스테인을 흡수하도록 하는 유전자도 증가한다. 거기에 더해서 글루타티온이 활성산소를 제거하도록 돕는 효소의 양 역시 증가한다. 이는 단지 우리 실험실에서만 본 결과가 아니다. 항산화 유전자의 발현을 늘리면 실험동물의 수명 연장에 효과가 있다는 연구가 이제 제법 많이 발표되었다. 항산화 물질이 노화를 늦출 수 있다는 데 대한 이의 제기도 거의 사라졌다.

SIDE STORY 4

'DNA가 이중나선'임을 밝혀내어 [54] 분자생물학의 혁명을 가져온 제임스 왓슨은 '콜라겐은 삼중나선'임을 규명한 폴링의 연구에 영향을 받았다고, 그의 유명한 자서전 『이중나선(The Double Helix)』에서 밝히고 있다. 마침 왓슨이 연구하던 영국 케임브리지대학에 폴링의 아들이 유학 중이어서, 그를 통해 폴링의 연구 결과를 염탐하려 했다는 점잖지 못한 이야기도 자서전에서 솔직하게 밝혔다.

왓슨과 그의 동료 크릭은 폴링이 삼중나선을 규명한 방법을 차용하게 되는데, 실험에 기초하기보다는, 화학적 지식을 응용해서 그럴듯한 구조를 집짓기 하듯이 만들어 보고 기존의 데이터와 맞는지 점검해 보는 방식을 취하다가, DNA 이중나선 구조를 '때려 맞히게' 되었다.

SIDE STORY 5

비타민 C의 다른 이름

센트죄르지는 꽤 유머가 넘치는 사람이었다고 전해진다. 처음 비타민 C를 정제해 낼 당시, 그 이름을 새로 붙여야 했다. 아직 화학식도 못 밝힌 상태에서 궁리해낸 이름이 갓노스(godnose)였다. 당분의 이름이 주로 노스(ose)로 끝나는 것에 착안해서, '하나님이나 알지 우린 잘 모르겠다'라는 의미의 이름이었다. 즉각 논문 심사위원들이 이의를 제기했다. 이런 우스꽝스러운 이름은 받아들일 수 없다는 것이었다. 그래서 다시 이름을 붙였는데, 영어단어에서 '모른다'라는 의미의 'ignorant'와 당분을 의미하는 'ose'를 합해서 이그노스(ignose)라고 썼다. 이 이름도 또다시 퇴짜를 맞았다. 그래서 조금 더 점잖은 이름이라고 다시 찾은 것이 괴혈병을 막을 수 있는 화학물이라는 의미의 아스코빅 산(ascorbic acid)으로, 비타민 C의 다른 이름이다.

제 2 부

15

에너지, 미토콘드리아 그리고 노화

활성산소가 세포를 망가트리는 주 성분이며 이를 줄일 수 있다면 노화를 늦출 수 있다는 증거는 계속 쌓여가고 있다. 당연히 과학자들은 활성산소가 어디서 왜 생기는가에 대해서 관심을 갖게 된다. 활성산소가 생기는 이유는 다양하다. 그중 활성산소가 특히 많이 생기는 곳으로 미토콘드리아라는 세포 내의 소기관이 꼽힌다.

미토콘드리아는 사람이나 동식물 같은 진핵세포에만 있고, 박테리아에는 없다. 태초에는 미토콘드리아도 박테리아의 한 종류였다는 설이 지금은 과학계에서 확립되어 있다. 지구 역사가 45억 년 정도 되었는데, 초기에 생겨난 생명체들은 모두 박테리아 같았다는 이야기이다. 박테리아는 세포에 핵과 미토콘드리아가 없는 단세포 생물이다. 그러다가 20억 년 전쯤 이상한 일이 벌어졌다. 두 마리의 박테리아가 공생하기 시작한 것이다. 한 마리가, 다른 한 마리의 몸(세포) 속으로 기어들어가서 살게 되었는데, 이것이 미토콘드리아의 원조가 되었다는 이야기이다.

이러한 가설을 처음 주창한 사람은 2011년 타계한 린 마굴리스 교수이다. 그의 주장에는 몇 가지 근거가 있다. 우선 미토콘드리아는 자신만의 DNA를 갖고 있다. 우리 유전자의 대부분은 핵 속에 있는 염색체에 있는데, 유일하게 핵 바깥에 존재하는 DNA는 모두 미토콘드리아에 있다. 그리고 그 DNA 모양이 박테리아의 DNA와 유사한 점이 많다. 일단 끝이 서로 연결되어 있는 동그란(circular) DNA이다. 우리 세포의 핵 속에 있는 길다란 끈 형태의 DNA와는 확연히 다른 구조이다.

미토콘드리아가 아득한 옛날에 박테리아들끼리 공생하다가 생겨났다는 주장이 처음 제기됐을 때, 과학계에서 처절할 정도의 검증과 비판이 쏟아졌다. 이 과정에서 린 마굴리스 교수는 괴팍한 성격으로도 유명해졌다. 아무리 공격을 받아도 의기소침해지기는커녕, 곧바로 반격에 나섰다. 그가 유명해지고 난 다음인 2011년 잡지 〈디스커버(Discover)〉와의 인터뷰에서,[55] 기자가 "항상 논란의 중심에 서 있던 것에 대해 어떻게 생각하십니까?"라고 물었더니, "논란이라고요? 나는 논란이라고 생각해 본 적이 없습니다. 내 주장이 옳았고, 상대방의 주장은 틀렸어요."라고 대답한 일화에서도 마굴리스의 이런 성격이 그대로 드러난다. 어쨌든, 수많은 공격과 비판에도 불구하고 여러 후속 연구 결과들이 결국 마굴리스의 주장을 뒷받침하였고, 이제 과학계에서는 미토콘드리아가 한때 하나의 박테리아였다는 주장에 이의를 제기하는 사람은 없다.

미토콘드리아가 있는 진핵세포의 출현이 무척 성공적이었기에 현존하는 동식물은 하나도 빠짐없이 미토콘드리아를 갖고 있다. 진핵세포에서 미토콘드리아의 역할이 무엇이길래 이처럼 번창할 수 있었을까? 간단히 말하자면 세포가 포도당을 태우면서 만들어내는 에너지의 대부분이 미토콘드리아 안에서 생긴다. 물론 미토콘드리아 없이도 아주 소량의 에너지는 만들 수 있다. 예를 들어 효모는 산소가 없는 환경에서 포도당을 에탄올로 만들면서 소량의 에너지를 추출한다. 이는 미토콘드리아 없이 이루어지는 일이다. 사람의 세포도 무산소 상태에서 포도당을 어느 정도 분해할 수 있다. 하지만 효모의 경우 에탄올을 만들지만, 사람은 젖산을 만든다. 호흡이 가쁠 정도로 운동을 하면 근육통이 생기는 이유가 바로 무산소 상태에서 젖산이 근육에 쌓이기 때문이다. 그런데 미토콘드리아가 있는 세포는 산소가 있으면 훨씬 더 많은 에너지를 추출할 수 있다. 포도당에서 대사된 물질이 미토콘드리아 안으로 들어가면서 이산화탄소로 분해될 때까지 더욱 더 산화되기 때문이다. 이렇듯 중요한 기관이지만, 내용이 복잡해서 배우는 학생들은 골치 아파하기도 한다.

그런데 에너지 만드는 것 이외에도 노화의 주범으로 지목되는 것이 미토콘드리아다. 미토콘드리아가 없는 박테리아를 보자. 특별한 노화 현상이 안 보인다. 반면 미토콘드리아를 갖고 있는 동식물들은 대부분 노화 현상을 보인다. 왜 미토콘드리아가 노화를 일으키는가?

이를 이해하기 위해 먼저 미토콘드리아가 어떻게 에너지를 만들어내는지 간단히 살펴보자. 이 분야에 지대한 공헌을 한 사람이 영국인 피터 미첼(Peter Mitchell)이다. 그는 케임브리지에서 학업을 마치고 1955년부터 에든버러에서 교수 생활을 하다 건강을 이유로 1963년 교수직을 사임했다. 그는 집안의 재력을 이용해서 글린 하우스(Glynn House)라는 맨션을 복구하더니 이 맨션 내부에 개인 실험실까지 차렸다. 이름은 그럴듯하게 '글린 연구소'라고 지었다. 연구소 인력은 미첼을 포함하여 단 네 사람뿐으로, 전부터 같이 일하던 제니퍼 모일(Jennifer Moyle), 실험 조수, 그리고 비서였다. 이곳에서 그때까지 아무도 상상조차 못한 화학침투설(Chemiosmotic hypothesis)을 주창하게 됐다. 미토콘드리아가 어떻게 에너지를 만들어 내는지를 규명한 이론이다. 결국 그 공로로 피터 미첼은 몇 년 후인 1978년 노벨상을 수상하게 된다. 아마도 대학이나 거대 연구소가 아닌 곳에서 이처럼 역사에 길이 남을 업적이 나온 예를 더는 찾기 힘들 것이다.

미토콘드리아가 어떻게 에너지를 만들어내는지를 설명하는 그의 이론은 대략 다음과 같다.

포도당을 산화하는 과정에서 생기는 에너지를 ATP라는 물질에 저장하려면, 산화 과정을 잘 조절해야 한다. 그리고 산화 과정이란, 다른 화학물로부터 전자를 빼앗아 오는 반응이다. 미토콘드리아에는 이렇게 빼앗아 온 전자들이 흐를 수 있는 전자전달 체계가 있다. 그리고 전자들이 흐르는 에너지를 이용해서 일종의 펌프를 작동시킨다. 이 펌프는 미토콘드리아 내부의 수소 이온을 미토콘드리아 밖으로 퍼내는 역할을 한다(그림 24). 마치 펌프로 수력발전소 위의 저수지에 물을 끌어올리는 과정에 비유할 수 있다. 이렇게 되면 수소 이온이 다시 미토콘드리아 내부로 들어오려는 일종의 압력이 생긴다. 수소 이온이 실제로 들어오는 터널이 있는데, 여기로 폭포수처럼 쏟아져 들어오는 수소 이온의 힘을 이용해서 ATP를 만든다. 역시 수력발전소가 물의 힘을 이용해 전기를 만드는 과정에 비유할 수 있다.

그런데, 앞서서 세포 내의 전자들이 잘못하면 주위의 산소와 결합하면서 위험한 활성산소로 변한다는 내용을 살펴보았다. 미토콘드리아에는 이렇게 위험해질 수 있는 전자들이 항시 흐르고 있으니 활성산소를 만드는 주요 장소로 지목되는 것이다. 이 같은 주장은 이제 실험적으로 많이 입증돼 있다. 그 한 예가 파킨슨병이다. 간혹 유전적으로 파킨슨병이 생기는데, 그 원인으로 파킨(Parkin)이라는 이름의 유전자, 또는 PINK1이라는 이름의 유전자가 망가지는 경우가 있다. 이 유전자들이 망가지면 세포 안의 미토콘드리아 기능이 손상된

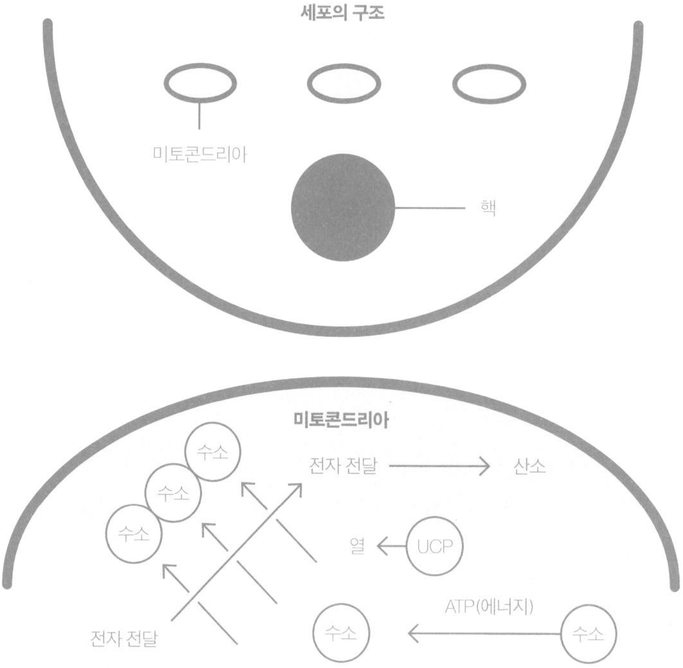

세포의 구조

미토콘드리아

핵

미토콘드리아

수소
수소
수소
전자 전달 ──→ 산소
열 ←── UCP
ATP(에너지)
수소 ←── 수소
전자 전달

그림 24 미토콘드리아의 구조와 기능. (위) 세포와 미토콘드리아의 구조. 미토콘드리아는 세포 안에 있는 소기관이다. (아래) 미토콘드리아가 전자를 흐르게 하면서 에너지와 열을 생산하는 과정. 영양분이 산화되면서 생긴 전자가 미토콘드리아의 전자전달 체계를 흐르게 되면, 그 에너지를 이용해서 수소 이온이 안에서 밖으로 밀려 나온다. 그렇게 형성된 고농도의 수소 이온은 다시 미토콘드리아 안으로 들어가려는 압력을 만든다. 이들이 다시 흘러들어가면서 에너지원인 ATP가 만들어질 수도 있고, 반면에 UCP라는 단백질의 도움을 받으면 ATP를 만들지 않는 대신 열을 발산할 수도 있다.

다. 이렇게 망가진 미토콘드리아는 전자전달 체계에도 문제가 있을 테고, 그러니 전자들이 의도하지 않은 방향으로 새게 된다. 이렇게 활성산소가 다량 생긴다. 그뿐이 아니다. 또 파킨슨병과 비슷한 증상을 일으키는 원인으로, 1970년대 말 MPTP(1-methyl-4-phenyl-1,2,3,6-tetrahydropyridine)라는 물질이 문제가 된 적이 있다. MPTP는 환각 작용이 있어서 미국 캘리포니아 지역에서 마약 투약자들이 많이 사용했는데, 나중에 이들에게서 중풍 증상이 동반되거나 파킨슨병처럼 도파민 신경 세포가 죽어나가는 작용이 나타났다. 이러한 증상을 일으키는 이유도 MPTP가 미토콘드리아의 전자전달을 방해하면서 활성산소를 만들어내기 때문이다.

그런데 건강한 사람의 세포는 나름대로 미토콘드리아에서 활성산소를 줄일 수 있는 전략도 갖고 있다. 영양분이 과도하게 산화됐을 때 미토콘드리아에 전자가 너무 많이 몰리며 활성산소를 생성하게 된다고 해보자. 이렇게 과도한 영양분을 빨리 소진시킨다면 역으로 활성산소 발생을 줄일 수 있다는 것이다. 이러한 역할을 하는 단백질 중에 언커플링 프로테인(UCP)이라는 것이 있는데, 미토콘드리아 밖에 있는 수소를 ATP를 만드는 데 사용하지 않고 그냥 들어오도록 하는 기능을 한다. 이렇게 되면 미토콘드리아는 ATP는 안 만들면서 영양분을 소진시키고 그 과정에서 열을 발산하게 된다. 영양분이 이런 식으로 소모되니 덤으로 활성산소는 줄어든다.

생화학과 에너지 대사는 꽤 중요한 주제임에도 불구하고, 내용이 딱딱하고 또 화학적 지식을 요해서 이해에 어려움을 겪는 내용이다. 이해를 돕기 위해 이를 적절한 이야기를 섞어가며 재미있게 설명하던 더글라스 왈라스(Douglas Wallace) 교수의 강연 내용을 소개하겠다. 콜드 스프링 하버 연구소가 주최하는 학회 'Cell Death 2010'에서, 다소 엉뚱해 보이는 주제인 '왜 하계 올림픽은 불공평한가'를 가지고 에너지 대사의 측면에 대해 격정적으로 발표했던 내용이었다. 대략 옮겨 보면, 다음과 같다.

> "하계 올림픽 마라톤 경주를 보고 있노라면, 대개의 경우 아프리카 선수들이 상위권을 싹쓸이한다. 하계 올림픽에 알래스카 이누이트들이 와서 메달을 땄단 얘기는 거의 못 들어봤다. 왜 그럴까? 아프리카 선수들이 훨씬 더 연습을 많이 해서? 천만의 말씀. 그건 기본적으로 하계 올림픽에 구조적 모순이 있기 때문이다. 무더운 아프리카 초원에서 자자손손 진화해 온 사람들을 생각해 보자. 그 사람들의 미토콘드리아는 열을 발산할 필요가 거의 없다. 오직 초원에서 맹수를 피해 달아나는 것, 그리고 사냥감을 쫓아 뛰어가는 능력이 뛰어나야 자연 선택의

법칙에 따라 살아남는다. 따라서 그들의 미토콘드리아는 가급적 쓸데없는 열 발산을 줄이고, ATP 생산을 극대화하는 방향으로 진화해 왔다.

반면 자자손손 얼음으로 만든 집에서 살아온 이누이트는 어떤가? 이 사람들이 추위에 견디기 위해서는 미토콘드리아가 열을 많이 발산해야 한다. 그리고 이 사람들을 보면 얼음에 구멍을 뚫고 앉아서 낚시하는 장면은 자주 볼 수 있지만, 눈 덮인 벌판을 뛰어다니는 장면은 잘 상상이 안 간다. 이 사람들의 미토콘드리아는 아마도 ATP를 많이 만들기보다는 열을 많이 발산하는 쪽으로 진화되었을 것이다. 마라톤 대회를 더 공평하게 만들려면 눈 덮인 알래스카에서 하는 것도 한 방법이겠다. 아프리카인들은 몸을 따뜻하게 유지하기도 힘들기 때문에 출발선상에 서 있기조차 힘들어 할 것이다."

왈리스가 입담만 좋아서 유명해진 것은 아니다. 그는 미토콘드리아 유전자를 연구하며, 세계의 각기 다른 기후에서 사는 사람들의 미토콘드리아 유전자를 분석하는 일로 유명한 연구자이다. 자신의 연설에서 주장한 것처럼, 추운 지방 사람들의 유전자는 열을 더욱 많이 발산하는 경우가 많고, 더운 지방 사람들은 실제로 열은 덜 발산하고 에너지 생산이 더 효율적이라는 결과의 논문을 여러 편 낸 바 있다. 거기에서 한 걸음 더 나아가, 추운 지방 출신들이 노인성 질환에 덜 걸린다는 통계적 연구 결과를 발표한 바도 있다.[56] 열을 많이 내는 미토콘드리아가 과다한 영양분 때문에 생기는 활성산소의 발생을 줄일 수 있다는 이론과 일맥상통하는 결과이다.

여타 선진국에 비해 미국인의 평균수명이 짧은 이유도 미토콘드리아 기능을 통해 어느 정도 설명할 수 있다. 미국에서는 백인, 흑인 할 것 없이 이 같은 이유 때문에 비만이 사회적 문제가 되고 있다. 그리고 이렇게 비만한 사람들의 비율이 높은 지역에서 미국인들의 평균수명이 짧다. 과도한 영양분이 미토콘드리아로 하여금 활성산소를 만들게 하는 주요 원인이라는 이론과 들어맞는 현상이다. UCP의 도움을 받아 과도한 영양분을 소모시키고 활성산소 발생을 억제할 수 있다면 그래도 문제가 조금 덜 심각할 것이다. 하지만 아프리카인의 후예는 태생적으로 UCP가 적기 때문에 이러한 효과도 기대하기 힘들다.

UCP가 건강에 도움이 된다면 이와 비슷한 역할을 하는 약을 사용하면 어떨까? 그런 약은 미토콘드리아의 기능을 제대로 이해하지 못하던 제2차 세계대전 시절부터 존재했다. DNP(다이나이트로페놀; Di-Nitrophenol)라는 물질이다. 이것이 몸의 체온을 높이는 성질이 있다는 것을 알고 제2차 세계대전 중 소련 정부가 군인들에게 이 약을 투여해 추운 겨울에 전투력을 증강시키도록 했다는 기록이 있다. 먼 훗날 규명된 일이지만 UCP와 비슷한 기능을 하기에 미토콘드리아로 하여금 ATP를 만드는 것을 막고 대신 열을 발산하게 하는 약이었다.

DNP는 세포로 하여금 영양분을 계속 태우도록 하는 효과도 있다. 스탠포드대학 연구팀이 이를 1933년 처음 발견했는데, 그로부터 1938년까지 미국인들은 DNP를 살 빼는 약으로 사용했다. 그런데 DNP는 심각한 부작용을 일으킨다는 사실이 곧 알려졌다. 멀쩡하던 사람이 DNP를 약간 과다 복용할 경우 몸의 체온이 급작스럽게 증가하면서 돌연사 하는 사건이 자꾸 발생한 것이다. 돌연사 보다는 덜 심각하지만 DNP를 복용한 사람들이 부작용으로 백내장을 앓게 된다는 것도 곧 밝혀졌다. 그러면서 전세계적으로 DNP는 금지약물이 되었다. 하지만 21세기 들어서도 이 금지된 약물을 불법으로 사용하는 사람들이 가끔 뉴스에 등장한다. 그 대표적 집단이 보디빌더들이다. 영양분, 특히 지방질이 미토콘드리아에서 연소되는 것을 촉진하다 보니 근육의 굴곡을 더욱 돋보이게 한다. 적당히 복용하면 문제없겠지 하고 DNP를 사용하는 사람들이 있기 때문에 이에 의한 돌연사 케이스도 계속해서 나타나고 있다.

동물의 몸에서 UCP가 특히 많은 조직이 갈색지방이다. 갈색

지방이라 하면 사람에게는 체온을 쉽게 잃을 염려가 있는 갓난 아기에 많이 있고 어른이 될수록 줄어드는 조직이다. 불과 몇 년 전까지만 해도 어른이 되면 없어지는 조직으로 알려졌으나 최근에 과학이 발달하면서 어른의 몸에도 조금 남아 있는 것이 밝혀졌다. 열을 많이 발산하는 조직이다 보니 추운 곳에서 동면하는 동물에 특히 많이 있다. UCP와 갈색지방의 중요성을 더욱 부각시킨 연구로 유명한 사람들 중 대표주자가 하버드대학의 브루스 스피겔만(Bruce Spiegelman) 교수 연구팀이다. 이 연구팀은 미토콘드리아가 세포 내에서 어떻게 만들어지는지에 대한 연구를 하다가 미토콘드리아가 많이 생기는 생쥐를 만들었다. 그랬더니 이런 생쥐들은 갈색지방도 늘고 수명도 더욱 길다는 결과도 발표했다. 아마도 효율적인 영양분 연소 때문에 활성산소가 적어진다는 개념에 맞는 결과이다.

그런데 지난 십 년 동안 이 연구팀은 운동을 열심히 하면 지방 세포에 미토콘드리아가 많아지기 때문에 건강이 좋아진다는 결과를 연이어 내 놓고 있다. 운동을 하면 근육이 늘어나는 것은 익히 알려진 사실이지만 그것이 어떻게 지방 세포에 영향을 미친다는 얘기인가? 이십 년 전까지만 하더라도 아주 간단한 설명만이 존재했다. 근육이 에너지를 소비해야 하는데, 결국 지방 세포에 저장된 지방질을 연소하면서 그 에너지를 대는 것 아니냐 하는 것이었다.

하지만 최근 이십 년 사이 이와 같은 일차원적 시각에 작은 변화가 일어났다. 즉 운동을 하는 근육에서 지방 세포로 일종의 신호를 보내서 그 지방질 에너지를 더 효과적으로 활용한다는 것이다. 더 구체적으로 지방 세포에 미토콘드리아가 많아져서 지방질을 더욱 효과적으로 분해하고, 열도 발산시키고, 활성산소도 줄인다는 것이다. 이러한 결과를 바탕으로 지금도 수많은 과학자들이 근육으로부터 나오는 신호를 찾아 연구하고 있다. 근육을 지칭하는 그리스어 '마이오'와 움직임을 지칭하는 그리스어 '키노스'를 결합하여 '마이오카인(myokine)'이라는 용어로 통칭되는 일종의 호르몬이 있다. 그중 가장 먼저 알려진 마이오카인이 '인터루킨-6'이라는 것이다. 수축 이완을 반복하는 근육에서 발현되어 분비되는 호르몬이고, 피를 통해서 퍼진 후에 지방 세포에서 지방질을 분해하라는 신호를 보내는 물질이다. 거기에 더해 스피겔만 교수는 이리신(irisin)이라는 또 다른 마이오카인이 비슷한 역할을 한다는 논문을 연이어 발표했다. 이제 이러한 마이오카인 논문 제목에는 '운동의 효과를 매개하는 유전자'라는 표현이 많이 포함된다. 과학자들 사이에서 이 유전자의 효능을 희망적으로 보는 사람이 많다는 이야기이다.

언젠가 마이오카인 주사를 맞으며 운동을 안 하고도 건강을 증진시키는 시대가 정말 도래할까? 과학계에서 '혹시나' 하던 예비 신약들이 '역시나' 하고 도태되는 일들은 너무나 많았기에, 아직은 마이오카인에 대해 흥분하기에는 이르다고 생각하는 이들이 많다. 다만 왈라스, 스피겔만과 같은 훌륭한 과학자들이 미토콘드리아, UCP, 그리고 갈색지방에 집중한다는 것은 곱씹어 볼 필요가 있다. 지금까지 과학자들이 쌓아올린 과학지식들이 정확하다면 미토콘드리아에서 활성산소를 줄임으로써 노화와 관련된 여러 가지 문제를 해결할 수 있다는 논리가 무척 설득력 있게 들린다. 세포로 하여금 UCP를 많이 만들도록 해서 미토콘드리아 활성산소를 줄일 수 있는 마이오카인을 찾아 나서는 과학자들이 이러한 논리를 충실히 따르고 있다.

노인성 질병과 치료제

노화를 연구하는 과학계에서 많이 쓰는 단어 중에 건강수명이라는 말이 있다. 사람의 수명이 늘어나면 각종 노인병으로 고생하는 기간도 더불어 늘지 않을까 하는 우려에 대한 반작용으로 사용되는 말이다. 과학자들이 지향해야 하는 궁극적 목표는 건강하게 생활하는 기간을 늘려야 한다는 것이다.

이러한 목표를 위협하는 노인성 질환으로 당뇨병, 심혈관계 질환, 치매, 그리고 암을 꼽을 수 있다. 이 중 현대 사회에 들어서 먹을 것이 풍족해지면서 더욱 문제가 된 것도 있고, 기대수명이 늘어나며 주목 받는 것들도 있다. 그리고 과학의 발전으로 인해 효과적인 치료법이 개발된 질병도 늘고 있다. 이러한 질병들에 얽힌 과학 이야기를 짚어 보면서 우리의 건강수명을 생각해 보자.

제 3 부

16

지방질과 심혈관계 질환

서양 문화에서 지방은 아무래도 중요하다. 성경에 나오는 최초의 인류 아담과 하와는 두 아들을 두었는데, 농사를 지어 곡식과 채소를 바치는 카인보다 목축을 해서 고기를 바치는 아벨이 신의 사랑을 많이 받았다. 아마도 고기를 더 귀하게 여기던 사회의 인식이 이러한 이야기의 모태가 되었으리라. 흔히 고기라 하면 단백질이 풍부한 음식으로 거론되지만, 동물성 지방질도 무시할 수 없는 영양분이다. 지방은 우리 몸에 없어서는 안 되는, 인류의 진화 과정에서 풍족하게 먹지 못한 성분이다. 그래서 우리 몸은 지방을 갈구한다.

　　지방질은 고기에 많은 편이나 식물성 지방도 있다. 지방질이 모든 생명체의 성장에 필수불가결하기에, 식물의 씨앗이 지방 함량이 높다. 스스로 광합성을 하는 잎사귀를 만들기 전까지 식물은 씨앗 안에 저장된 단백질과 지방질을 상당히 많이 사용해야 하기 때문이다. 우리가 요리할 때 쓰는 기름이 대부분 식물에서 온 것이다. 우리나라의 참기름이나 지중해 지방의 올리브유는 귀한 대접을 받아왔다. 이집트 피라미드 내부 그림에는 파라오와 그의 아내가 서로 기름을 발라주며 사랑을 표현하는 모습이 있다. 유대인 제사장이나 왕을 임명할 때, 상징적으로 머리에 기름을 바르는 것도 이러한 전통에서 이어졌을 것이다. 귀하디 귀한 기름을 정제해서, 가장 고귀한 사람의 머리에 발라준다. 이런 행위는 신의 축복을 상징한다.

지방이 무엇이기에 이렇게 귀하고 소중한 걸까? 지방질에는 여러 종류가 있는데, 이들 대부분은 우리 몸에 없어서는 안 되는 역할을 한다. 일례로 세포막의 주성분이 지방질이다. 우리 몸은 세포라는 기본 단위로 구성되어 있다. 세포는 영어로 '셀(cell)'이라 부르는데, 이 단어는 작은 방이라는 의미도 있고, 감옥을 가리키기도 한다. 또 작은 방에 모여 일하는 혁명 조직이나 테러 집단을 셀이라 표현하기도 한다. 즉 외부와 차단된 공간을 일컫는 용어다.

세포막은 세포라는 작은 방의 벽 역할을 한다. 수용성 물질로 가득한 우리 몸에 벽을 만들려면, 그 물질은 물에 녹지 않아야 한다. 그래서 지방질이 필요하다. 지방질로 막을 만들어야, 물과 여러 화합물이 자유자재로 드나드는 것을 막을 수 있다. 지방으로 이루어진 막 사이사이에 단백질로 구성된 수용체가 박혀 있는 것이 세포막이다. 따라서 세포를 더 만들려면 새로운 지방질이 반드시 있어야 한다. 그렇기에 자라나는 아이들에게 적당한 지방 섭취는 필수적이다.

이 외에도 지방질은 에너지의 저장 수단으로 이용된다. 영양분 섭취가 과다하면 몸에 지방질이 쌓이면서 살이 찐다. 탄수화물만 많이 섭취했는데도, 지방질이 생긴다. 왜 그럴까? 영양분을 저장해 둬야 나중에 배고플 때 에너지를 꺼내 쓸 수 있는데, 우리 몸은 탄수화물로만 저장하는 것을 싫어한다. 탄수화물은 물에 잘 녹기 때문에 물 분자를 주렁주렁 달고 다닌다. 그래서 에너지 함량이 같다면, 탄수화물은 지방질보다 부피가 두 배 정도 더 크다.

아프리카 사바나에서 진화해 온 우리의 조상을 상상해 보자. 식사를 하고 나서, 이제 다음 사냥감을 찾아 뛰어다녀야 한다. 또 맹수들을 피해 도망가는 데에도 에너지를 써야 한다. 그런데 탄수화물과 같이 부피가 큰 물질에 에너지를 저장하다 보면 몸이 커질 테고, 따라서 뛰어다니기 힘들게 된다. 탄수화물로 에너지를 저장한 몸은 그 결과 맹수에게 잡아먹히기 쉬워지면서 자연 선택에 의해 죽어 나갔을 것이다. 반면에 지방은 탄수화물에 비해 같은 부피 내에서 더 많은 에너지를 저장할 수 있다. 그러니 언젠가부터 남는 탄수화물이 있으면 그 에너지를 지방으로 합성해 저장하는 동물들이 진화하게 됐다.

에너지 저장을 목적으로 하는 지방질은 세포막에 저장되기보다 서로 뭉친 지방 방울의 형태로 지방 세포에 저장돼 있다. 그 정확한 성분도 세포막을 구성하는 지방과는 다르다. 중성지방(triglycerides)이라고 불리는 지방질이 주로 영양분을 저장하는 수단으로 쓰이고, 지방 세포의 지방 방울에 저장된다. 그리고 그 지방 세포가 지방질로 꽉 차면, 더 많은 지방 세포들을 만들어 더 많은 지방질을 저장한다. 그래서 영양 섭취가 과다하면 살이 찌는 것이다. 하지만 적당한 지방 섭취는 필수적이다. 지방 세포가 아주 적은 사람들을 보자. 먹을 것이 부족한 상황이 오면 이 사람들부터 쓰러진다. 배고플 때 우리를 지탱해 주는 에너지원이 지방이기 때문이다.

지방 세포가 우리의 생존에 중요하다 보니 우리 몸은 웬만해서 지방 세포를 잃기 싫어한다. 이러한 개념을 뒷받침하는 연구 중에 체중 감량을 주제로 하는 미국 NBC 방송의 리얼리티 쇼 〈도전 FAT 제로(The Biggest Loser)〉 참가자들을 분석한 사례가 있다. 2009년 방영된 이 쇼에는 16명이 참가했다. 체중 200kg 전후의 고도 비만인 참가자들은 처음에 방송국이 마련한 목장에 모여서 전문가들로부터 체중 줄이는 법을 배운다. 일종의 훈련소 같은 환경에서 하루 7시간씩 운동하며 8천에서 9천 칼로리의 에너지를 소비했다. 그리고 훈련 기간이 끝난 후 집으로 돌아가 스스로 계속 운동하면서 누가 체중을 가장 많이 줄이는지 경쟁했다.

여기서 승리한 사람이 오클라호마 출신의 대니 카힐(Danny Kahill)이라는 인물이다. 그는 어린 시절부터 과체중이었고, 거울에 비친 자신의 모습을 비관하며 자살 충동까지 느끼면서 자랐다고 한다. 방송에 참가하기 전에는 체중이

195kg였는데, 이 기회에 자신의 문제를 해결하겠다며 직장도 그만두고 4개월 동안 체중 감량에 매진했다. 하루에 1파운드(약 0.45kg) 감량을 목표로 치열하게 운동한 끝에 방송의 마지막 회에서 체중 105kg을 기록하면서 우승을 차지했다. 그는 과체중이 심각한 사회 문제인 미국에서 일약 유명 인사가 되면서 방송 출연, 강연 등으로 활동을 이어갔다.[57]

이 방송을 재미있게 시청한 사람 중에 미국 국립보건원 연구원인 캐빈 홀(Kevin Hall)이 있었다. 그는 비만에 관한 연구를 하던 사람이었는데, 프로그램이 끝난 후 이 대회 참가자들에게 연락해서 시간을 두고 체중 및 신진대사를 측정하자고 했다. 참가자 16명 중 14명이 이 연구에 협조했는데, 그 결과를 6년 후 논문으로 발표하면서 크게 주목을 받았다.[58] 결과는 14명 중 13명의 체중이 다시 늘었다는 것이었다. 그 중 7명은 방송 이전보다 오히려 체중이 더 늘었다. 나머지 6명은 방송 이전보다는 조금 낮은 체중을 유지했다. 후자에 속한 사람들 대부분은 먹는 것에 신경을 쓰면서 운동을 계속했다. 이 대회에서 우승한 카힐은 그래도 첫 4년간은 최저점에서 20kg 늘어난, 비교적 '준수한' 체중을 유지했다고 한다. 하루 2시간 반씩 꾸준히 운동을 한 결과였다. 하지만 과도한 운동 때문에 발, 팔꿈치 등에 자꾸 부상을 입었다. 그러면서 운동량을 줄이자 체중이 150kg에 이르렀다. 원래의 체중 195kg보다는 낮은 수치였으나 고도 비만을 탈출하겠다는 목표 달성에는 실패한 셈이다.

체중이 다시 늘지 않은 사람은 조사 대상 중 단 한 사람뿐이었다. 에린 에그버트(Erin Egbert)라는 여성인데, 방송 당시 120kg에서 80kg으로 감량한 참가자였다. 이 사람 역시 대회 이후에 체중을 유지하는 것이 절대 쉽지 않았다고 한다. 방송 이후에도 매일 한 시간씩 하루도 거르지 않고 운동한 것이 자신의 비결이라고 했다. 그리고 당연히 먹는 것에 많은 신경을 썼다.

> "사람들은 우리를 이해하지 못할 거예요. 간식 하나
> 먹는 게 마약 먹는 기분이에요. 두 개를 먹으면 그 후 3일
> 동안 폭식을 하게 돼요."

연구 결과 참가자들의 체중이 늘 수밖에 없었던 요소 몇 가지가 발견됐다. 그중 하나가 지방 세포에서 분비되는 호르몬 양이 적어지면서 생기는 문제였다. 그것은 렙틴(Leptin)이라고 부르는 호르몬인데, 실험용 생쥐에게서 이 호르몬을 없애면 생쥐가 자기 식욕을 억제하지 못해 보통 생쥐보다 세 배의 체중을 갖게 된다. 렙틴이 없는 사람 역시 지나친 식욕 때문에 고도 비만이 되기 쉽다. 렙틴은 지방 세포에서 나오는 호르몬이라 해서 지방질을 의미하는 '라이포(lipo)'에 호르몬을 의미하는 '카인(chine)'을 덧붙여 만든 용어, 즉 라이포카인의 일종

으로 분류된다. 이 모든 것을 종합하면 다음과 같은 결론이 나온다.

지방질이 사람이 굶어 죽는 것을 방지하는 데 중요하다 보니 우리 몸은 일정량의 지방 세포를 유지하도록 진화해 왔다. 체중을 많이 줄이게 되면 지방 세포가 줄면서 거기에서 나오는 라이포카인 호르몬의 양도 줄어든다. 그 호르몬 중에는 렙틴도 있다. 렙틴의 원래 기능은 뇌에 '배가 부르다'는 신호를 전해주는 것이다. 그러니 렙틴이 줄면 사람은 '배가 고프다'고 느끼며 식욕이 증가한다. 이렇게 영양 섭취가 다시 늘어나면 지방 세포도 늘어난다. 물론 적당한 운동과 식사 조절을 통해서 약간의 체중을 줄이는 사람은 주위에서 흔히 볼 수 있다. 하지만 아주 많은 체중을 줄인 사람들은 렙틴 및 다른 라이포카인 호르몬의 감소 때문에 음식을 계속 먹고 싶어진다. 이러한 기작이 체중을 줄이려는 사람들에게 좌절을 맛보게 한다.

우리 몸은 지방 세포를 잃지 않으려는 데에서 그치지 않고 나이가 들면서 체중이 늘어나는 성질까지 있다. 어린아이가 성장하는 시기에는 체지방 비율이 비교적 적다. 남는 에너지의 대부분을 성장에 써야 하고 또 평소 활동량이 많으니 남아서 저장해야 하는 에너지가 별로 없기 때문이다. 하지만 나이가 들면서 영양분을 연소할 능력이 점차 떨어지니 저장해야 할 영양분은 늘어난다. 평균적으로 사람들이 중년 이후에 매일 저장해야 하는 잉여 영양분이 10~20칼로리 정도라 한다. 사탕 하나 정도에 함유된 에너지 양이다. 하지만 매일 이 정도 에너지가 지방 세포에 저장되면 일년 평균 0.5kg에서 1kg 정도 몸무게가 늘어난다. 이러한 현상이 노인들의 운동 부족 때문에 생기는 것인지, 아니면 우리 세포의 생리적 현상의 일부인지는 아직 불명확하다. 남자들은 먼저 배에 지방 세포가 많이 모이고, 여자들은 엉덩이와 가슴에 지방 세포가 많이 분포한다. 지방 세포가 너무 많아지면 남자들의 가슴도 부풀어 오르고, 여자들의 배에도 지방 세포가 쌓인다. 나이가 들면서 성 호르몬이 줄어들게 되면, 지방 세포의 분포가 바뀌면서 체형이 변하기도 한다.

현대 사회의 과다한 영양 섭취와 지방질 얘기를 할 때, 콜레스테롤과 심혈관계 질환을 빼놓을 수 없다. 서구화된 사회에서 중년 이후 남녀 사망 원인을 보면 1, 2위를 다투는 질병이 암과 심혈관계 질환이다. 이러한 심혈관계 질환의 원인으로 지목되는 것이 과다한 혈중 콜레스테롤이다. 사실 콜레스테롤은 우리 몸에서 여러 중요한 역할을 하는 지방질로, 없어서는 안 되는 영양분이다. 콜레스테롤은 세포막의 중요한 성분이기도 하고, 스테로이드 계통 호르몬을 만드는 데에도 쓰인다. 우리는 콜레스테롤을 고기나 달걀 섭취를 통해 얻기도 하고, 우리 간에서 만들기도 한다. 과거에는 우리가 영양분을 과하게 먹을 일이 없었으니 지나친 콜레스테롤 때문에 생기는 심혈관계 질환은 찾아보기 힘들었다. 그러나 20세기 식량 혁명의 여파로 음식이 풍족해지면서 심혈관계 질환이 늘어났다.

심혈관계 질환 발생이 늘자 한동안 의사들은 콜레스테롤이 많은 음식을 피하라는 처방을 오랫동안 내놓았다. 특히 콜레스테롤 함량이 아주 많은 달걀을 조심하라는 이야기가 많이 나왔다. 그런데 지난 십여 년 사이에 달걀 섭취를 줄이라는 이야기가 점차 수그러들었다. 영양학자들이 콜레스테롤을 많이 섭취하는 사람과 적게 섭취하는 사람들을 비교해 봤더니 심혈관계 질환과 관련이 적다는 놀라운 결과가 계속 나왔기 때문이다. 아니, 어찌 그럴 수 있다는 말인가? 혈중 콜레스테롤이 심혈관계 질환의 원인이라면서? 과학자들이 내놓는 대답은 간단하다. 혈중 콜레스테롤은 몇 가지 다른 형태로 존재한다. 나쁜 형태의 콜레스테롤도 있지만, 몸에 도움이 되는 형태도 있다. 이를 분리해서 생각해야 한다는 것이다.

콜레스테롤이 두 가지로 존재한다니, 무슨 말일까? 콜레스테롤 분자라 하면 탄소 원자 27개로 만들어진 것 하나뿐인데 말이다. 그런데 의사들이 좋은 콜레스테롤과 나쁜 콜레스테롤을 구별하는 이유는 그것이 단백질과 섞여 입자 형태로 존재하는 것이 몇 가지 있기 때문이다. 왜 이러한 입자가 존재하는가? 콜레스테롤은 지방질이기 때문에 물에 녹지 않는다. 따라서 혈액을 따라 몸으로 퍼져 나가려면 물에 녹을 수 있는 형태로 '포장'되어야 한다. 그래야 콜레스테롤을 필요로 하는 세포들에게 이들을 전달할 수 있다. 이렇게 혈액에 떠도는 콜레스테롤과 단백질이 혼합된 입자들을 그 밀도에 따라 초저밀도 지질단백질(VLDL), 저밀도 지질단백질(LDL), 고밀도 지질단백질(HDL)이라고 하는데, 심혈관계 질환을 이해하려는 의사들의 집중 연구 대상이다.

간에서 처음 분비되는 것이 VLDL인데, 혈액을 따라 순환하면서 LDL로 바뀐다. 몸을 구성하는 세포들이 콜레스테롤을 필요로 하면 LDL수용체를 만들어서 콜레스테롤을 함유하는 LDL입자를 흡수한다. LDL 역시 적당히 있으면 몸에 도움이 되는데, 과다하면 심혈관계에 문제를 일으키기에 의사들이 LDL을 '나쁜 콜레스테롤'이라 부른다. 이런 LDL은 동맥의 혈관벽에 침투해서 문제를 일으킨다.

여담이지만 내가 미국에 처음 유학 갔던 1990년대 당시, 미국 과학계에서 지대한 영향력을 행사하던 사람들을 꼽으면 텍사스 사우스웨스턴 메디컬 센터 교수로 있던 마이클 브라운(Michael Brown)과 조셉 골드스타인(Joseph Goldstein) 박사가 포함되었다. 두 사람은 한 실험실을 같이 운영하면서 1970년대에 LDL 수용체를 발견했고, 유전적으로 LDL 수치가 무척 높은 사람들은 이 수용체에 문제가 있다는 것을 밝혀냈다. 1990년대는 유전자 조작을 연구하는 분야가 무척 조명받던 시대였는데, 어수룩한 대학원 신입생 입장에서는 전통적인 생화학 기법을 고수하는 텍사스의 과학자들이 미국 과학계를 좌지우지하는 것이 조금은 의아해 보였다. 하지만 그것은 내가 전문 지식이 없었기 때문이다. 1980년대부터 계속 비만이 사회적 이슈였던 시절 혈중 콜레스테롤 LDL수치에 지대한 영향을 미치는 수용체에 관한 연구가 주목을 받은 것은 자연스러운 일이었다.

그렇다면 LDL이 정확히 어떻게 심혈관계 질환을 일으키는 것일까? 많은 양의 LDL이 혈관벽에 침투하면 그중 일부는 산화하는데, 이렇게 산화된 LDL이 문제가 된다. 그래서 항산화 능력이 떨어지는 노인들에게서 심혈관계 질환이 많이 나타나는 것이다. 반면 항산화 기능에 좋은 싱싱한 채소와 과일을 규칙적으로 섭취하면, 산화된 LDL의 양을 줄이기 때문에 심혈관계 질환이 줄어든다고 한다. 많은 양의 산화된 LDL이 혈관에 쌓이게 되면, 이를 '매크로파지(macrophage)'라는 면역 세포가 흡수한다. 그런데, 너무 많은 양의 LDL을 흡수하면 매크로파지도 탈이 나서, 결국 기형적인 거품 세포(foam cell)로 변하게 되고, 이 세포들이 죽거나 다른 면역 세포들을 불러들이면서 혈관에 딱딱한 작은 상처를 남긴다 (그림 25). 의사들은 이를 플라크(plack)라고 표현하는데, 계속해서 거품 세포가 쌓이고 플라크가 커지면 혈관이 점점 가늘어진다. 혈관 지름이 작아지면 혈압이 올라간다. 그러다가 플라크

LDL
콜레스테롤 운반 입자

거품 세포
플라크

매크로파지

산화된 LDL

플라크

동맥

그림
25

콜레스테롤 운반 입자인 LDL이 혈관벽에 쌓이면서 혈관을 손상시키는 과정. 매크로파지가
산화된 콜레스테롤을 과다하게 흡수하면서 거품 세포로 변한다. 이것이 플라크를
형성하면서 혈관이 점점 막히고, 터지면서 뇌출혈을 일으키기도 한다. 위는 플라크가 생긴
혈관의 단면도, 아래는 혈관의 측면도다.

가 터지면 그 부분에 피가 응고하면서 혈관이 완전히 막히기도 한다. 이러한 이유로 심장마비가 오고, 뇌출혈이 일어나기도 한다. 지나친 양의 LDL이 심혈관계 질환의 주범으로 지목되는 이유다.

하지만 모든 콜레스테롤 입자가 해로운 것은 아니다. 또 다른 형태의 입자 HDL은 동맥에 쌓인 콜레스테롤을 제거해서 다시 간으로 운반하는 역할을 한다. 혈관 벽에 쌓이는 콜레스테롤을 제거하는 역할을 하니 의사들은 이를 좋은 콜레스테롤이라고 부르기도 한다. 붉은 포도주가 HDL 수치를 높여준다는 연구도 있어서 적은 양의 음주가 심혈관계에 좋다는 얘기를 하는 사람도 있다. 이렇듯 좋은 콜레스테롤도 존재하기 때문에 전체 콜레스테롤 수치가 높아진다고 반드시 심혈관계 질환에 걸릴 위험이 높아지는 것이 아니다. 심혈관계 질환에 있어서 더 중요하게 고려해야 하는 것은 LDL(나쁜 콜레스테롤)과 HDL(좋은 콜레스테롤)의 비율이다.

그러면 콜레스테롤 함유량이 많은 달걀을 먹어도 괜찮은 이유가 무엇인지 한번 살펴보자. 콜레스테롤이 많은 음식을 먹을 경우 LDL이 증가할 수도 있으나, 동시에 좋은 콜레스테롤인 HDL도 같이 증가한다. 그동안 수많은 임상 연구에서, 콜레스테롤이 많은 달걀을 먹더라도 심혈관계에 악영향을 끼치지 않는다는 보고가 계속 발표되었다.

이제는 콜레스테롤과 심혈관계 질환에 있어서 의사들이 주목하는 것은 간에서 합성되는 콜레스테롤 양이다. 이것이 나쁜 콜레스테롤 LDL의 양과 직접적으로 연관되기 때문이다. 간에서 어떻게 콜레스테롤을 만드는지 이해하면 이것을 조절하는 방법도 개발할 수 있다는 생각에 1950년대부터 이 연구가 무척 활발히 진행되어 왔다. 특히 생화학자들은 세포 안에서 콜레스테롤을 만드는 화학 반응과 이를 촉매하는 효소에 관한 연구를 활발히 진행했다. 그 대표 주자가 콘래드 블로흐(Konrad Bloch)라는 과학자인데, 콜레스테롤이 세포 안에서 합성되는 과정을 규명한 공로로 노벨상까지 수상했다. 그는 콜레스테롤의 원료가 되는 것이 포도당이며 여러 단계의 화학 반응을 통해 콜레스테롤이 만들어진다는 것을 밝혔다. 그리고 곧이어 그 화학 작용을 매개하는 효소들에 대한 연구가 뒤따랐다. 연구가 계속될수록 그중 하나인 HMG-CoA 환원효소(HMG-CoA Reductase)라는 단백질이 간에서 콜레스테롤이 얼마나 많이 만들어지는가에 중요한 역할을 한다는 것도 밝혀졌다. 그래서 이 효소에 많은 연구가 집중됐다.

이런 와중에 무명의 일본 과학자가 나타났다. 1933년생인 엔도 아키라(Endo Akira)는 지독히도 가난한 농사꾼의 아들로 태어났고, 그의 가족들은 그가 대학을 가지 말고 돈을 벌어 가족을 돕기를 바랐다. 하지만 그의 생각은 달랐다. 과학으로 수많은 사람을 살린 스코틀랜드 출신 과학자 알렉산더 플레밍(Alexander Fleming)의 이야기에 감명받아 그와 같은 과학자의 길을 걷고 싶었던 것이다. 플레밍은 인류 역사상 최초로 항생제를 발견한 과학자다. 그는 세균을 연구하는 과학자였는데, 하루는 휴가를 다녀와 자신이 키우던 세균 배지를 점검하다가 그중 하나가 페니실륨이라 부르는 푸른곰팡이에 오염돼 있는 것을 보았다. 자세히 보니 그 푸른 곰팡이 바로 옆에 세균들이 몽땅 죽어 있었고, 그것이 신기하다고 생각해 연구 방향을 아예 바꾸기로 했다. 그는 푸른곰팡이에서 세균을 죽이는 물질이 나온다는 가설을 세우고 그것을 입증하기 위해 푸른곰팡이를 갈아서 그 성분을 분리하기 시작했다. 거기에서 나온 특정 성분이 폐렴 등 질병을 일으키는 세균의 성장을 막는 것을 확인하고 페니실린이라 이름 붙였다.

그 후 옥스포드 대학의 언스트 체인(Ernst Chain)과 하워드 플로리(Howard Florey)가 페니실린을 대량 정제하는 법을 개발하면서 1945년 이후 대중들에게 보급되었다. 이렇게 항생제가 발견되기 전에는 가장 흔한 사망 원인이 감염병이었고, 그 시기 사람들의 기대수명이 50세가 채 안되었다. 그런데 페니실린이 보급되면서 전염병으로 죽는 사람이 급감했고, 이에 따라 기대수명이 70세 이상으로 늘었다. 이러한 혁신적 변화를 가져왔으니 플레밍, 체인 그리고 플로리는 곧 노벨상 수상의 영광을 얻게 됐다. 그리고 그들의 영웅담이 널리 퍼지면서 많은 젊은이들이 과학계에 투신했다.

엔도 아키라도 그중 한 명이었다. 그는 대학 졸업 후 동경에 있는 제약 회사 산쿄에 연구원으로 취직했다. 과일즙을 더 맛있게 만드는 효소를 곰팡이에서 정제하는 연구를 했고, 그 연구로 회사가 돈을 벌었다. 학업을 병행해 대학에서 박사학위도 받았다. 엔도를 인정해 준 회사는 1966년 그가 2년간 미국에서 연수하도록 보내줬다. 엔도 박사는 미국에 대한 첫인상이 강렬했던 듯하다. 비쩍 마른 일본인 입장에서 보니 미국인들은 다수가 심각한 비만증 환자 같았다. 식당에 가서 미국인들의 식생활을 보고는 더 놀랐다. 한 사람이 먹는 양이 일본에서 상상도 하기 힘든 정도였기 때문이다. 그리고 그는 미국인들의 가족 구조에도 놀랐다. 여러 세대가 같이 살던 일본과 달리 혼자 사는 미국 노인들이 많았기 때문이다. 그는 이들이 혼자 살다가 심장마비로 구급차에 실려 가는 모습을 많이 봤다. 먹을 것이 풍부해진 1960년대 미국 사회는 이미 콜레스테롤 수치가 높은 심혈관계 환자가 천만 명이 넘기 시작한 시기였다. 2년의 연수 기간이 끝나고 다시 동경에 돌아온 그에게 회사는 그가 원하는 주제를 연구할 기회를 주었다. 그래서 그는 콜레스테롤 수치를 낮추는 약을 한번 개발해 보겠다고 결심했다.

엔도 박사는 페니실린을 발견한 그의 롤 모델 알렉산더 플레밍의 영향을 받았다. 미생물들이 서로 경쟁하며 살아남으려고 상대방의 효소를 억제하는 물질을 만들지 않는가? 페니실린 이외에도 여러 가지 다른 항생제가 이러한 개념을 바탕으로 이미 발견된 상황이었다. 사람의 효소를 억제하는 물질을 분비하는 미생물도 있음이 알려졌다. 그래서 엔도는 사람의 콜레스테롤 합성 효소를 억제하는 미생물이 존재할 것이라고 생각했다. 그는 곧 실험에 들어갔다. 2년간 6,000여 종의 미생물을 모아서 콜레스테롤 합성을 억제하는 것이 있는지 찾았다. 그 결과 2가지 미생물을 발견했고, 거기서 분비되는 물질을 정제해서 그 효능을 다시 분석했다. 효과가 있는 물질이 나오면 콜레스테롤 합성 중에 나타나는 중간 대사물질의 증가를 '막는다'는 의미로 '스타틴'이라고 이름 붙였다. 그렇게 해서 나온 것이 나중에 메바스타틴(mevastatin)이라고 명명된 물질이다. 콜레스테롤 합성에서 가장 중요한 역할을 하는 효소 HMG-CoA 환원효소를 억제하는 물질이다.[59]

그는 심혈관계 환자들을 살리는 중요한 약을 개발했지만, 막상 세계 최초로 스타틴 계통의 약을 시판하는 영예는 후발 주자로 나타난 미국 굴지의 제약 회사 머크(Merck)에게 돌아갔다. 엔도 박사의 회사 산쿄가 이 약을 상업화하는데 지체했기 때문이다. 그 사이 머크의 개발 담당 책임자가 일본을 방문해서 산쿄에서 샘플도 얻어 가고 개발 정보도 가져갔다. 그리고 엔도 박사가 가지고 있던 특허 내용을 피하기 위해서 자신들이 엔도 박사와 똑같은 방법으로 콜레스테롤 합성을 막는 물질을 찾기 시작했다. 큰 회사였으니 많은 연구원들을 투입해서 실험하는 것은 문제도 아니었다. 이렇게 발견한 것이 로바스타틴(lovastatin)이라는 약이다.[60]

그 사이 산쿄가 개발하던 약의 임상 시험이 중단됐다. 회사 연구원이 적정치보다 200배 많은 양을 쓰면서 문제가 생겼다. 아무리 좋은 약이라도 너무 많이 쓰면 독이 되는 법이다. 이 약을 과다 투여한 실험동물에서 암이 발생했다. 연구원이 적정치보다 지나치게 많은 양을 썼다는 것을 모르는 회사는 이 약이 암을 일으킬지도 모른다는 것에 겁을 먹고 임상 시험을 중단했다. 그리고 그 소문을 머크도 듣게 됐다. 머크도 갓 시작한 임상 시험을 중단했다. 하지만 시대가 새로운 콜레스테롤 약 개발을 필요로 했다. 1980년대는 미국에서 비만 인구가 급격히 늘기 시작한 시기이다. 산쿄와 머크가 개발한 약에 관심을 갖는 과학자가 당연히 많았다. 이 와중에 텍사스의 브라운과 골드스타인 박사 실험실에서 논문이 나왔다. 머크의 로바스타틴을 실험동물 및 사람에게 투여했더니 LDL 수치가 많이 낮아졌다는 것이었다.

곧이어 일본 및 미국의 다른 실험실에서도 비슷한 논문이 연이어 나왔다. 나쁜 콜레스테롤인 LDL은 낮추지만 좋은 콜레스테롤인 HDL은 낮추지 않는다는 결과도 발표됐다. 브라운과 골드스타인 박사가 과학계에 지대한 영향을 미치던 시절이니 미국 보건연구원에서 콜레스테롤 수치를 낮추는 약 개발을 지원하겠다는 움직임이 생겼다. 미국 보건연구원이 암을 유발한다는 것은 소문에 불과한 것 아니냐면서 머크가 개발한 약의 테스트를 지원하기로 하여 머크는 임상 시험을 재개했다. 산쿄와 달리 머크의 과학자들은 적정 농도로 약을 사용했다. 이렇게 해서 머크의 로바스타틴(lovastatin)이 1987년 LDL 콜레스테롤 수치를 낮추는 약으로 시판되기 시작했다.

그 이후 여러 제약 회사에서 스타틴 계통의 약을 개발했다. 산쿄 역시 2년 늦게 자사의 스타틴 계열 약을 상품화했다. 현재 가장 널리 사용되는 스타틴 계열 약은 화이자의 리피토(Lipitor)다. 심혈관계 환자들의 치사율을 30~40%가량 낮춘다는 임상결과가 꾸준히 나오면서 이제 이 약들은 널리 처방되고 있다. 그리고 그 연구 담당 책임자였던 로이 바젤로스(Roy Vagelos) 박사는 머크의 사장으로 승진해 큰 돈을 벌게 되었다. 그렇게 번 돈의 일부를 자선 사업에 쓰기 시작했는데, 그중에서도 컬럼비아 의과대학에 돈을 많이 기부했다고 한다. 그래서 컬럼비아 의과대학이 2017년에 공식 이름을 컬럼비아 바젤로스 의과대학으로 개명하게 되었다.

엔도 박사는 어떻게 되었을까? 큰 부자가 되지도 못했고 노벨상 수상도 하지 못했다. 하지만 그가 스타틴 계통의 약을 처음 개발한 과학자라는 데에 이의를 제기하는 사람은 없다. 그리고 그가 개발한 스타틴 계열의 약은 전 세계적으로 3천만 명이 복용하는, 단일 계통으로는 가장 널리 처방되는 약이 되었다. 그 공로를 인정받아 그는 미국의 라스커상 그리고 일본의 재팬 프라이즈(Japan Prize) 등을 수상했다. 라스커상을 수상할 당시 엔도 박사는 자신을 취재하는 기자에게 다음과 같은 소감을 밝혔다.

> "어릴 적부터 사회에 도움이 되는 일을 하고 싶었어요.
> 스타틴을 개발하면서 그 꿈이 이루어졌지요."[61]

소박하면서도 숭고한 꿈이었다. 그리고 이를 이루었으니 돈으로 환산할 수 없는 것을 얻은 셈이다.

의사들은 혈중 콜레스테롤 농도가 높아 심혈관계 질환으로 고생하는 사람들에게 약을 처방하는 것 외에도 체중을 줄일 것, 그리고 동물성 지방질을 조심할 것을 당부한다. 동물성 지방질 중에 나쁜 콜레스테롤 수치에 영향을 주는 것이 있기 때문이다. 한 발짝 물러서서 콜레스테롤 외 다른 지방질에 어떤 것이 있는지 살펴보자. 에너지를 저장하는 수단으로 쓰이는 중성 지방은 지방 세포들의 주요 성분이다. 삼겹살을 먹을 때 많이 섭취하는 성분이기도 하다. 중성 지방은 글리세롤과 지방산이라는 물질이 화학 결합을 통해 붙어 있는 형상을 하고 있다. 건강과 지방질을 이야기할 때 지방산 이야기를 자주 하는데 특히 동물성 지방산이 몸에 안 좋다고 한다.

일반적으로 동물성 지방산은 소나 돼지 같은 온혈 동물의 지방산을 지칭하는 말이다. 같은 동물이지만 생선의 지방산은 같은 의미로 사용하지 않는다. 왜 그럴까? 동물이 사는 온도에 따라 그 지방산의 구성이 다르기 때문이다. 온 혈 동물들은 체온 37도에서 지방질이 적당히 유동성이 있도 록 조성되어 있다. 그러니 상온에서 삼겹살 비계는 고체의 성 질을 띠고 있고 더 높은 온도로 데우면 비계가 액체로 변해서 뚝뚝 떨어지는 것을 볼 수 있다. 반면 식물이나 차가운 바다 에 사는 동물은 지방의 성질이 약간 다르다. 지방질이 상온(또 는 차가운 바다의 온도)에서 고체로 굳는다면 세포막과 같은 중요 한 구조물이 얼어붙을 테니, 몸에 문제가 생길 수밖에 없다. 그래서 온혈 동물의 지방보다는 더 낮은 온도에서 액체 성질 을 띤다. 화학적으로 어떻게 지방을 액체처럼 유지할 수 있을 까? 이를 설명하려면 먼저 포화 지방산과 불포화 지방산에 대 한 이해가 필요하다.

포화 지방산이 동물의 지방질에 많고 건강의 적으 로 지목되기 때문에 그 이름을 들어본 이들이 많을 것이다. 간단히 설명해 보자면, 지방산은 탄소가 여러 개 엮여 길쭉 한 모양인데, 포화 지방산은 각기 탄소에 가능한 한 많은 수 소 원자들이 붙어 포화 상태에 이르렀다는 의미이다. 지방산 에 있는 탄소들은 가능한 한 많은 수소와 결합할 수도 있지만, 수소와 결합하는 대신 옆의 탄소와 결합을 더 할 수도 있다. 후자의 경우를 불포화 지방산이라 부른다 (그림 26).

그런데 포화 지방산과 불포화 지방산의 성질이 확연히 다르다. 포화 지방산은 서로 잘 포개져서, 여러 개가 규칙적으로 쌓이는 모양을 하고 있다. 규칙적으로 쌓인다는 것은 곧 고체의 성질이 강하다는 의미다. 같은 모양의 돌을 겹겹이 쌓아 단단한 벽과 같은 구조물을 만들 수 있는 것과 같은 이치다. 이런 포화 지방은 상온에서 고체의 성질을 띠는 삼겹살 비계 등 동물성 지방산에 많이 있다. 소고기나 돼지고기는 전체 지방의 50%가량이 포화 지방이라고 한다. 불포화 지방산은 이중 결합 때문에 탄소들이 꺾인 모양을 하고 있어서 차곡차곡 쌓기 어렵다. 규칙적인 모양을 유지할 수 없으니, 액체의 성질을 띤다. 불규칙한 모양의 돌은 서로 쌓으려 해도 자꾸 무너지니 견고한 구조물을 만들 수 없는 것과 같은 이치다. 고정되지 않고 데굴데굴 굴러다니는 돌을 액체에 비유할 수 있다. 우유로 만든 크림과 버터는 포화 지방산의 비율이 많다 보니 고체의 성질을 가지고 있지만 불포화 지방산이 더 많은 우유는 액체다. 식물에서 추출한 올리브유나 참기름은 상온에서 액체의 성질을 유지하니 불포화 지방산의 비율이 더 높다. 평균 85% 정도가 불포화 지방이라고 한다. 생선에 많이 들어있는 오메가-3 지방산은 끄트머리(오메가 탄소)에서 세 번째 탄소

포화 지방산
탄소들이 수소에 포화돼 있다

불포화 지방산
탄소들이 이중결합을 이루어
전체적인 구조가 꺾여있다

트랜스 지방산
불포화 지방산의 일종.
이중결합 구조가 달라
많이 꺾이지 않은 구조

그림
—
26

포화 지방산, 불포화 지방산, 트랜스 지방산의 구조. 이중 결합을 한 탄소들에
동그라미 쳤다. 이중 결합이 있는 지방산을 '불포화 지방산'이라고 한다.
불포화 지방산은 꺾인 구조 때문에 유동성이 더 높고, 녹는 온도가 더 낮다.

연결고리가 불포화하여 액체의 성질을 더 갖는다.

건강에 신경을 쓰는 우리가 포화 지방산에 대해 이야기하는 이유는, 포화 지방산이 혈중 LDL(나쁜 콜레스테롤) 수치를 높이기 때문이다. 건강한 세포들은 LDL을 꾸준히 흡수하기 때문에 적당량의 혈중 LDL 농도가 유지되는데, 포화 지방산이 지나치게 많은 경우 이 같은 LDL 흡수를 막기 때문에 혈중 LDL 농도가 높아진다. 그러한 이유로 세계보건기구, 미국 보건부, 영국 식품표준부 등 세계 여러 기관들이 건강을 위해 포화 지방산의 섭취 비중을 낮추라고 권장한다. 미국 심장학회는 음식물에서 포화 지방의 비율을 7% 이하로 섭취할 것을 권장한다.

우리 몸에 좋다고 알려진 올리브유 같은 식물성 기름에 불포화 지방산이 많다고 했는데, 불포화 지방이면 무조건 몸에 좋을까? 반드시 그렇지는 않다. 불포화 지방에도 두 가지 종류가 있다. 이중 결합 때문에 탄소 연결고리가 한 쪽으로 많이 꺾인 시스(cis)형 불포화 지방이 앞서 얘기했듯이 식물에 많이 있는데, 이것은 지방질을 액체의 성질로 만드는 효과가 있으며, 이것이 몸에 좋거나 최소한 해롭지는 않다고 알려져 있다. 그런데 이중 결합을 해도, 덜 꺾이는 트랜스형 불포화 지방산이 있다. 자연에서는 드문 형태의 지방이지만, 식품 회사에서 화학적으로 만들어 음식에 넣어 왔다.

왜 식품 회사들이 그런 짓을 할까? 대기업 식품 회사에서 연구를 해 보니 감자튀김 등을 만들 때 포화 지방산으로 튀겨야 더 좋은 맛이 났다. 그런데 동물성 지방은 옥수수에서 추출하는 식물성 지방에 비해서 값이 비싸다는 문제가 있었다. 이윤을 극대화해야 하는 기업들은 다른 방법을 찾았다. 값싼 식물성 기름에 화학 공정을 가해서 수소를 더 붙인 포화 지방을 만드는 것이었다. 그런데, 이러한 공정을 거치다 보면 부산물로 트랜스 형태의 불포화 지방이 어느 정도 생긴다. 이러한 트랜스 지방산이 몸 안의 콜레스테롤 양을 증가시킨다. 따라서 미국 식품의약국에서는 2003년 트랜스 지방산이 건강에 안 좋다는 결정을 내렸고, 3년 이내에 가공식품들에 이것의 사용을 금지시켰다. 우리나라에서도 시판되는 과자에는 트랜스 지방의 함량을 표시하게 되었는데, 그 결과 시판 식품에 트랜스 지방이 들어가는 비율이 2005년에 비해 90% 이상 줄었다고 한다. 지방질에 관한 한 사회가 전반적으로 더 엄격하고 건강해졌다.

그런데, 오늘 얘기하는 과학의 정설들이 정말 불변하는 진실인가? 지방산과 건강에 관한 기존 상식에 반하는 연구 결과들이 최근까지도 계속 나오고 있다. 2014년 발표된 연구에서 케임브리지대학의 라지브 차우드리(Rajiv Chowdhury) 박사 팀은 여태까지 발표된 영양학 관련 연구 80여 건(총 50만 명을 대상으로 한 연구들)을 다시 세세히 검토하면서 특히 피와 지방 세포 안의 지방산 조성을 집중 조사했다. 그리고 불포화 지방산 섭취 효과를 측정한 27개의 연구 결과도 다시 세세히 검토했다. 그 결과 차우드리 박사는 트랜스 지방산과 심혈관계 질환의 연관성은 확인할 수 있었지만, 포화 지방산과 질병의 상관관계를 뒷받침하는 증거는 없다는 결론을 내렸다.[62]

얼마 지나지 않아 이번에는 루이지애나의 툴레인 대학 리디아 바자노(Lydia Bazzano) 연구팀에서 150명을 대상으로 한 영양학 연구를 발표했다.[63] 스터디 참가자들을 두 그룹으로 나누어, 한 그룹은 탄수화물 섭취를 줄일 것을 주문했고, 다른 그룹은 지방질 섭취를 줄일 것을 지시했다. 탄수화물 섭취를 줄이고 그 대신 지방질(동물성 지방 포함) 섭취를 늘린 그룹이 체중이 줄었고 심혈관계 질환의 위험도 줄어들었다는 결과가 나왔다.

지방질 섭취를 늘린 그룹이 심혈관계가 나아졌다고? 충격적인 내용이 아닐 수 없다. 수십 년간 일반 대중에게 포화 지방 섭취가 나쁘다고들 홍보하지 않았는가? 포화 지방산이 콜레스테롤을 높인다는 연구 결과를 발표하지 않았는가? 차우드리 박사의 설명에 의하면, 과거 포화 지방이 콜레스테롤과 관련 있다고 한 이유는 포화 지방산 섭취 후, 각 조직에 콜레스테롤을 가져다주는 LDL의 양이 늘어난 것을 보고 짐작한 결과라고 한다. 그러나 이전 연구자들이 간과한 것은 포화 지방산이 콜레스테롤을 수거하는 HDL 양도 함께 증가시킨다는 사실이라고 차우드리는 주장했다. 워낙 놀라운 결론이라 과학자들은 이 논문을 세세히 검증했다.

하버드 대학의 영양학자인 프랭크 후(Frank Hu)의 말이다.

> "개별적인 지방산 몇 가지 조사해 놓고서, 이제 안심하고 스테이크나 버터를 마음껏 먹으라고 하는 것은 위험합니다. 영양학 연구를 위해 조사할 때, 사람들에게 지방질을 적게 먹으라고 주문하면 건강에 더 안 좋은 정제된 탄수화물을 먹는 경향이 있거든요. 그걸 잘못 해석하면 '지방질을 적게 먹었는데도 건강이 나빠졌다'는 결론을 내게 되지요."

하버드 보건대학원의 학과장을 맡고 있는 월터 윌렛(Walter Willett)은 더 강하게 나왔다.

> "이 논문, 사람들 건강에 엄청난 피해를 입힐 거예요. 이 논문을 철회하고, 그 사실을 언론에 대대적으로 알려야 합니다."

반면 〈뉴욕타임스〉의 쿠킹 칼럼니스트로 유명한 마크 비트만(Mark Bittman)은 이 연구를 반겼다. 그가 쓴 기사 제목은 "버

터, 다시 돌아오다(Butter is Back)"이다.[64]

> "버터로 다시 요리를 하세요. 그리고 스튜를 만들 때
> 돼지고기에서 지방이 많은 부위를 고르세요. 그래야
> 가장 맛 좋은 스튜가 나옵니다. 더 이상 당신 친구들이
> '날 죽이려는거야?'하는 눈초리로 쏘아보지 않을 거예요.
> 새로운 연구 결과에 의하면 포화 지방산이 심장병의 원인이
> 아니랍니다."

윌렛 교수가 우려하던 현상이 즉각 나타난 것이다.

이 논란을 거치면서 차츰 동물성 지방에 대한 안 좋은 시각에 변화가 생겼다. 하버드 대학의 저명한 영양학 교수들이 최근 연구에 대해 불평을 쏟아 냈지만, 그 사람들의 결론은 어떤 특정한 전제를 깔고 있다는 것을 주목해야 한다. 즉 사람들이 다른 영양분을 똑같이 섭취하는 상황에서 동물성 지방(포화 지방)만 줄일 수 있다는 전제가 있는 것이다. 동물 실험이면 몰라도 실제 사람들이 그렇게 행동하는가? 의사가 심장병 환자에게 "삼겹살 같은 음식 피하세요."하고 얘기하면 그 환자는 어떻게 행동할까? 평소에 즐기던 고기와 삼겹살을 꾹 참고 안 먹을 수는 있겠다. 그런데 그렇게 식생활을 바꿨더니 뭔가 허기진다는 느낌을 받을 것이다. 그러니 그는 그 허기를 채우기 위해 다른 무언가를 찾는다. 십중팔구 빵, 파스타,

흰밥, 과자, 포테이토칩 등 정제된 탄수화물이다. 최근 연구들은 것은 그렇게 섭취하는 정제된 탄수화물이 동물성 지방보다 심혈관계에 더 악영향을 끼친다는 것을 보여주고 있다.

언제부터 탄수화물이 건강의 적으로 지목됐을까? 1990년대 미국 정부에서 만들어 배포한 음식 피라미드에 의하면 탄수화물은 우리 건강에 가장 기초적인 영양분으로서 그 무엇보다도 많이 섭취하도록 권장되었다(그림 27). 에너지를 얻기 위해 먹는다는 시각에서 보면 탄수화물이 우리 몸이 가장 선호하는 에너지원이기 때문이다. 음식 피라미드에서 탄수화물 위에는 채소가 있고, 그 위에 더 적은 양의 고기를 섭취할 것을 권장했다. 그리고 음식 피라미드의 맨 꼭대기, 건강에 위험할 수 있으니 가장 적게 섭취할 것을 권장한 것이 동물성 단백질이었다. 하지만 지난 30년간 이 상식이 완전히 뒤집어진 것이다.

왜 탄수화물의 지위가 폭락했을까? 흰 쌀밥이나 포테이토칩을 자주 드시는 분들은 다 아는 사실이 있다. 배가 금방 다시 고파진다는 것이다. 먹고 먹어도 계속 먹을 수 있는 것이 포테이토칩이다. 왜 그럴까? 정제된 탄수화물은 우리 입에서 금방 포도당으로 변한다. 이렇게 해서 혈중 포도당이 올라가면 우리 췌장에서 인슐린을 분비한다. 이렇게 분비된 인슐린이 하는 일은 우리 세포로 하여금 포도당을 아주 빨리

Fats, Oils & Sweets
USE SPARINGLY

KEY
☐ Fat (naturally occurring and added)
☑ Sugars (added)
These symbols show fats and added sugars in foods

Milk, Yogurt &
Cheese Group
2-3 SERVINGS

Meat, Poultry, Fish, Dry Beans,
Eggs & Nuts Group
2-3 SERVINGS

Vegetable Group
3-5 SERVINGS

Fruit Group
2-4 SERVINGS

Bread, Cereal,
Rice & Pasta
Group
**6-11
SERVINGS**

그림
27 1990년대 미국 농무부에서 배포한 음식 피라미드. 빵과 밥 같이 탄수화물
함량이 높은 음식이 피라미드의 가장 밑에 자리잡고 있는데, 이들을 가장
많이 섭취할 것을 권장하고 있다. 반면 지방질은 피라미드의 꼭대기에
위치하고 있으며 적게 먹을 것을 권했다. 1990년대의 의학 지식을 바탕으로
했던 이 음식 피라미드는 더 이상 현대 의학 상식에 부합하지 않는다. 이제는
정제된 탄수화물 섭취를 줄이라는 것이 중요한 의학 상식이다.

흡수하도록 지시하는 것이다. 이 때문에 그 높던 혈중 포도당 농도가 금방 떨어진다. 이것을 뇌가 감지하면서 우리는 금방 다시 허기를 느낀다. 그래서 포테이토칩 봉지에 다시 손이 간다. 그 결과는 무엇인가? 탄수화물을 폭식하는 것이다. 채소를 이처럼 폭식하는 경우가 있는가? 삼겹살을 이처럼 폭식할 수 있는가? 우리 몸은 지나친 탄수화물 섭취 때문에 생기는 에너지를 지방질로 저장한다. 그리고 동물성 지방은 우리 몸의 LDL 수치를 높이며 우리 심혈관계에 나쁜 영향을 미친다.

뉴욕대학교 의과대학에서 일하며 주위 의사들에게 듣는 얘기도 있고, 저명한 과학자들의 강연을 접하며 알게 모르게 나도 점차 건강에 좋은 식생활을 추구하게 되었다. 처음 교수 생활을 시작했던 2000년대 중반과 비교해 지금 내 식생활은 많이 바뀌었다. 그 동안의 과학 발전에 영향을 받은 것이다. 처음 교수 생활을 시작했을 때에는 무의식 중에 동물성 포화 지방산 섭취를 제한하겠다고 아침에 식빵에 잼을 발라 먹고는 했다. 그러다가 탄수화물의 과다 섭취가 건강에 최고의 적이라는 얘기를 들었다.

물론 동물성 지방과 탄수화물 섭취를 동시에 줄이면 최고의 효과를 얻을 수 있다. 하지만 대부분의 사람들은 배고픈 것을 참지 못한다. 이것은 의지가 약해서가 아니라 본능 때문이다. 그래서 나는 이제 아침식사로 빵에 잼 대신 크림치즈를 발라 먹는다. 동물성 지방이 많은 크림치즈가 내 탄수화물에 대한 욕구를 조금이라도 억제해 준다면 절반의 성공으로 간주하겠다는 생각으로 아침 식사를 즐긴다. 그리고 꾸준한 운동으로 몸 안에 쌓인 지방질을 줄이고자 노력한다. 배고픈 것은 못 참아도 적당한 운동은 즐거이 할 수 있기 때문이다.

제 3 부

17

기억, 치매 그리고 엉키는 단백질

내가 서른을 갓 넘긴 시기였던 것 같다. 내가 박사후 연구원으로 일하던 록펠러대학에 당시 치매 연구의 대가였던 하버드 의과대학의 데니스 셸코(Dennis Selkoe) 교수가 강연을 하러 왔다. 오백 명은 족히 수용할 수 있는 강연장이 가득 찼던 기억이 난다. 앞줄에는 교수들이 자리잡았고 그 뒤에 학생과 박사후 연구원들이 앉았다. 세미나를 시작하는 셸코 교수는 치매가 얼마나 끔찍한 질병인지에 대한 일반적인 얘기부터 시작했다.

> "이 끔찍한 질병에 대해 모두 여러 가지 생각이
> 들 것입니다. 아마도 앞줄에 앉아 계신 원로 교수님들은
> 가끔씩 뭔가 기억이 안 날 때마다, 이게 혹시 알츠하이머병
> 초기 증상은 아닐까 걱정을 하실 거고요, 또 뒤쪽의 젊은
> 연구원들은 지도 교수와 학문적 이견이 생길 때마다
> 우리 교수가 치매 초기 증상을 앓고 있는 게 틀림없다고
> 확신할 겁니다."

이렇게 그는 좌중의 폭소를 이끌어 냈다. 그 당시 나는 그 말

이 재밌다고 웃기만 했지만, 세월이 흘러 이제 나는 강연장 앞줄에 앉은 사람의 입장이 되었다. 치매에 걸리지 않았더라도 나이가 들면서 뇌 기능은 저하될 수밖에 없다. 무서운 일이 아닐 수 없다.

뇌는 어디에 기억을 저장하는가? 미국에서는 그것이 일반인들에게 널리 알려질 기회가 있었다. 바로 몇 해 전 트럼프 전 대통령이 브렛 캐버노(Brett Kavanaugh)라는 판사를 종신 대법관으로 지명했을 때였다. 미국에서는 대법관들이 정치적으로 민감한 주제에 지대한 영향을 행사할 수 있기 때문에 모든 신문 방송이 이 청문회를 중요한 뉴스로 다룬다. 이렇게 생방송으로 중계되던 의회 청문회에서 난리가 났다. 대법관 후보자가 고등학생 시절 술을 먹고 성폭행을 시도했다는 주장이 나온 것이다. 그 피해자가 의회 청문회에 등장했는데 크리스틴 블레이시 포드(Christine Blasey Ford)라는 심리학자였다. 품위 있는 인상에 말을 또박또박 잘하는 포드 박사가 등장하자 모두들 캐버노가 낙마할 것이라 생각했다. 공화당 의원들은 이 증인을 함부로 밀어붙이지도 못하고 전전긍긍하며 질문을 이어갔다.

"포드 박사님 말씀이 벌써 삼십 년도 더 된 얘기인데요,
혹시 박사님의 기억이 부정확할 수도 있는 것 아닌가요?"

여기에 증인이 했던 대답이 인상적이다.

"아니요, 이처럼 충격적인 일은 뇌의 해마(hippocampus)에
각인되어서 잊히지 않는 기억이 됩니다. 틀림없어요."

포드 박사의 증언에도 불구하고 그 당시 다수당이던 공화당
의원들의 엄호 속에 결국 캐버노는 청문회를 통과했다. 그때
정치에 관심이 많은 미국인들의 뇌리에 '해마'라는 용어가 각
인됐다. 해마는 뇌 깊숙이 자리잡은 조직인데, 바다에 사는 해
마와 모양이 비슷해서 붙인 이름이다(그림 28). 해마가 장기 기
억을 형성하는 데 필수적이라는 개념은 1950년대 이후에 널
리 받아들여졌다. 뇌전증을 앓던 헨리 몰래슨(Henry Molaison)
이라는 환자를 의사들이 연구하면서부터였다. 헨리 몰래슨은
타계하기 전까지 환자의 신원을 보호한다는 차원에서 학계에
서 'H.M.'으로 통칭되었다.

뇌전증을 심하게 앓던 H.M.은 27세가 되던 1953년
문제를 근본적으로 해결하겠다고 수술대에 올랐다. 정상적인
생활이 불가능하다고 판단했기 때문이다. 뇌전증은 뇌의 전
기 활동이 갑자기 뇌 전체에 걷잡을 수 없이 퍼지면서 생기는
병이니, 이를 적당한 선에서 막기 위해서 뇌 조직 일부를 제
거하는 수술을 하기로 했다. 뇌를 열어 해마를 제거했다. 회복
을 하며 뇌전증이 훨씬 나아졌다. 그런데 더 심한 문제가 발

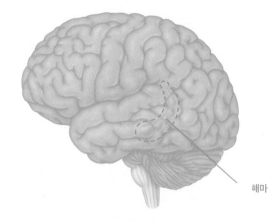

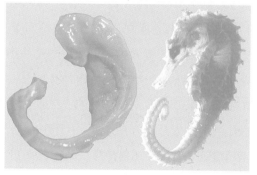

그림
28

뇌의 해마. (위) 인간의 뇌 깊숙이 있는 해마(점선).
(아래) 해부된 해마와 바다에 사는 해마는 모양이 비슷하다.

생했다. 기억 상실증에 걸린 것이다.[65]

H.M.의 모든 기억이 사라진 것은 아니었다. 수술 이전에 있었던 일들은 기억하고 있었고, 몇 분 동안 지속되는 단기 기억에도 문제가 없었다. 5분 이내에 다시 묻기만 한다면 아주 복잡한 것도 문제없이 기억했다. 그리고 이러한 단기 기억에 문제가 없으니 짧은 대화는 정상적으로 가능했다. 하지만 그 이상 시간이 지나면 곧 기억이 소멸했다. H.M.은 해마를 잃으면서 단기 기억을 장기 기억으로 변환시키는 것에 장애가 생긴 것이다. 대화 중 질문을 하고 대답을 얻었는데, 그 대답을 5분 이상 기억하지 못하니 똑같은 질문을 또 반복했다. 이러니 H.M.은 과거와 미래의 구분 없이 항상 현재를 사는 사람이 되었다. 그는 성격이 쾌활하고, 연구자들에게 무척 협조적이었다고 한다. 반복되는 여러 가지 테스트에 생전 불평도 하지 않았다고 한다. 전에 했던 테스트를 기억하지 못하기 때문에 지루한 검사를 계속 받을 수 있었다. 자신을 30년 이상 검사했던 의사마저 기억하지 못하고 처음 만나는 사람처럼 대했다.

이 환자를 관찰한 것을 바탕으로 새로운 과학적 개념이 발전해 나갔다. 기억에는 몇 분 동안 지속되는 단기 기억과 훨씬 오래 가는 장기 기억이 있다는 것이 그중 하나였다. 그리고 뇌의 해마라는 조직은 단기 기억을 장기 기억으로 바꾸는 데 필수적인 역할을 하는 곳이라는 것이 또 하나였다.

물론 여느 개념과 마찬가지로 이에 비판적인 세력이 없는 것은 아니다. H.M. 사후 과학자들은 그의 뇌를 정밀 검사했는데, 해마가 반 이상 없어진 것이 확인되었지만 그래도 조금은 남아 있었다. 그래서 해마가 장기 기억을 형성하는 데 중요하다는 개념이 완전히 증명된 것은 아니라고 하는 사람들도 더러는 있다. 하지만 이는 소수에 불과하고 해마가 장기 기억을 형성한다는 것이 널리 받아들여졌으니 포드 박사가 미국 국회의원들에게 자신의 기억이 틀림없다는 말을 하면서 해마 얘기를 한 것이다.

내가 우리 아이들에게 공부하는 방법에 대해 설명할 때 자주 해 주는 말이 있다. 내가 평생 공부를 하며 제일 도움이 됐던 개념이 단기 기억과 장기 기억이 따로 존재한다는 것이었다고. 우리가 처음 무엇을 배우고 그것을 기억하려 할 때, 그것들은 단기 기억으로 존재한다. 그것은 몇 분 후에 사라질 수 있는 기억이다. 이 때문에 한 번만 공부해서는 며칠 후 있을 시험을 제대로 대비할 수 없다. 배우고자 하는 것을 두 번, 세 번 반복할 때 단기 기억이 장기 기억으로 확실하게 변하게 된다. 그래서 예습 복습이 강조되는 것이다. 나는 이 사실을 과학자들에게 많이 들어왔기에 이 개념이 내 뇌의 해마에 각인되었다. 그것이 새로운 것들을 꾸준히 배워야 하는 내 직업에 상당한 도움이 되었다.

단기 기억이 장기 기억으로 바뀌는 과정을 연구한 사람이 무척 많은데, 2000년에 그러한 연구로 노벨상을 받은 에릭 캔델(Eric Kandel) 교수 얘기를 빼 놓을 수 없다. 1990년대 내가 컬럼비아대학 대학원에서 공부할 당시 그를 만났다. 대학원에 입학한 지 얼마 안 돼 2박 3일로 심포지엄 여행을 떠났는데, 내가 앉은 아침식사 테이블 옆자리에 이분이 자리를 잡았다. 그리고 그가 먼저 말을 걸어왔다.

"내 이름은 에릭이요. 학생, 이름이 뭐지?
　그리고 어디서 왔어?"
"제 이름은 형돈이고 한국에서 왔습니다."
"한국? 우리 실험실에서 최근 졸업한 봉균 강이라고 있는데
　혹시 아나?"

지금은 서울대에서 기억에 관한 연구로 한국 최고 권위의 호암상까지 수상한 강봉균 교수를 얘기한 것이었다. 당시에는 내가 아직 그를 개인적으로 알지 못하던 시절이다.

"얘기는 들었는데 개인적으로는 모릅니다.
　인생을 즐기며 사는 스타일이라는 소문은 들었는데…"
"어? 같은 사람을 얘기하는 것은 아닌 것 같네.
　내가 아는 봉균 강은 일을 무지 열심히 하는 사람이에요.

밤낮 일밖에 몰랐어. 그렇게 열심히 했으니 훌륭한 결과를 내고 졸업했고. 그러니 한국에서 온 너도 열심히 해 봐. 핑계 대지 말고 말이야. 그래야 잘할 수 있어."

캔델 교수가 노벨상을 수상한 이유는 단기 기억이 장기 기억으로 바뀌는 과정에 관한 연구 때문이다. 그전에는 기억이라는 것을 뇌 전반적인 차원에서 어렴풋이 이해하고 있었는데, 그는 이를 발전시켜 세포 수준에서 이를 규명했다. 신경 세포라는 것이 무엇인가? 서로 연결하여 회로를 만드는 세포들이다. 내가 무언가를 보거나 느끼면 첫 신경 세포에서 전기 신호가 생긴다. 그리고 그 옆에 회로를 구성하는 신경 세포를 전기적으로 흥분시킨다. 이것이 계속되면 신경 세포 여러 개가 망을 이루는 일종의 회로를 통해 전기 신호가 전달된다. 이러한 신경망들에 전기가 돌면서 뇌가 기능을 한다. 무언가를 기억하는 것 자체가 특정한 신경망을 통해서 이루어진다.

1960년대 노르웨이의 신경과학자 테리에 뢰모(Terje Lømo)가 토끼의 해마에서 신경 세포끼리 전기 신호를 전달하는 것을 연구하면서 기억력 연구에 중요한 공헌을 했다. 특정 신경망에 주파수가 높은 전기 신호를 보내면 나중에 또다시 전기 신호를 주었을 때 그 신경 회로망이 전기 신호를 더 효과적으로 전달한다는 것을 밝힌 것이다. 신경 세포들끼리 전에 있었던 신경 세포와 시냅스. 뇌가 기억하기 위해서는 신경 세포가 서로 연결되어 전기 회로를 이루는 것이 필수적이다. 한 신경 세포에서 전기 신호가 생기면 그 신호를 그 다음 신경 세포에 전하면서 뇌가 작동을 한다. 따라서 신경 회로망이 제대로 작동하기 위해서는 신경 세포 사이의 작은 틈인 '시냅스'가 필요하다. 이 틈을 통해서 전기 신호가 잘 전달될 때 그 뇌가 잘 작동하고, 전기 신호전달이 비효율적일 때 우리 뇌는 그 기능이 떨어진다. 우리가 처음 어떤 것을 배울 때 시냅스의 효율은 그다지 좋지 않다. 그래서 쉽게 잊는다. 그러나 반복 학습을 할 때마다 시냅스의 구조가 강화되고, 이에 따라 장기 기억이 형성된다.

그림
29

전기 신호를 '기억'하고 그에 따라 신경망을 강화했다고 해석한 것이다. 이러한 현상을 장기강화(Long-term potentiation: LTP)라고 부르는 데, 그 이후 LTP가 기억의 원리를 설명할 수 있다고 과학자들은 생각했다. 캔델 교수 역시 이러한 전제를 가지고 꾸준히 연구해 온 사람이다.

전기 신호로 흥분된 한 신경 세포가 그 다음 세포를 흥분시키려면 이 틈을 통해 신호를 전달해야 한다. 여기에서 중요한 역할을 하는 것이 시냅스(synapse)다. 시냅스는 신경 세포와 신경 세포 사이의 작은 틈을 지칭하는데, 흥분된 한 세포가 시냅스에 신경 전달 물질을 분비하면 그 옆에 있는 신경 세포가 이를 받아들여 전기 신호로 변환한다. 그러면서 전기 신호가 망을 통해 계속 전파되는 것이다. LTP 연구에서 드러난 것이 이 시냅스의 효율성이 바뀔 수 있다는 개념이었다.

그렇다면 시냅스의 기능이 단기 기억과 장기 기억의 차이를 설명할 수 있는가? 캔델 교수는 1960년대 이후 바다 달팽이 종류인 군소의 신경 세포를 관찰하면서 이 분야에 크게 공헌했다. 바다 달팽이도 기억을 한다고? 그렇다. 처음에 바다 달팽이의 아가미를 만지면 이것들이 아가미를 반사적으로 움직인다. 그런데 아가미를 살짝, 그리고 반복적으로 만지면 바다 달팽이는 이 행동이 무해하다는 것을 기억하고 점차 반응을 줄인다. 이를 습관화 기억이라 한다. 반면 아플 정도로 만지면 그것을 기억하고는 그 다음에 만질 때 더 과민 반응을 한다. 이를 민감화 기억이라 한다. 바다 달팽이 같은 동물도 배우는 능력이 있는 것이다. 바다 달팽이는 신경망 구조가 비교적 간단하고 신경 세포가 커서 캔델 교수는 이 동물로 연구해 보기로 했다.

인간의 뇌에는 천억 개의 신경 세포가 있는 반면 바다 달팽이는 이만 개밖에 없으니 연구가 그만큼 용이하다고 판단했다. 우선 아가미를 움직이고, 기억하는 신경 세포가 무엇인지부터 알아봤다. 그리고 한 신경 세포에 전기 신호를 주고 그 옆의 신경 세포에 전기 신호가 전달되는 과정을 봤다. 무해하다고 느끼는 신호를 반복적으로 보내면 점차 옆 신경 세포에 전기 신호가 덜 간다는 것을 관찰했다. 반면에 유해한 아픈 자극을 경험하고 나서는 신경 세포에 전기 신호가 더 빨리 효율적으로 전달됐다.

신경 세포가 옆 세포에게 전기 신호를 전달하려면 시냅스를 지나야 한다. 그러니 학습 과정에서 시냅스에 변화가 생긴다는 가설을 세우고 연구하기 시작했다. 그 과정을 거치면서 바다 달팽이도 단기 기억과 장기 기억이 있다는 것을 알아냈다. 그리고 시냅스 차원에서 그 차이점을 발견했다. 단기 기억의 경우에는 시냅스에 구조적인 변화가 오지 않았다. 단 몇 분 동안은 구조적 변화 없이 전기 신호가 잘 통했다. 그러다가 곧 원래대로 돌아왔다. 단기 기억이 시간이 지나면서 소멸되는 현상이었다. 그런데 바다 달팽이가 복습을 통해서 장기 기억을 형성하면 시냅스의 구조가 변했다. 신경 세포들 간 연결이 더 강화된 것이다.

훗날 그 자세한 원리를 여러 연구팀에서 발견했다. 장기 기억을 하려면 시냅스에서 단백질 합성이 필요하고, 그렇게 새로 만들어진 단백질들이 시냅스의 구조를 바꾸는 것이 밝혀졌다. 그리고 이런 현상이 바다 달팽이에만 국한된 것은 아니다. 인간과 같은 포유류를 대상으로 뇌 속 해마에서의 LTP가 많이 연구되고 있다. 기억을 형성하는 데 해마가 중요한 역할을 하며, 세포 수준에서는 시냅스 구조 변화가 LTP를 가져온다는 개념이 널리 받아들여졌기 때문이다.[66]

기억을 상실하고, 나이가 들면서 걸리는 대표적인 질병은 알츠하이머병이다. 이 질환의 이름은 이를 처음 의학계에 보고한 독일 의사의 이름에서 따왔다. 1900년대 초반, 의사 알츠하이머는 치매를 심하게 앓다가 죽은 사람들의 뇌를 해부하고, 그 뇌에 단백질 덩어리가 심하게 뭉친 아밀로이드 플라크(amyloid plaques)가 많다는 사실을 밝혀냈다. 지금도 이 질환을 정의하는 데 이 플라크의 존재가 중요하다. 20세기 후반에 이르러, 아밀로이드 플라크를 만드는 엉킨 단백질이 규명되었는데, 이것이 베타 아밀로이드 단백질이다. 이 단백질들이 뇌에서 엉키기 시작하면서 아밀로이드 플라크를 만들고, 플라크가 우리의 장기 기억 형성에 중요한 역할을 하는 해마에 많이 쌓이면 기억력에 문제가 생긴다. 나중에는 이 플라크가 언어 및 사고력에 중요한 역할을 하는 대뇌겉질(cerebral cortex)에도 축적된다. 그러면 알츠하이머병이 더 심해진다.

퇴행성 신경 질환의 대표 주자가 알츠하이머병이라면 그 다음으로 흔한 것이 루이소체 치매(Lewy Body Dementia)라고 불리는 질병이다. 파킨슨병이 이 범주에 속한다. 파킨슨병은 알파시누클레인(alpha-synuclein)이라 불리는 단백질이 엉키면서 생기는 루이소체(Lewy Body)가 신경 세포에 생기는 질병들을 말한다. 이렇게 엉킨 단백질이 결국 특정 신경 세포를 죽게 만들면서 여러 가지 증상이 나타난다. 도파민(Dopamine)이라는 신경 전달 물질을 분비하는 세포가 많이 죽을 경우 파킨슨병으로 발전한다. 혹은 아세틸콜린(Acetyl Choline)이라는 신경 전달 물질을 분비하는 세포에 문제가 생기면 환자의 전반적인 사고 능력과 판단 능력이 감퇴하는 방향으로 치매가 발전한다.

단백질이라는 것은 무엇인가? 앞서 설명했듯 단백질은 아미노산이 일렬로 연결된 물질을 일컫는다. 많은 단백질이 초정밀 기계와 같은 '효소' 역할을 하고 있다. 여기서 다음과 같은 질문을 할 만하다. "잠깐만요, 일렬로 늘어선 아미노산이 도대체 어떻게 초정밀 기계의 역할을 한다는 말입니까? 기계라 하면 아주 정교한 모양을 하고, 또 에너지를 이용해 움직이기도 해야 하는 것 아닌가요?"

이러한 질문에 해답을 제시하려고 20세기 초반 영국 케임브리지대학 캐번디시(Cavendish) 연구소에서 화학 물질의 구조를 밝히는 X선 회절법(X-Ray Diffraction)이라는 기술을 개발했다. 이를 처음 개발한 윌리엄 브래그(William Bragg)는 제자들에게 단백질과 DNA의 구조를 밝힐 것을 지시했다. 그 연구소 출신의 가장 유명한 제자들이 DNA의 이중나선 구조를 밝혀낸 왓슨(James Watson)과 크릭(Francis Crick)이다. 20세기 분자생물학의 최고 스타로 꼽히는 인물들이다. 그리고 이들에 앞서 단백질의 구조를 밝힌 존 켄드루(John Kendrew)와 막스 페루츠(Max Perutz)도 헤모글로빈과 미오글로빈이라는 단백질의 구조를 규명한 공로로 뒤이어 노벨상을 수상했다.

그런데 단백질 구조를 봤더니, 일렬로 늘어서 있을 것 같았던 아미노산들이 특정 모양으로 접혀 있는 것이 아닌가(그림 30). 종이를 접어서 각종 모양을 만드는 종이접기에 비유할 수 있겠다. 그렇지! 정밀 기계의 역할을 해야 하는 단백질, 효소들이 기계의 모양을 이루고 있어야 복잡한 화학 반응을 발생시킬 수 있겠지. 그들이 연구한 단백질은 몸에서 산소를 운반하고 저장하는 기능을 하고 있는데, 실제로 산소를 잘 붙들 수 있는 형태로 접혀 있었다.

그 이후 수많은 단백질 구조가 규명되었는데, 단백질마다 그 기능에 맞게 접힘으로써 특정 기능을 한다는 사실이 밝혀졌다. 포도당을 분해하는 효소들을 예로 들어 보자. 일

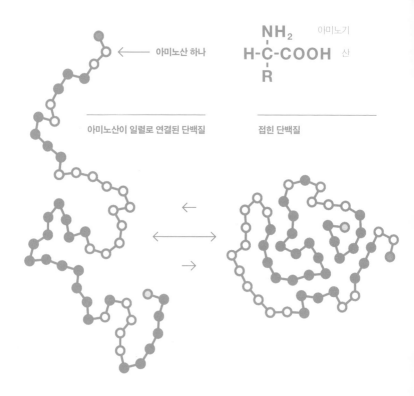

아미노산 하나

아미노기
산

아미노산이 일렬로 연결된 단백질

접힌 단백질

그림
30

단백질의 구조.
단백질은 아미노산이 연결된 형태의 분자로,
화학적 특성에 따라 접혀야 제 기능을 한다.

단 그 효소들은 포도당을 붙들 능력이 있어야 한다. 포도당을 붙들지 못한다면 거기에 화학 반응을 일으킬 수도 없다. 단백질이 접힘으로써 특정 모양을 형성하고, 그중에 포도당을 붙드는 형태를 한 효소들이 있다. 포도당을 분해하는 화학 작용 중 첫 단계는 포도당에 인산을 붙이는 과정이다. 그것을 일으키는 효소는 포도당 옆에 인산을 데려올 수 있는 모양으로 접혀 있다. 그리고 그 모양은 그 단백질을 구성하는 아미노산에 의해 결정된다. 20가지 아미노산이 특정 순서로 배열되면, 정상적인 상황에서는 그 단백질은 항상 특정 모양으로 접히게 되어 있다. 그래서 과학자들은 아미노산 배열을 보고 그것이 어떠한 효소인지 알 수 있다.

잘 접힌 단백질들은 서로 엉키지 않는다. 혈액 속에서, 또는 세포질 속에서 떠다녀야 하는 단백질들은 당연히 물에 잘 녹아야 한다. 그런데 제대로 접히지 않으면 물에 잘 녹지 않는 단백질로 변할 수 있다. 이렇게 되면 원래의 기능을 할 수 없다. 포도당을 붙들지 못하는 모양의 효소를 상상해 보라. 잘못 접힌 단백질은 포도당과 접촉하지 못한다. 그러니 당연히 포도당을 분해할 수 없을뿐더러 물에 녹지 않아 서로 엉키게 된다.

단백질이 엉키는 것을 직접 보고 싶으면 집에서 달걀 프라이를 만들어 보라. 달걀은 단백질 농도가 높은데, 상온에서 달걀을 깨면 비교적 투명한 흰자가 보인다. 그 안에 있는 단백질들이 물에 잘 녹기 때문에 물처럼 흐른다. 그런데 이를 프라이팬에 구우면 뿌옇게 변하며 고체가 된다. 그 안에 녹아 있던 단백질들이 고열에 다 풀어졌기 때문이다. 그리고 이들이 서로 엉키면서, 물과 더 이상 섞이지 않는 고체의 형질로 바뀐다.

높은 온도 외에도 단백질의 접히는 성질에 지대한 영향을 미치는 것이 돌연변이다. DNA가 망가졌으니, 바뀐 정보가 고스란히 단백질의 아미노산 서열을 바꾼다. 단백질의 화학적 특성이 바뀌다 보니, 제대로 접히지 않으며 엉킬 수 있다. 개중에는 퇴행성 질환으로 발전하는 경우도 있다. 그런 질병들 중 쉽게 연상되는 것이 알츠하이머병, 파킨슨병, 헌팅턴병 등 신경 질환이다. 전부라고 할 수는 없지만, 많은 경우에 부모로부터 병을 일으키는 유전자를 물려받은 사람들이 이런 질환으로 고생한다.

현대 사회에서 사람들의 수명이 늘고 이와 더불어 노인성 치매 환자 수가 급격히 증가했다. 이것이 큰 사회 문제가 될 것이라는 것을 예측하는 여러 제약 회사에서 현재 알츠하이머병 약 개발을 위해 노력하고 있다. 그중 하나가 베타 아밀로이드 단백질이 엉키는 것을 방지하는 방법을 찾는 연구이다. 일례로 최근 엉키는 단백질을 잡아주는 항체를 개발해서 뇌에 집어넣겠다는 연구가 많은 관심을 받았다.

항체는 우리 몸에서 각종 병균을 막기 위해 만드는 단백질을 말한다. 항체는 병균에 달라붙는다. 동물에게는 항체를 만드는 능력이 있으니 이를 응용해서 다른 질병의 원인이 되는 단백질에 달라붙는 항체도 개발할 수 있다. 이 원리를 이용해 알츠하이머병 치료제를 열심히 개발하는 대표 주자가 미국 보스턴에 위치한 바이오젠(Biogen)이라는 제약 회사이다. 이 회사에서 2015년쯤부터 알츠하이머병 환자에게서 많이 쌓이는 아밀로이드 단백질을 억제하겠다고 아두카누맙(aducanumab)이라는 항체를 개발해서 임상 시험을 계속해왔다. 그리고 중간 결과가 나올 때마다 수많은 알츠하이머병 환자들에게 희망과 실망을 반복해서 가져다줬다. 그러다가 결국 2021년 미국 식품의약국이 결정을 내려야 할 때가 됐다. 위원들 책상 앞에 놓인 보고서는 다음과 같이 요약할 수 있었다.

1   항체가 아밀로이드 플라크 형성을 유의미하게 줄인다.
2   하지만 환자들의 상태를 통계적으로 유의미하게 호전시키는 증거는 없다.

쉽게 얘기해서 약으로써 쓸모없다는 보고였다. 하지만 위원회는 세계를 놀라게 한 결론을 내렸다. 시판을 허용하겠다는 것이다. 희망이 없는 알츠하이머병 환자들이 지푸라기라도

잡고 싶다면 이 항체 주사를 맞는 것을 정부에서 막지 않겠다는 입장을 낸 것이다. 그리고 내가 있는 뉴욕대학교 의과대학에서는 효과가 없더라도 항체 주사를 맞으러 오는 사람들이 대거 몰릴 것이라고 예상했다. 그래서 그 치료 시설을 서둘러 늘렸다. 하지만 환자들은 오지 않았다. 효과가 입증되지 않았으니 보험 회사에서 보조하지 않겠다고 나왔기 때문이었다.

이렇듯 실망적인 결과만 가득하던 알츠하이머병 치료 연구에서 2022년 9월 모처럼 희망적인 뉴스가 들려왔다. 스웨덴 움살라대학교의 라스 란펠트(Lars Lannfelt) 박사팀과 일본 제약 회사 에자이(Eisai), 그리고 바이오젠이 함께 개발한 또 다른 아밀로이드 항체 레카네밥(lecanebab)이 3단계 임상 시험에서 통계적으로 유의미한 효과가 있었다는 뉴스였다. 알츠하이머병 초기 증상을 앓는 1,800여 명의 환자들을 대상으로 18개월간 이 약을 투여했더니 기억력 및 사고력 감퇴를 28%가량 줄일 수 있다는 결과가 발표됐다.[67] 그동안 계속된 실망스러운 결과 때문에 엉킨 아밀로이드 플라크가 치매의 원인이 아니라는 주장까지 제기되던 상황에서 나온 결과이다.

그리고 2023년 초 드디어 미국 식품 의약국에서 이 약을 '알츠하이머병 초기 증상 환자들'에게 투약하는 것을 승인한다는 결정을 내렸다. 물론 이 약이 얼마나 광범위하게 쓰일지 지금으로서는 예단하기 힘들다. 초기 증상 환자들에게

만 약간의 효과가 있는데 치료제 가격이 일 년에 삼천만 원이니 많은 환자들이 투약을 주저할 것이다. 그리고 임상 시험 중 약을 투여한 사람의 12%가 뇌가 붓는 부작용을 앓았고, 17%는 뇌에 출혈이 발생했으니 부작용에 대한 염려도 잔존한다. 이 약의 진정한 효과는 두고 볼 일이다.

한동안은 알츠하이머병 환자라고 하면 베타 아밀로이드 플라크가 있는 사람과 동일시했는데, 이제는 그밖에 타우(tau)라고 불리는 단백질에 돌연변이가 생겼을 때에도 알츠하이머병에 걸린다는 것이 알려졌다. 알츠하이머병 연구는 타우와 베타 아밀로이드 연구로 나뉘어 양대 축을 형성한다. 베타 아밀로이드 단백질은 세포가 만들어서 세포 밖으로 내보내는 단백질이다 보니, 세포 바깥에서 엉킨다. 반면에 타우는 세포 안에서 미세소관(microtubule)이라는 세포의 구조물을 조절하는 단백질이다. 그런데 타우에 돌연변이가 생기거나 지나치게 변형되면 서로 엉키면서, 타우 탱글(tau tangle)을 형성한다. 이 또한 엉킨 단백질의 일종이다.

나의 동료인 뉴욕대학교 의과대학 에이너 시거드슨(Einar Sigurdsson) 교수가 알츠하이머병의 타우 탱글을 연구하는 대표적인 연구자다. 그는 타우 탱글에 반응하는 항체를 만들어 이 병을 치료하겠다는 목표로 지난 20년간 연구를 해왔다. 자신이 만든 항체들이 실험동물에게 효과가 있는지 알아보고 싶다고 해서 우리 실험실과 지난 5년간 공동 연구를 해 왔다. 이전에도 생쥐를 이용해서 항체의 효과를 살펴 왔지만 우리 실험실에서 주로 사용하는 초파리를 이용해서 더 빨리 더 저렴한 비용으로 항체들을 테스트하고 있다.

　　　우리는 일단 사람에게서 알츠하이머병을 일으키는 타우 돌연변이 유전자를 가져다가 초파리 신경 세포에 발현하는 모델을 사용하고 있다. 타우 돌연변이가 사람에게서와 마찬가지로 엉키고 세포를 망가트리는 관계로 이 초파리들은 신경 질환을 앓는다. 그리고 수명이 짧아진다. 여기에 시거드슨 교수가 개발하는 타우 항체를 같이 발현하면 그 증상들을 줄일 수 있을까 하는 것이 우리들이 하고 있는 연구이다. 우리는 첫 논문에서 한 항체가 효과를 보임을 발표했다.[68] 현재는 더 작고 효율적인 타우 항체 개발에 공을 들이고 있다. 낙타과 동물에서 만드는 항체는 인간의 항체보다 더 작다는 데서 착안하여 이러한 동물에서 타우를 억제하는 항체를 개발한 후 이를 초파리 알츠하이머병 모델에 같이 발현시키는 연구를 하고 있다.

항체 이외에도 다른 치료 방법을 모색하는 과학자들이 많이 있다. 만약 엉키는 단백질이 병을 일으키는 것이라면 그 엉키는 단백질을 줄이는 방법을 찾자는 노력이 그중 하나이다. 엉키는 단백질을 줄이는 유전자들이 분명 존재한다. 일찍이 이를 잘 보여준 과학자가 노스웨스턴대학교에 있는 리처드 모리모토(Richard Morimoto) 교수다. 모리모토 교수는 세포질 내의 엉키는 단백질을 감지하고 신호를 전달하는 체계를 꼬마선충을 이용해서 연구하는 사람이다. 꼬마선충에 사람의 퇴행성 신경 질환을 일으키는 유전자를 넣었더니, 단백질이 늙은 꼬마선충에서 얽히는 것을 관찰하기도 했다. 그리고 자신이 연구하는 신호전달체계를 유전적으로 조작하면 질병을 일으키는 단백질이 엉키는 것을 늦출 수도 있다는 것을 보였다. 그리고 이러한 꼬마선충의 수명이 확실히 늘어났다는 연구 결과를 내면서 주목받은 바 있다.[69] 이보다 최근인 2013년에는 캘리포니아대학교 버클리(UC Berkeley)의 앤드루 딜린(Andrew Dillin)이 우리 실험실도 연구하는 소포체의 단백질이 엉키는 신호 감지 시스템을 더 촉진시켰더니 꼬마선충의 수명이 길어졌다는 연구 결과를 발표한 바 있다.[70] 단백질을 잘 접는 능력이 있는 동물이 오래 산다는 증거들이 점차 늘어나고 있다.

이를 바탕으로 모리모토, 딜린 등은 '프로테오스타시스 테라퓨틱스 (Proteostasis Therapeutics)'라는 회사를 차리고 단백질 접기 능력을 배가하는 약을 개발하겠다고 나섰다. 단백질을 뜻하는 'protein'과 항상성이라는 의미의 'homeostasis'를 결합한 '프로테오스타시스(proteostasis)' 라는 새 용어가 단백질을 제대로 접는 능력, 그리고 엉킨 단백질을 없애는 세포의 능력을 가리키는 말로 학계에서 쓰이기 시작했다.

이것이 물론 퇴행성 신경 질환을 앓는 사람들에게 희망적인 사실임은 틀림없다. 하지만 이러한 회사들이 약을 개발한다고 하더라도 그 효과가 어떨지는 아무도 미리 알 수 없는 일이다. 약에 의존하지 않고 나이 들어서 오는 뇌의 전반적 기능 저하에 대비하는 방법은 없을까? 이러한 현상을 늦출 수 있는 방법이 있다는 결과가 꾸준히 나오고 있다. 이 중 가장 많이 알려진 것이 핀란드에서 초기 치매 환자들을 대상으로 한 연구이다. 이 연구에서는 1,200명이 넘는 초기 치매 환자들을 모집해서 두 그룹으로 나누었다. 한 그룹은 하던 대로 계속 생활하도록 했고, 또 다른 그룹에게는 2년 동안 건강한 음식을 먹을 것, 다양한 운동을 할 것, 그리고 두뇌 운동을 할 것을 요구했다. 이 환자들의 치매 정도를 측정했더니 건강한 식생활, 육체 및 두뇌 운동을 계속 한 그룹에서 치매가 더 천천히 진행됐다는 결과가 나왔다.[71]

이 연구에서 다룬 요소들 중 두뇌 운동이 치매 방지에 가장 효과가 있다는 연구가 연이어 나오고 있다. 특히 자주 인용되는 것이 65세 이상 노인들을 대상으로 6주에 걸쳐 1시간씩 10번 두뇌 훈련을 시킨 연구다. 인디애나대학교, 사우스플로리다대학교, 펜실베이니아주립대학교 연구팀이 2017년에 발표한 연구는 두뇌 훈련을 받은 사람들이 그렇지 않은 사람들에 비해 치매 발생률이 29% 낮았다는 결과를 보고했다. 앞으로 더 검증해야 할 내용이지만 아주 희망적인 이야기가 아닐 수 없다.

알츠하이머병이 아니더라도 나이가 들며 판단력 저하, 두뇌의 노화를 걱정하는 이들이 많다. 두뇌만 늙지 않는다면 계속 일을 할 수 있는 직종이 많은데, 사고력 및 판단력 저하로 많은 사람들이 은퇴를 강요당한다. 그런데 놀랍게도 운동선수들 중에서도 이를 걱정하고 대비하는 사람이 있다. 미식 축구 쿼터백으로 활동한 톰 브레이디(Tom Brady)는 2023년 현재 45세인데, 미식축구 슈퍼볼의 최다 우승(일곱 차례) 기록의 보유자다. 미식 축구는 매우 격렬하기에 이 종목 선수들은 비교적 젊은 나이에 전성기를 구가하다가 은퇴하는 경향이 있는데, 43세의 나이로 우승하고 MVP에 뽑히는 것은 정말 대단한 일이었다. 브레이디 본인은 운동 능력을 유지하는 특별한 비법이 있다고 이야기한다. 그는 이 내용을 『TB12 방법』이라는 책에서 자세히 기술했다.[73]

브레이디는 미식 축구를 하며 번 돈으로 뇌과학자 및 의사들을 개인 트레이너로 고용했다. 이들은 무엇을 먹어라, 무슨 음식을 피하라, 근육을 어떻게 단련하라 같은 조언 그 이상을 한다. 근육이 전부가 아니기 때문이다. 쿼터백은 수많은 선수들의 움직임을 인지하면서 찰나의 순간에 정확한 판단을 해야 한다. 나이가 들면 순간 판단력이 조금씩 감퇴한다. 그러니 40대에도 성공적으로 쿼터백을 맡은 선수는 무척 드물었다.

　　　브레이디는 다른 선수들과는 달리 의학의 힘을 빌려서 두뇌를 젊게 유지하는 훈련을 그의 일과에 포함시켰다. 그중 하나가 컴퓨터 화면에서 공을 관찰하는 게임이다. 처음에는 세 개의 공이 움직인다. 그리고 시간이 지나면서 점차 공이 많아진다. 나중엔 움직이는 공이 너무 많아져서 조금 어지럽다. 그리고 끝에 그는 애초부터 있었던 공을 알아맞혀야 한다. 이런 종류의 게임을 매일 스무 개 정도 하는 훈련이 반복된다. 이러한 두뇌 운동 프로그램을 개발한 곳이 '브레인 HQ'라는 회사인데, 원래 기억력 감퇴 및 사고력 저하로 고생하는 사람들을 대상으로 상품을 만들었다. 그런데, 어느 날 톰 브레이디의 측근에게서 만나자는 연락을 받았다고 한다.

> "톰 브레이디의 스태프를 만났더니 거기 뇌과학자까지
> 있어서 아주 놀랐습니다. 역시 역대 최고의 쿼터백은
> 다르구나 생각했어요."[74]

두뇌 운동을 하면 뇌의 노화를 막는다는 이론적 토대가 과연 있는가? 앞서 소개한 것을 다시 곱씹어 보자. 두뇌를 써서 뇌 세포가 전기 신호를 보낼 때마다 신경 세포 사이의 시냅스가 강화된다. 그리고 그때마다 우리는 뇌의 신경망을 강화하게

된다. 이렇게 해서 신경 세포들이 서로 전기 신호를 효율적으로 전파하게 되면서 뇌의 사고력이 증가한다. 즉 두뇌 운동이 신경망을 강화시킨다는 결론을 유추할 수 있다.

역으로 생각해 보자. 노인이 은퇴를 하고 갑자기 뇌 활동을 줄이면서 정신적으로 빨리 늙는 것을 주위에서 어렵지 않게 볼 수 있는데, 뇌를 덜 쓰니 신경 세포 사이의 시냅스를 강화시키는 일을 덜 하게 된다. 그러니 신경망 사이에 전기 신호가 전달되는 효율성이 지속적으로 약화된다. 즉 뇌 기능이 전반적으로 감퇴하는 것이다. 이러한 이론적 토대가 확고하니 지속적인 두뇌 운동이 일반적인 노화를 늦춘다는 연구 결과가 점점 더 자연스럽게 받아들여지는 것이다. 그리고 이러한 운동이 치매를 완전히 막을 수는 없지만 어느 정도 늦출 수 있다는 연구 보고들이 있다. 앞서 1장에서 소개한 장수 마을의 예를 보면 은퇴한 직장인들보다 계속 일하는 농부들 중에 100세 이상 사는 사람들이 많다고 하지 않았던가? 계속 일하는 사람들의 뇌가 더욱 천천히 늙는다는 개념과 일맥상통하는 이야기다.

제 3 부

18

죽은
암 환자에게서
나온
불멸의 세포

어려서 엄마를 여의고 의붓어머니 밑에서 온갖 학대를 받으며 가난하고 힘들게 자라난 미국인 데보라 랙스(Deborah Lacks)에게, 어느 날 믿지 못할 소식이 들려왔다. 의붓어머니의 폭력에 시달릴 때마다 간절하게 그리워하던 죽은 엄마의 세포가 살아 있다는 것이었다. 그것도 전 세계 실험실에 퍼져 있다는 놀라운 이야기였다. 친엄마는 수십 년 전 자궁암으로 죽어서 땅 속에 묻혔는데, 죽기 직전 추출한 세포가 시험관에서 성장하고 있었다. 그렇다면 엄마는 완전히 죽지 않았다고 여겨야 하나? 꿈에도 그리던 엄마가 아직 살아 있다고 해도 될까? 삶과 죽음의 정의를 바꾸어야 할 불멸의 세포와 랙스 일가의 이야기로 큰 반향을 일으킨 바 있는 레베카 스클루트(Rebecca Skloot)의 책 『헨리에타 랙스의 불멸의 삶(The Immortal Life of Henrietta Lacks)』에 나오는 실화다(데보라 랙스는 2009년 심장마비로 사망했다).

데보라 랙스 어머니의 이름은 헨리에타 랙스(Henrietta Lacks)로 그녀는 버지니아 담배 농장의 오두막에서 몹시도 가난하게 자랐다. 일자리가 있다고 해서 볼티모어의 빈민촌으로 이사했고, 20세가 되기 전 이미 두 아이의 엄마가 됐다. 어느 날 복통과 하혈을 호소하며 찾아간 볼티모어의 존스 홉킨스 병원에서 자궁암 진단을 받았다. 그녀는 결국 미친 듯이 성장하는 암세포로 인해 얼마 지나지 않아 고통스러운 죽음을 맞이했다. 31세의 나이로, 갓난 막내를 포함해 다섯 아이를 남겨 놓고서.

존스 홉킨스 병원은 연구 중심 대학답게 이 죽은 여자의 자궁암에서 세포를 잘라내어 조지 가이(George Gey)라는 세포생물학자에게 건넸다. 조지 가이는 당시 불멸의 사람 세포를 찾겠다고 여러 환자의 세포를 모아 시험관에서 키우는 실험을 하고 있었다. 물론 거의 모든 세포들은 추출 직후 죽거나 성장을 멈췄다. 그런데 이 가난한 자궁암 환자의 세포는 달랐다. 기하급수적으로 성장했고, 죽지 않았다. 가이는 얼마 후 동료들에게 '불멸의 인간 세포'를 찾은 것 같다고 이야기했다. 당연히 동료들은 그 세포를 얻을 수 없느냐고 물었고, 가이는 조건 없이 세포를 나누어 주었다. 헨리에타 랙스의 이름을 딴 헬라(HeLa) 세포는 지금 전 세계 웬만한 실험실에 거의 다 퍼져 있다.

조지 가이가 나누어 준 헬라 세포는 미네소타대학에서 소아마비 백신을 연구하는 실험실에도 갔다. 소아마비 백신을 개발하려면 실험 대상을 바이러스에 감염시켜야 하는데, 이 실험은 위험하고 시간도 많이 걸린다. 연구에 진전이 미미하던 중에 미네소타대학 연구진들이 헬라 세포를 얻어 실험을 해 보았다. 시험관 안에서 헬라 세포들이 바이러스에 쉽게 감염된다는 사실을 발견하고, 더 이상 위험한 생체 실험을 할 필요 없이, 헬라 세포를 이용한 시험관 실험을 통해 백신을 개발하기로 방향을 바꾸었다. 그리고 앨라배마주에 있는 터스키기(Tuskegee)대학에 헬라 세포를 대량으로 키우는 연구소를 설치했다. 거기서 키운 헬라 세포를 이용해 실험을 계속한 끝에, 소아마비 백신이 개발되었다.

지금은 웬만한 생물학 실험실 어디에서나 세포 배양 실험을 한다. 이러한 실험은 약 100여 년 전 프랑스의 알렉시스 카렐(Alexis Carrel)이 시작했다고 전해진다. 그는 혈관 봉합 수술에 기여한 공로로 노벨 생리의학상을 받은 후, 세포를 체내에서 떼어 시험관에서 키우는 것에 관심이 생겼다고 한다. 노벨상의 후광 덕에 프랑스의 인재들이 카렐에게로 모여들었을 것이다. 그 연구팀은 닭에서 세포를 떼어 내 실험을 시작했는데, 곧이어 여러 편의 논문을 통해 이 세포들이 끝없이 분열하면서 산다고 보고했다. 당시 박테리아를 배양하는 실험실은 이미 많았고, 박테리아가 끝없이 분열한다는 것이 여러 실험실들을 통해서 증명된 바 있었으니, 혹시 동물의 세포도 비슷하게 끝없이 분열하지 않을까 해서 시작한 실험이었다. 나중에 문제가 되긴 했지만, 노벨상 수상자답게 아이디어 자체가 비상했다는 점은 인정할 만하다.

곧 잡음이 들리기 시작했다. 비슷한 실험을 했는데도, 닭 세포가 끝없이 분열하지 않는다고 주장하는 사람들이 생겨났다. 그런 일이 생길 때마다, 카렐은 노벨상 수상자의 권위로 그들을 제압했던 듯하다. 그러다가 제2차 세계대전 말에 카렐이 죽자, 그의 연구 업적에 크게 금이 갔다. 카렐이 전쟁 기간 동안 나치를 지지했고 나치의 꼭두각시 정부였던 프랑스의 비시 정부에 협력했다는 기록부터 문제가 되었다. 나치가 주장하던 우생학, 특히 유전적으로 열등한 사람들을 안락사시켜야 한다는 주장에 카렐이 동조했다는 증언들이 여기저기서 쏟아져 나왔다. 그래서 전쟁이 끝난 후 프랑스에서는 카렐의 연구에 대한 대대적인 조사를 진행했고, 그의 연구 결과에 문제가 있다는 연구원들의 증언이 이어졌다.

노벨상 수상자의 권위를 등에 업고, '닭의 세포를 배양하면, 영원히 살 것이다'라는 확신 아래 연구원들에게 실험을 시켜, 연구원들이 그의 관심을 끌려고 결과를 조작했다는 증언들이 속속 나왔다. 일부 연구원들은 시험관에 계속해서 새로 추출한 세포들을 첨가했다는 이야기도 나왔다. 지금 카렐의 세포 배양 연구는 과학사의 대표적인 데이터 조작 사건으로 자리매김하고 있다.

제2차 세계대전이 끝나고 나서 미국 과학의 전성기가 시작되었다. 이 시기에 세포 배양을 연구하는 사람들도 많이 생겨났는데, 그 대표적인 사람이 미국의 레너드 헤이플릭

(Leonard Hayflick)이다. 1965년 그가 이 주제로 발표한 논문에 따르면, 인간의 태아에서 추출한 세포는 시험관에서 40~60회 정도 분열하다가 더 이상 자라지 않는다고 한다.[75] 나이 든 사람에게서 추출한 세포는 그보다 세포 분열 횟수가 훨씬 적게 나타났다. 헤이플릭은 박테리아와 달리 사람 세포는 일정 수밖에 분열하지 못할 운명을 타고난 것이라는 결론에 도달했다. 배양 조건이 잘못되었다는 비판을 피하기 위해서, 그는 늙은 남성 세포와 젊은 여성 세포를 섞어서 배양했다. 남성 세포는 Y 염색체가 있으니 추적이 가능했는데, 똑같은 시험관에서 자랐는데도 젊은 세포들이 더 많이 분열했다. 그리고 젊은 세포들도 일정 횟수를 넘어서면 분열을 멈췄다. 즉 시험관에서 늙어갔다는 이야기다.

우리 몸은 세포들로 구성되어 있고, 세포들은 늙어갈 수밖에 없는 운명을 타고났다. 그렇다면 유전자 조작을 해서 세포를 더 오래, 또는 영원히 살 수 있게 한다면 사람도 더 오래 또는 영원히 살 수 있지 않을까? 이런 약간은 미치광이 같은 생각을 했던 과학자가 있었는데, 그의 이름은 마이클 웨스트(Michael West)다. 웨스트는 독실한 기독교 신자이자 의사인데, 1990년대에 제론(Geron)이라는 바이오테크 회사를 창립했다. 미국 공영 라디오 방송 인터뷰에서 그는 다음과 같이 말했다.

"어느 날, 공동묘지 옆에 있는 커피숍에서 차를 마시다가 환상을 봤어요. 백여 년 후 그곳에, 내가 사랑하는 사람들이 다 죽어서 묻혀 있는 게 아니겠어요! 겁이 나기도 하고, 화가 나기도 했지요. 내가 사랑하는 사람들을 그렇게 보낼 수가 없어서 노화 방지 연구에 투신하기로 했지요."

마이클 웨스트가 설립한 회사, 제론에서 타깃으로 삼은 것이 텔로머레이스(telomerase)다. 제론에서 본격적인 연구를 시작하기 전에도, 이미 텔로머레이스는 과학자들 사이에서 중요한 효소로 자리매김하고 있었다. 이것이 왜 중요한 단백질일까? 알려져 있는 것처럼, 인체의 유전정보는 DNA에 있다. 박테리아의 경우 DNA는 가닥 끝이 서로 연결된 동그라미 형태를 이루고 있고, 분열을 하기 전에 복제를 해서 똑같은 DNA를 하나 더 만든다. 그런데 동식물의 핵 안에 있는 DNA는 끝이 서로 연결되어 있지 않다. 실 조각과 같다고 상상해 보면 되겠다. 1950년대부터 DNA가 어떻게 복제되는지 많은 연구가 있어 왔는데, 복제 과정에서 한쪽 끝부분은 DNA가 아닌 RNA와 이중나선을 형성하는 것이 밝혀졌다. 그리고 끝부분에 있는 RNA는 곧 없어져 버리는 것도 알려졌다. 이러니 특별히 손을 쓰지 않으면 매번 복제를 할 때마다 DNA가 조금씩 짧아진다.

DNA의 끝부분을 말단소체(telomere)라고 부르는데, 생식 세포에는 이 부분이 짧아지지 않게 하는 특별한 효소 텔로머레이스가 있어, 이 덕분에 우리의 후손은 우리와 똑같은 DNA를 가질 수 있다. 그런데 일부 줄기세포를 제외한 체세포에서는, 대부분 텔로머레이스가 만들어지지 않는다. 따라서 이러한 체세포가 분열할 때마다 말단소체가 짧아지고, 계속하면 세포에 이상이 생길 정도로 DNA가 짧아지는 것이다.

샌프란시스코의 캘리포니아대학교 의대에 있던 엘리자베스 블랙번(Elizabeth Blackburn), 그리고 그의 제자 캐럴 그라이더(Carol Widney Greider, 현재 존스홉킨스대학 교수)가 텔로머레이스 발견에 대한 공로로 2009년 노벨상을 공동 수상했다. 그 상을 타기까지 여러 가지 획기적인 연구가 1990년대부터 이루어졌다. 그중 대표적인 것은 캐럴 그라이더가 박사학위를 받자마자 실험실을 차린 직후 〈네이처〉에 발표한 논문으로, 사람의 체세포를 배양하면 점차 말단소체가 짧아진다는 내용이다.[76]

그리고 제론의 마이클 웨스트와 사우스웨스턴 의과대학의 셰이(Jerry Shay) 박사가 공동으로 텔로머레이스 발현 상태를 살펴본 연구에서는, 100개의 암세포 중 98개가 텔로머레이스 효소를 가지고 있었고, 22가지 정상 세포에서는 텔로머레이스의 흔적을 보지 못했다고 결론지었다. 이 연구 결과는 〈사이언스〉에 게재되었다.[77] 헬라 세포와 같은 암세포는 텔로머레이스가 있기 때문에 영원히 분열한다는 것을 이 연구 결과가 보여준 것이다. 〈뉴욕타임스〉가 이 연구 결과를 제1면 기사로 보도하면서, "불멸의 효소를 발견했다(Immortality Enzyme Is Discovered in Many Types of Cancer)"라는 인상적인 제목을 달았다.[78] 그 결과 제론의 주가가 천정부지로 치솟으면서, 노화를 막을 수 있는 신약이 나올 것이라는 기대를 낳았다.

　　텔로머레이스가 세포를 영원히 살게 하는 능력이 있으니 노화를 조절하는 주요 요소일 것이라는 생각은 이미 대중들 사이에도 널리 퍼져 있다. 그 한 예로 2015년 개봉한 할리우드 영화 〈아델라인: 멈춰진 시간(The Age of Adaline)〉에 나오는 늙지 않는 여주인공을 살펴보자. 달에 충돌한 유성 때문에 지구 대기에 이상이 생기면서, 캘리포니아 일부 지역에 이온의 양이 비정상적으로 증가하는 환경에서, 주인공 아델라인의 유전자에 변화가 생긴다. 텔로머레이스가 아델라인의 체세포에 활성화되면서 이후 100여 년 동안 전혀 늙지 않는다는 설정으로 만들어진 영화이다. 미모를 100년 넘게 유지하는 여주인공의, 세대를 초월한 로맨스를 다룬 영화이다.

텔로머레이스에 기초한 영화도 나오고, 이를 발견한 사람들에게 노벨상이 수여되기도 했지만, 해당 연구 분야의 인기가 절정이었을 때 나온 이야기들이 모두 맞는다고 보기는 어렵다. 머리가 하얗게 변하고 점차 기력이 없어지며 각종 노인성 질환과 암 발병률이 높아지는 이유가, 정말 우리 염색체의 끝이 짧아지기 때문일까? 아니라고 주장하는 과학자들의 논리도 꽤 설득력 있다. 그 주장 중 몇 가지를 살펴보자.

생쥐를 연구해보니, 생쥐는 태어난 지 1년이 지나면 기력이 떨어지고 흰 털도 많이 생기다가 2, 3년째에 늙어 죽는다. 생쥐는 사람에 비해 말단소체의 길이가 훨씬 길지만, 수명은 훨씬 짧다. 살아있는 동안 말단소체가 조금씩 줄어들긴 해도, 문제가 생길 정도로 줄지는 않는다. 연세대 이한웅 교수가 1994년 당시 알버트 아인슈타인 의과대학 박사과정을 밟으면서, 텔로머레이스가 없는 쥐를 세계 최초로 만들었다. 그 쥐의 말단소체가 더 빨리 짧아지는 현상을 〈셀〉에 발표했는데,[79] 쥐가 더 빨리 늙는 현상을 관찰했다는 이야기는 없다. 이후 텔로머레이스가 없는 쥐들은 4, 5세대가 지나도록 말단소체가 계속 짧아져야만 문제가 생긴다는 결과를 발표했으니,[80] 최소한 생쥐 1세대에서 노화 현상이 일어나는 이유가 말단소체가 짧아지기 때문이라고 할 수 없다. 이제 노화 연구자들의 텔로머레이스에 대한 관심은 상대적으로 줄어들었다. 그리고 마이클 웨스트가 창업한 제론은 더 이상 노화에 관한 연구를 하지 않는다. 웨스트는 1998년 회사를 나왔고, 지금은 다른 일을 하고 있다고 전해진다.

노화와 말단소체의 상관관계에 대한 관심이 줄어들긴 했지만, 아주 없어진 것은 아니다. 일부 과학자들은 텔로머레이스가 많은 쥐를 만들어 계속 연구했다. 암을 억제하는 유전자들을 같이 발현시키면, 텔로머레이스가 많은 쥐들이 유전자 조작을 하지 않은 쥐들에 비해 25% 정도 더 오래 산다는 논문이 발표되기도 했다.[81] 2004년 당시 연세대에 재직 중이던 이준호 교수도 꼬마선충에 말단소체를 더 길게 갖도록 유전자 조작을 했더니 수명이 길어진다는 논문을 발표한 바 있다.[82] 사람의 말단소체와 수명의 상관관계를 뒷받침하는 연구도 있다. 유타 대학의 리처드 카우톤(Richard Cawthon) 교수는 2003년 논문에서 60세 이상 노인들의 말단소체와 수명의 상관관계를 발표했는데,[83] 말단소체의 길이가 긴 노인들의 사망률이 낮았다는 연구 결과가 이목을 끌었다.

위의 연구 결과들을 보면, 텔로머레이스가 분명 노화를 늦추는 기능이 있는 듯 보인다. 하지만 배양 세포를 활용한 실험 결과와 동물 실험에는 차이가 있다. 배양 세포에 텔로머레이스를 활성화시키면 이들은 영원히 살고 분열한다. 하지만 실험동물에 텔로머레이스를 활성화시키더라도, 유전자를 조작하지 않은 생쥐에 비해 25% 정도 더 살면 많이 사는 형편이다. 노화를 결정하는 데 있어서, 말단소체의 길이는 여러 요소 중 하나에 불과하다. 인체의 노화를 논할 때 말단소체의 중요성은 예전에 비해 주목을 받지 못하고 있다. 텔로머레이스 하나만으로 영원히 살 수 있는 인간이 출현하는 영화 〈아델라인: 멈춰진 시간〉은 픽션에 불과한 것이다.

우리가 아직 정확히 이해하지 못하는 무언가가 있다. 우리 몸은 세포로 구성되어 있고, 시험관에서 세포를 영원히 살게 하는 기술이 발달했으니, 영원히 사는 인간을 만드는 것도 시간 문제 아닐까? 하지만 영원히 사는 생쥐를 만드는 것도, 아직은 공상 과학 소설에나 나올 법한 이야기이다. 왜 배양 세포에서 배운 것들이 우리 몸 전체를 이해하는 데까지 도움이 안 되는지는, 앞으로 차세대 과학자들이 규명해야 할 중요한 문제다.

제 3 부

19

줄기세포로 노화를 막을 수 있을까

우리나라 사람들 중 40세 이상이면서 정기적으로 TV뉴스를 시청하거나 신문을 열심히 구독하는 분들이라면, 줄기세포에 대한 과학 지식이 거의 전문가 수준일 것이라 짐작한다. 거의 20년 전 '황우석 사태'를 겪으면서, 전 국민이 열정을 가지고 신문과 방송을 통해 줄기세포를 공부했기 때문이다.

2005년 12월 당시 나는 뉴욕대학교에서 교수직을 시작한 첫해 연말을 맞아 가족 방문차 한국에 들렀다. 새 직장에서 새 직함을 달고 가족을 보는 기분이 뿌듯했다. 그런데 공항에 마중 나온 가족들이 내게 세포생물학에 대해 질문하는 것이 아닌가. 내가 하는 연구에 관한 질문이 아닌, 줄기세포에 대한 질문 공세가 펼쳐졌다. 과학이라고는 한 번도 따로 공부하신 적 없이, 평생 은행에서만 일해 온 부친의 생물학 지식에 감탄하지 않을 수 없었다.

"황우석 태아 줄기세포 연구가 가짜일지 모른다고 난리인데, 어떻게 생각하나?"

미처 대답도 하기 전에 기관총처럼 그 다음 질문이 이어져 나왔다.

> "체세포에서 핵을 꺼내 난자에 넣는 핵 치환 방식으로
> 태아 줄기세포를 복제한다는데, 그렇게 되면 복제된 태아
> 줄기세포의 DNA가 체세포 DNA와 동일해진다며.
> 복제 세포의 DNA 염기서열을 조사하면 진짜인지 가짜인지
> 확실히 감별할 수 있는 거냐? 염기서열은 어떤 방식으로
> 알아내는 거냐?"

한때 전국민을 열광시킨 태아 줄기세포 연구의 리더 황우석은, 그 후 얼마 안 가서 서울대 교수직에서 쫓겨나고 과학계에서 퇴출되었다. 나도 그 모습을 지켜보며 여러 가지 생각이 들었다. 과학자가 조금이라도 거짓말을 했다는 사실에 무척 실망했다. 과학자는 신뢰를 바탕으로 논문을 내는 사람이기 때문에 이번 사건이 옳지 않다는 글을, 개인적으로 아는 KBS 기자의 홈페이지에 기고했다. 그랬더니 황우석 지지파와 반대파들이 벌떼처럼 몰려와 댓글을 달았다. 기자의 강력한 설득으로 무기명으로 기사를 썼기에 망정이지, 아니었다면 대단한 해코지라도 당할 만한 분위기였다. 온 국민이 열정적인 세포생물학자로 돌변한 느낌이 들었다.

황우석 박사는 돌이켜 생각해 봐도 대단한 사람이다. 그는 미국 유학도 안 했다. 학벌을 따지는 것으로도 부족

해서 어느 단과대학 출신인지 따지는 한국 풍토에서, 서울대 수의학과 출신으로서 알게 모르게 차별도 받았을 것이다. 그런데 그가 연구를 정말 저돌적으로 한 것만은 틀림없다.

스코틀랜드에서 양의 체세포를 처음으로 복제해서 돌리라는 이름의 양이 태어났다는 뉴스로 세상을 놀라게 한 것이 1997년이다.[84] 돌리를 만든 과학자 이언 윌머트(Ian Wilmut)도 황우석 박사처럼 비주류 과학자였다. 박사학위 논문 제목이 〈멧돼지 정자 보존에 관한 방법〉이라고 사람들에게 놀림을 받기도 했다. 그리고 처음에는 복제양 돌리도 진짜인지 가짜인지 논란이 많았다. 대표적으로 록펠러대학의 유명한 원로 교수 노턴 진더(Norton Zinder)와 이탈리아의 비토리오 스가라멜라(Vittorio Sgaramella)가 〈사이언스〉 기고문을 통해 공개적으로 반대 진영의 선두에 섰다.[85]

> "양을 복제했다고 발표한 지 일 년이 지났다. 과학계에서는
> 그동안 수많은 토의와 찬사들이 있었지만, 새로운 복제양이
> 탄생하는 일은 더 이상 없었다. 이언 윌머트 박사는 양을
> 또다시 복제할 계획이 없다고 선언했다….
> 확인 실험이 없기에 우리는 발표된 결과를 의심한다."

그리고 일곱 가지 의심스러운 항목을 제시했다. 그중 두 가지만 여기에 소개한다.

"돌리를 복제하기 위해 400번의 시도 끝에 단 1번

　　　성공했다는데, 과학에서는 단 1번의 성공은 '일화'에

　　　불과하지, '결과'로 볼 수 없다."

　　"돌리를 만들기 위해 체세포를 증여한 증여자가 몇 해 전

　　　죽었다는 이야기는 이후에 발표했다. 따라서 복제되었다는

　　　양의 유전자가 증여자의 유전자와 일치한다는 검증은

　　　이제 할 수조차 없다."

여러 가지로 논란이 많았던 사건이었지만, 점차 양 복제가 사실이라는 쪽으로 받아들여졌다.

1990년대까지만 해도 우리나라의 과학적 수준이 열악하다 보니, 연구를 여러 가지로 검증하고 토론을 거쳐 확립해야 한다는 인식이 상대적으로 부족했다. 원칙적으로는 논문을 써서 저널에 보내면 발표 이전에 논문 심사를 통해 동료 과학자들의 검증을 받아야 하다. 그렇게 검증을 거치고 나서 과학저널에 실려 발행되기 전날 밤까지 논문 내용을 유출해서는 안 된다. 이것이 우리나라에서는 지켜지지 않는 경우가 많았던 걸로 기억한다.

　　　예를 들어 1998년 말 경희대학교 의과대학 산부인과의 한 연구팀이 인간의 체세포를 복제해서 4세포기까지 배양했다는 내용이 어떠한 검증도 없이 언론에 보도된 적이 있

다. 인간을 복제했다는 어마어마한 뉴스는 즉시 전 세계 뉴스 매체들에 타전되었다. 미국 공영방송에서 인터뷰를 진행했고, 나는 미국에서 라디오로 이 소식을 접하게 되었다. 기자가 "인간을 복제했다는 증거가 있습니까?"하고 질문하자, 교수는 "4세포기 이후 세포를 파괴했으니 증거는 남아 있지 않다"고 대답했다. 과학자의 입장에서 보면, 말도 안 되는 소리였다. 증거를 쌓아 서로를 설득하는 것이 과학인데, 증거를 파괴했다니! 이게 웬 국가 망신인가 싶었다.

이와 비슷한 시기(1999년 2월)에 송아지의 체세포 핵을 난자에 넣어서 체세포 복제를 했다는 황우석 박사의 연구 내용을 소개하는 신문기사가 나왔다. 논문이나 검증이라고는 하나도 없었고, 신문 기자가 황우석 교수가 불러주는 대로 써서 기사화한 것이 틀림없었다. 그리고 연구 내용을 바로 대통령에게 알려 복제한 소의 이름까지 하사받았다. 진짜 동물을 복제할 수 있는 과학자인지, 아니면 정치적 수완이 좋은 사기꾼인지 감이 잘 안 왔다.

그 후 황우석 교수도 조금씩 국제적 명성을 쌓아 가면서, 공신력 있는 논문을 내기 시작했다. 그 대표적인 성과가 개 복제였다. 스코틀랜드에서 양을 성공적으로 복제했지만, 아직도 대부분의 동물은 복제가 안 되고 있던 시절이었다. 이런 상황에서 황우석 교수 연구팀은 '타이'라는 아프간 하운드의 귀에서 체세포의 핵을 떼어내 개의 난자에 집어넣었다. 보통은 엄마와 아빠의 DNA를 정확히 절반씩 이어받게 되어 있지만, 체세포 복제를 통해 태어난 강아지는 체세포를 제공한 아빠 개와 100% 동일한 쌍둥이로 태어났다. 서울대학교의 약자 SNU를 따서 스너피(Snuppy)라는 이름이 붙여졌다. 이번에는 제대로 된 검증 과정을 거쳐서 〈네이처〉에 논문이 발표되었다.[86] 황우석 교수 연구팀은 이 발표를 통해, 세계 최고의 체세포 복제 기술을 보유하고 있음을 전 세계적으로 증명했다.

체세포 복제가 가능하면, 노화를 방지할 수 있는가? 나이가 들어 불치병에 시달리는 환자를 상상해 보자. 나이가 들어감에 따라 없어서는 안 되는 세포가 망가지거나 죽기 때문에 발생하는 질병들은 수없이 많다. 만약 병든 세포를 걷어내고 젊고 싱싱한 세포로 대체할 수만 있다면, 이런 질병들을 치료할 수 있을 것이다. 물론 다른 사람의 세포나 조직을 이식하는 방법도 있겠으나, 첫째는 장기이식 기증자가 부족한 형편이고, 둘째는 다른 사람의 세포를 인체의 면역 체계가 공격하는 것도 문제이다. 골수 이식 같은 수술을 받을 때 형제나 부모처럼 유전적으로 비슷한 사람에게서 세포를 기증받는 이유는, 면역 거부 반응이 상대적으로 적기 때문이다. 그런데 만약 자신의 체세포를 난자에 치환해서 복제가 가능하다고 가정하자. 내가 불치병에 걸려서 골수 세포가 다 망가진다든지, 너무 늙어서 심장 세포들이 제대로 작동하지 않을 경우에 해법은 간단하다. 복제 인간의 세포를 떼어내서 나에게 이식한다면, 면역 체계의 공격을 걱정할 필요없이 치료가 가능하다.

줄기세포는 무엇인가? 줄기세포는 체세포와 달리 여러 가지 세포로 분화하는 능력을 가진 세포이다. 이론적으로는 줄기세포만 있다면, 심장 세포가 필요하면 심장 세포로, 췌장 세포가 필요하면 췌장 세포로 분화시켜 치료에 사용할 수 있다. '태아 줄기세포에 이런저런 호르몬과 성장 인자를 처리했더니 뇌세포로 분화했고, 다른 영양분과 또 다른 성장 인자를 처리했더니 심장 세포로 분화했다' 하는 논문을 이제 심심찮게 찾을 수 있다. 훗날 이 세포로 불치병 환자를 치료하겠다는 목표는 동일하다.

태아 줄기세포의 힘은 정말 엄청나다. 늙은 체세포의 핵을 난자에 넣어서 새로운 개체를 복제했다고 치자. 늙은 체세포에서 핵을 분리했다고 해서 늙은 아기가 태어나는 것이 아니다. 복제양 돌리나 복제견 스너피의 예를 보더라도, 젊디 젊은 짐승이 태어난다. 이렇다 보니 태아 줄기세포를 이용해 복제하면, 젊고 싱싱한 세포를 만들 수 있다. 우리의 세포들은 나이가 들며 기능을 잃지만, 유전적으로 동일한 젊은 세포를 만들어낼 수만 있으면 얼마든지 젊음을 유지할 수 있다. 이론적으로는 말이다.

황우석 박사가 이러한 연구를 진척시키는 과정에서 문제가 발생했다. 개 복제 경험을 살려 이제는 사람의 체세포를 난자에 이식해 클론을 만들겠다고 열심히 연구했다. 전 세계적으로 이런 목적을 갖고 연구하는 사람들이 많지만, 쉽지 않은 연구였다. 수도 없이 실패하고 다시 반복해야 하는 실험이었는데, 문제는 사람의 난자를 얻기가 쉽지 않다는 점이다. 호르몬 주사를 맞고 난자를 채취하는 시술을 받아야 하는데, 이런 어려운 과정을 겪으면서 기꺼이 난자를 기증할 사람이 얼마나 되겠는가? 그런데 황우석 박사는 누구보다도 열심히 난자를 구하러 다녔다. 나중에 언론이 취재하고 검찰이 수사를 시작했을 때, 여성 연구원들에게서 강압적으로 난자를 채취했다는 사실이 드러났다. 불치병 환자의 어머니들을 상대로 '난자를 기증하면 아이의 병을 낫게 해주겠다'며 난자 기증을 설득하러 다녔다는 소문도 떠돌았다.

그는 2004년 인간 세포의 핵을 태아 줄기세포에 치환해서 분화 가능한 줄기세포를 만들었다는 논문을 〈사이언스〉에 발표해 엄청난 반향을 일으켰다.[87] 그리고 2005년 12월에 환자의 세포에서 핵을 떼어내어 줄기세포를 복제했다고 발표했다.[88] 이것이 사실이라면, 줄기세포 복제를 통해서 사람의 불치병을 치료하는 길에 한 발짝 더 다가선 것이다.

그 당시 뉴스를 열심히 본 사람들은 기억하겠지만, 황우석 박사 몰락의 시작은 MBC의 〈PD수첩〉 프로그램이었다. 취재진이 복제된 줄기세포 2개를 얻어다 DNA 분석을 의뢰했는데, 체세포의 DNA와 염기서열이 일치하지 않았다는 내용이 방송됐다. 다들 기억하는 것처럼, 한동안 사회가 시끄러웠다. 비주류 학자를 음해하는 국내 및 외국 세력이 단군 이래 최고의 과학자를 제거하려 한다는 황우석 지지파의 논리에서부터, 정치적인 과학자가 결국 스스로의 몰락을 초래했다는 반대파까지, 모두들 양편으로 갈라져서 핏대를 세우는 것 같았다. 서울대 연구처장이 황우석 지지자들에게 머리채를 잡히며 폭행을 당하는 사태까지 발생했다.

논문이 문제가 되는 경우가 외국에서도 종종 있는데, 지도 교수가 의도적으로 조작을 지시했는지, 아니면 지도교수 모르게 연구원이 조작했는지가 자주 쟁점이 된다. 그런데 황우석 박사의 연구원이 미국에서 "지도 교수의 지시로 결과를 조작했다"는 증언을 하면서 칼날이 모두 황우석 교수에게 향했다. 결국 인간 줄기세포에 관한 논문들은 〈사이언스〉에서 취소되었고, 황우석 박사는 서울대에서 쫓겨났다. 연구비 유용 문제와 불법으로 난자를 취득한 것을 혐의로 법정에 세워졌다. 황 박사는 이렇게 퇴출되었다.

핵치환 기술이 한 시대를 풍미했는데, 지금은 또 다른 방법이 개발되어 전 세계적으로 각광받고 있다. 체세포를 떼어 그 안에 전사 인자들을 적당히 넣어서 세포의 프로그램을 바꾸는 전략이다. 일본의 야마나카 신야(山中 伸弥) 박사가 혜성처럼 나타나서 2007년 연구 결과를 발표했고, 전 세계 과학자들의 갈채를 받으며 2012년 노벨 생리의학상을 수상했다. 그는 미국 유학 중 생쥐 유전자 조작 기술을 배운 후, 태아 줄기세포에만 발현되는 유전자를 연구했다. 그러다가 일반 체세포를 태아 줄기세포로 바꿀 수 있는 방법이 있는지 알아보기 시작했다.

야마나카 박사는 학생을 시켜 체세포에 각종 전사 인자들을 넣도록 했다. 전사 인자는 유전자 발현을 조절해서 세포의 운명을 바꿀 수 있으니, 그중에는 체세포를 줄기세포로 만들 능력이 있는 것도 있으리라 생각한 것이다. 결국 c-Myc, Oct3/4, Sox2, Klf4라는 이름을 가진 4개의 특정 전사 인자를 동시에 넣었을 때, 체세포가 줄기세포로 바뀌는 것을 발견했다. 체세포 핵치환 실험을 하던 과학자들이 이 결과를 보고 야마나카의 방법을 쓰기 시작했다. 체세포의 운명을 다시 줄기세포로 바꾸어 놓는, 소위 세포의 프로그램을 다시 바꾸어 놓는다는 '리프로그래밍' 작업을 해서 늙고 망가진 세포를 대체하려는 노력이 한창 진행 중이다.

물론 현실적으로 응용하기에는 문제들이 남아 있다. 일단 줄기세포로 변환하는 확률이 아직 무척 낮고, 또 어렵게 생겨난 줄기세포들이 필요한 세포로 효율적으로 잘 분화하지 못한다고 한다. 만약 이들을 뇌세포로 분화시켜 우리 몸에 넣는다고 해도, 그 세포들이 뇌의 적당한 위치에 가서 붙을까? 적당한 위치에 붙더라도, 제대로 기능할까? 아직 이 방법을 실용화하기까지 넘어야 할 장벽이 많이 남아 있다.

과학계를 들뜨게 만든 야마나카 교수가 자신의 업적을 설명하는 말이 걸작이다. 야마나카는 그의 학생에게 전사 인자를 하나씩 넣으라고 지시했는데, 만약 학생이 자신의 말을 잘 들었다면 줄기세포 리프로그래밍 기술은 안 나왔을 것이라고 그는 말했다. 자신이 노벨상을 타게 된 이유가 전사 인자 4가지 조합을 동시에 넣는 미친 듯한 실험을 한 학생 덕분인데, 자신의 공이라면 이를 말리지 않은 것밖에 없다고 이야기한다. 노벨상 수상자 중에 이렇게 겸손한 사람은 처음 봤다.

줄기세포에는 태아 줄기세포 외에도 성체 줄기세포가 있다. 주로 죽는 세포가 많은 조직에 성체 줄기세포들이 중요한 역할을 한다. 죽어 없어지는 만큼 새로운 세포를 탄생시켜야 하기 때문이다. 그런데, 아무 세포나 분열해서 죽은 세포를 대체하지는 않는다. 피부나 위장의 점막 같은 세포층에는 맨 아래에 작고 특화된 줄기세포가 있는데, 이들이 분열하고 분화해서 필요한 모든 세포를 만들어 낸다. 또 혈액에 있는 많은 종류의 세포들은, 혈액 줄기세포가 분열하고 분화해서 생긴 것이다. 줄기세포가 분열해서 생기는 두 개의 세포 중 하나는 줄기세포가 된다. 그리고 다른 하나가 필요한 피부 세포 또는 점막 세포를 만들기 위해 분화한다. 최소한 하나는 줄기세포가 되니 성체 줄기세포의 숫자를 유지할 수 있다.

건강한 태아 줄기세포는 인체의 그 어느 세포로도 분화 가능한 만능성(pluripotency)이 있지만, 성체 줄기세포는 그 조직에 있는 몇 가지 세포로만 분화할 수 있는 다능성(multipotency)밖에 없다. 즉 피부 줄기세포는 피부 세포만 만들 수 있으니, 이를 떼어다가 췌장 세포를 만들 수는 없는 것이다. 만약 줄기세포를 이용해 늙은 조직을 고치는 방법이 개발되더라도, 피부 줄기세포로는 피부만을 재생시킬 수 있고, 혈액 줄기세포는 혈액만을 재생시킬 수 있겠다.

노화를 막는 전략에는 여러 가지가 있다. 세포가 망가지는 것을 방지할 수도 있고, 이미 망가진 세포들을 빨리 없애버리고 새로운 세포를 만들어 대체하는 방법도 있다. 줄기세포가 제 역할만 잘 해준다면, 우리 피부나 소화 기관, 머리카락 등의 세포는 얼마든지 재생할 수 있다. 하루에도 무수히 많은 세포들이 죽고, 또 그만큼 새로운 세포들이 줄기세포로부터 생겨난다. 그런데, 문제는 성체 줄기세포들도 늙어간다는 것이다. 나이가 들면서 새 세포를 만들어내는 능력이 줄어든다. 성체 줄기세포가 늙는 이유는 여느 세포들과 비슷하다. 14, 15장에서 보았듯이 활성산소의 양을 제대로 억제하지 못하면, 세포가 손상되면서 노화가 촉진된다. 줄기세포도 마찬가지이다.

관련 연구들을 보면, 실제로 나이가 들면서 혈액 줄기세포에서 감지되는 활성산소의 양이 많아진다고 한다.[89] 또한 활성산소를 억제하는 효소를 없애버린 실험동물들에서는, 혈액 생성에 문제가 생겼다고 한다.[90] 18장에서 자세히 살펴본 말단소체의 길이가, 나이가 듦에 따라 성체 줄기세포에서 짧아진다는 연구도 있다.[91] 그뿐만이 아니다. 햇빛에 의한 DNA 손상도 노화를 촉진하는 무시 못할 요소인데, 역시 연구자들이 혈액 줄기세포를 자세히 들여다본 결과, 늙은 줄기세포일수록 DNA 손상의 증거가 많았다.[92] 우리 피부가 햇빛에 민감하다는 것은 널리 알려진 사실인데, 피부 세포들이 모두 줄기세포가 분화해서 나오니, 햇빛이 줄기세포를 노화시킨다는 결론 도출이 가능하다. 그 외에도 나이가 들면서 줄기세포의 단백질 접기 능력이 감소하고, 미토콘드리아의 기능에 장애가 온다는 보고도 여럿 나와 있다.

결국 줄기세포가 늙으면 여러 가지 기능 장애가 온다는 이야기다. 일부 기능이 떨어진 성체 줄기세포는, 죽거나 또는 완전히 분화되어 더 이상 줄기세포 역할을 하지 않는다. 그래서 늙은 조직을 관찰해 보면, 성체 줄기세포의 숫자가 적다. 이렇다 보니 세포를 새로 만들어낼 능력이 줄어든다. 그리고 나이 든 조직은 조금씩 문제를 일으킨다. 혈액 줄기세포의 경우 전체 숫자가 줄지는 않지만, 분화되는 세포들의 성질이 달라진다. 백혈구 분화가 줄어들고 다른 종류의 세포 분화가 늘어난다.

어느 날 아버지께서 내게 전화를 하셔서 다음과 같은 질문을
하셨다.

> "싱싱한 줄기세포를 이식해서 늙고 망가진 조직을 고칠 수
> 있느냐? 폐에 이상이 있는 노인들이 일본의 병원에 치료를
> 받으러 가서, 폐에 줄기세포 주사를 맞는 시술을 하고
> 온단다. 그런데 주사 맞은 사람들 얘기를 들어 보면, 숨쉬는
> 것도 편해졌고 효과가 있다고 한다. 근거 있는 이야기냐?"

여기에 대한 나의 대답은 대략 다음과 같다.

현재 미국 과학자와 의사들 사이에서 '효과가 있다'
고 공인된 줄기세포 시술법은 아직까지 혈액 줄기세포 이식
정도다. 예를 들어, 백혈병 환자를 치료하기 위해서, 방사선
치료로 기존 혈액 세포를 모두 죽인다. 혈액 세포가 없어졌으
니 새로운 혈액 세포로 대체해야 하는데, 그 목적으로 건강한
사람의 골수를 이식한다. 이렇게 되면 그 골수에 있는 혈액
줄기세포가 분열과 분화를 통해 다시 건강한 혈액 세포를 만
들어 낸다. 성공률이 상당히 높은 치료법이며, 이미 오랫동안
실용화된 방법이다.

이 밖에도 아직까지 그 효과가 '공인'되지는 않았

지만 의사들이 시술하는 줄기세포 치료법들이 있다. 예를 들면 무릎 연골이 상한 사람들이 줄기세포 시술을 받는 경우가 있다. 뼈와 연골 세포를 만드는 줄기세포를 중간엽 줄기세포(mesenchymal stem cell)라 부르는데, 이 세포들도 골수에 있다. 그래서 이를 시술하는 의사는 골수 세포를 주사기로 빼내서 관절에 주입한다. 주사를 맞고 효과가 있다고 느끼는 사람들도 있다는데, 미국 식품의약국에서는 이 치료법이 효과가 있다는 것을 인정하지 않기 때문에 승인하지 않고 있다.

그러면 왜 어떤 사람들은 일본과 중국에 가서 줄기세포 시술을 받는가? 그것은 줄기세포 시술에 관한 법률이 나라마다 다르기 때문이다. 한국과 미국은 줄기세포 시술에 대한 규제가 비교적 엄격한 반면, 일본과 중국은 상대적으로 너그럽다. 한국과 미국에서는 줄기세포를 빼내서 세포 배양을 하거나 특별한 조작을 한 후, 이를 다시 인체에 주입하면 불법이다. 조작 과정에서 줄기세포가 암과 같은 위험 세포로 변할 수 있다고 생각하기 때문이다. 그래서 허용된 줄기세포 시술법은 골수에서 빼자마자 다시 주입하는 시술법 정도로, 세포를 원심분리기에 돌리는 정도의 조작만 허용된다.

태아 줄기세포를 이용한 시술법이 아직 요원한 이유는, 이 세포들을 쓰려면 상당히 많은 조작을 거쳐야 하기 때문이다. 세포를 배양해야 하는 것은 물론이고, 여기에 성장

인자 또는 화학 물질을 처리해야 하니, 한국이나 미국 법으로는 아직 허용되지 않는다. 한국인이나 미국인이 외국에 가서 시술을 받는 이유는, 자국 법으로 허용이 안 되는 조작된 세포를 주입하기 위해서다. 부작용에 대한 리스크를 감수하는 것이다. 줄기세포 시술 말고는 희망이 전혀 보이지 않는 질병으로 고통받는 경우라면, 더 이상 잃을 것 없다고 느끼는 환자들이 한 번쯤 생각해 보는 방법이다.

제 3 부

20

젊은 피가
좋은가

몸속 물질 중에서 우리에게 중요한 것을 꼽으라 하면 '피'가 빠질 수 없다. "우리는 한 핏줄이다"라는 말은 핏속에 우리의 정체성이 들어있다는 것처럼 들린다. "나의 몸엔 민주주의의 피가 흐른다"는 말에는, 우리의 정신이 핏속에 있다는 뜻이 내포돼 있다. 피를 보고 현기증을 느끼거나 기절하는 사람들도 꽤 있고, 또 공포 영화에서 피가 빠질 수 없으니, 피는 공포의 상징이기도 하다. 이렇듯 다양한 의미를 지니는 피는 오래 전부터 과학자들의 연구 대상이었다. 1600년대 초반, 영국이 조그마한 섬나라에서 세계적인 강대국의 반열에 올랐던 그 시절의 피에 대한 연구 이야기부터 소개한다.

엘리자베스 1세 여왕이 군림하던 시기 영국은 대단한 나라였다. 무적 스페인 함대를 물리치면서 나라의 위상이 한순간에 바뀌었다. 생활의 여유가 생겨 극장에 가는 사람들이 많아지면서 셰익스피어라는 전무후무한 극작가도 등장하고, 취미로 과학을 하는 사람들도 많아진 시기였다. 그래서 런던에서는 과학 하는 사람들의 클럽 로열소사이어티(Royal Society, 왕립학회)가 생겼다. 당대 천재 과학자와 동네 괴짜들이 모여 토론을 하고 공개 실험을 하는 장이었다.

　　　　　로열소사이어티 건물 옆에 미치광이 노숙자가 살았다. 과학자 한 명이 "미치광이 노숙자가 이상한 행동을 하는 것은 그의 피 때문이다"라고 주장했다. 그런데 로열소사이어티에서 모두를 수긍하게 하려면, 가설을 실험으로 검증해야 했다. 그래서 그는 미치광이 노숙자에게 몇 기니의 돈을 쥐여 주고 실험 대상으로 고용했다. 그리고 그의 몸에 순한 동물인 양의 피를 주입하기 시작했다. 난폭한 미치광이에게 순한 동물의 영혼이 내재하는 피를 주입하면 미치광이가 점차 양처럼 순하게 변할 것이라 생각했고, 죽지 않을 정도로만 피를 주입했는데 별다른 효과를 보지 못했다.

　　　　　그 실험 가설이 재미있다고 생각한 당대의 천재 물리 화학자 로버트 보일(Robert Boyle)이 나섰다. 보일은 그 과학자가 실험을 잘못했다고 하면서, 강아지 피 주입 실험을 했다. 개의 종류에 따라 어떤 개들은 양몰이를 잘하고, 어떤 개들은 용감하며, 어떤 개들은 친근하지만 겁이 많다. 강아지들에게 서로 다른 성질의 피를 주입했지만, 이 실험 역시 효과를 보지 못했다고 한다.

영국에서의 피 주입 실험은 별다른 효과를 보지 못했지만, 1860년대 프랑스에서 비슷한 생각을 한 사람이 다시 나타났다. 폴 베르(Paul Bert)라는 사람이 쥐 두 마리의 살을 뜯어낸 후, 상처 난 부위를 서로 맞대어 실로 꿰매서 둘을 붙여 버렸다. 쥐가 서로 붙은 채로 상처가 아물기 시작하자, 모세 혈관들이 서로 연결되었다(그림 31). 혈액 순환계가 서로 연결되었는지 확인하기 위해 한쪽 쥐에 액체를 주사하고 다른 쪽 쥐까지 그 액체가 퍼지는 것을 확인하였다.[93]

이런 미치광이 같은 실험이 성공했다고 알려지자, 다른 과학자들도 쥐 접합 수술을 시도하기 시작했다. 그리고 접합 수술을 더 잘할 수 있는 방법이 속속 논문으로 발표되었다.[94] 이러한 접합 수술을 이용해서 궁금했던 현상들을 규명하는 연구 결과도 나타났다. 예를 들어 충치가 생기는 이유가 입 속의 당분 때문이 아니라 혈액 속의 포도당이 많아 생기는 간접 효과라는 주장이 있었는데, 이 주장이 틀렸음을 입증하기 위해 과학자들은 쥐 접합 수술을 했다. 그리고 한쪽 쥐에게만 당분을 많이 먹였다. 두 쥐 모두 혈액 속 포도당 농도가 높아졌지만, 당분을 직접 먹은 쥐만이 충치가 생겼다.[95]

적게 먹는 것이 노화를 늦춘다는 사실을 밝혀 유명해진 코넬대학교의 클라이브 맥케이(Clive McCay) 박사도, 이런 분위기 속에서 쥐 접합 수술에 관심을 갖게 됐다. 젊은 쥐와 늙은 쥐들의 혈관 계통을 접합해서 9개월에서 18개월가량 키웠더니, 늙은 쥐들의 뼈가 무게나 밀도에 있어서 접합된 젊은 쥐와 비슷해졌다는 결과를 발표했다.[96] 1972년에는 캘리포니아 주립대에서 비슷한 실험을 했는데, 접합 실험 후 늙은

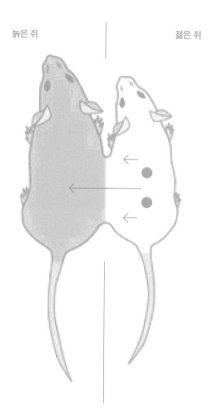

늙은 쥐   젊은 쥐

그림
—
31

늙은 쥐와 젊은 쥐의 접합 모습

쥐들이 대조군에 비해 5개월가량 오래 산다는 결과를 발표했다.[97] 피에 우리 영혼이 담겨 있다고 믿는 사람이 많던 차에, 젊은 피에 우리를 회춘시킬 수 있는 신비로운 힘이 있다는 것을 보여줬으니 많은 사람들의 시선을 끌었다.

　　그런데 쥐 접합 수술이 점차 사라졌다. 동물 학대 반대 운동이 퍼지면서 쥐 접합 수술에 대한 좋지 않은 시선도 늘고, 분자생물학이 점차 발전하면서 쥐를 접합시키는 실험은 너무 원시적이라는 시각도 생겨났을 것이다. 그러면서 쥐 접합은 1980년대 이후 한동안 종적을 감췄다.

스탠포드대학교의 어빙 와이스먼(Irving Weissman) 교수는 혈액 줄기세포를 발견한 것으로 유명하다. 그는 고등학생 시절 미국 몬태나의 시골 마을에 살면서 면역 거부 반응을 연구하는 병리학 실험실에서 일한 적이 있었다. 그는 그곳에서 지도 교수의 지시로 쥐 두 마리를 접합하는 수술을 할 기회가 있었다. 그는 한 마리에 주사한 형광 물질이 접합된 다른 쥐 안으로 흘러 들어가는 것을 관찰하며 감명했는데, 그래서인지 과학자가 되어서는 혈액을 연구했다.

　　와이스먼의 명성이 자자하다 보니, 그의 실험실에 온갖 인재들이 모여들었다. 1999년에는 에이미 웨이저스(Amy Wagers)가 와서 박사후 과정을 밟았다. 그녀는 혈액 줄기세포들이 몸 안에서 어떻게 움직이는지 연구하겠다고 지원했다.

와이스먼은 고등학생 시절의 실험을 떠올리면서, 쥐 접합 수술로 실험할 것을 제안했다. 혈액 줄기세포가 형광색을 띠게 유전자 조작을 하고 나서, 접합된 쥐에 넣어서 이동경로를 살펴보라는 것이었다. 그리고 얼마 지나지 않아 성공적으로 실험을 수행했다. 최신 분자생물학과 쥐 접합이라는 기이한 실험을 융합해서 쓴 논문에 사람들이 관심을 표했고, 이러한 논문을 두 편[98] 발표한 이후 웨이저스는 하버드 의과대학에 교수로 취직했다.

쥐 접합 수술이 다시 등장하자, 이를 읽고 관심을 표하기 시작한 사람들도 나타났다. 그중에는 스탠포드대학교 교수 토마스 랜도(Thomas Rando) 밑에서 박사후 과정을 하던 이리나 콘보이(Irina Conboy)와 마이클 콘보이(Michael Conboy) 부부도 있었다. "몸의 모든 세포들이 비슷한 속도로 늙잖아요. 무엇인가 세포 밖에서 노화 속도를 조절하는 것이 아닐지 생각 중이었어요. 그러다가 쥐 접합 실험에 대해 처음 듣게 되었지요. 우리가 궁금해하던 것에 답을 줄 수 있는 실험이라 생각했죠!"[99] 이들은 웨이저스 박사를 찾아가 쥐 접합 수술법을 배웠다. 그리고 젊은 쥐와 늙은 쥐들의 혈관을 연결했다. 5주 만에 늙은 쥐들의 근육과 간 기능이 향상되었고, 늙은 쥐의 근육 줄기세포가 젊은 쥐처럼 다시 분열하는 것을 관찰했다.[100]
　　하버드에서 교수 생활을 시작한 웨이저스도 노화

연구로 방향을 전환하고는 비슷한 결론의 논문을 연이어 발표했다. 2013년 말 늙은 쥐에게 젊은 피를 수혈했더니 심장 기능이 향상되었다는 논문을 발표했다. 생쥐는 나이가 들수록 세포 크기가 커지는데, 세포 크기가 커지는 만큼 그 세포의 기능은 떨어진다. 그런데 이런 심장 세포를 젊은 생쥐의 피에서 배양하면 그 크기가 작게 유지된다고 한다.[101] 곧이어, 젊은 쥐의 피가 늙은 쥐의 손상된 척추를 낫게 하는 데에 도움이 된다는 논문,[102] 이어 젊은 피가 늙은 쥐의 후각 신경 줄기세포의 분열을 촉진한다는 논문도 나왔다.[103]

스탠포드대학교 교수 토니 와이스-코레이(Tony Wyss-Coray)도 이 분야에 뛰어들었다. 젊은 쥐의 피가 늙은 쥐의 신경 세포를 성장시키는 현상을 발견했다. 그는 쥐를 통째로 접합하지 않고, 그저 젊은 피를 원심분리기에 돌린 후 가라앉은 세포들은 버리고 윗부분에 떠있는 단백질 등 영양분만 추출해서 실험했다. 이 성분을 혈장이라고 한다. 젊은 피의 혈장을 늙은 쥐에 주사했더니, 신경 세포가 다시 성장함을 밝혔다. 혈장 안에 무언가 신비한 효능을 지닌 물질이 있다고 확인하는 순간이었다. 그리고 늙은 쥐의 기억력도 더 좋아졌다.[104]

말도 못하는 생쥐의 기억력을 어떻게 테스트할까? 생쥐는 수영은 할 줄 알지만, 물을 싫어한다. 이 특성을 이용하는 것이다. 먼저 조그마한 수영장을 만들고 그곳을 뿌연 물로 채운다. 그 수영장의 일정 부분에는 얕아서 생쥐들이 쉬어 갈 수 있는 지점이 있다. 몇 번 물에 빠지고 나면 똑똑한 쥐들은 그 지점이 어디인지 기억하고 곧바로 그리로 수영해 간다. 늙은 쥐는 젊은 쥐에 비해 물이 얕은 지점이 어디였는지 기억하는 속도가 느리다. 와이스-코레이 연구팀은 젊은 쥐에게 늙은 쥐의 혈장을 주입하면 젊은 쥐의 기억 속도가 느려지고, 반대로 늙은 쥐에게 젊은 쥐의 혈장을 수혈하면 늙은 쥐의 기억력이 향상되는 것을 발견했다.

젊은 피가 우리 몸을 회춘시킬 수 있다는 사실을 알았으니, 당연히 신약을 개발해서 돈을 벌겠다는 이들이 나타났다. 홍콩의 한 회사가 와이스-코레이의 논문을 보고 접근해 왔다. 회사 사주의 가족 중에 알츠하이머병을 앓고 있는 사람이 있는데 혈장 주사를 맞고 상태가 잠시 호전됐다는 이야기를 하면서, 돈을 댈 테니 젊은 혈장을 이용한 치료법을 개발하자고 했다.

와이스-코레이는 우리 몸을 젊게 만드는 혈장을 만들기 위해 스탠포드대학교 옆에 알카헤스트(Alkahest)라는 이름의 회사를 설립했고, 현재 50세 이상의 알츠하이머병 환자들을 대상으로 30세 이하의 사람들에게서 뽑은 혈장을 주입하는 실험을 진행 중이다. 회사는 1차 임상 시험을 통해 혈장 주사가 인체에 유해하지 않다는 결론을 내면서 이를 논문으로 발표한 바 있다. 2차 임상 시험까지 했는데, 혈장 주사가 유해하지 않다는 점은 좋았으나 알츠하이머병을 호전시키지도 않는다는 중간 결과는 실망스러웠다.

회사는 조금 다른 혈장을 개발해서 효과를 보겠다면서 다시 투자자 모집에 열심이다. 물론 이런 연구는 알츠하이머병을 앓는 수많은 환자들에게 희망을 가져다주지만, 혈장 주사 실험에 우려를 표하는 사람도 많다. 일단 미국 식품의약국에서는 2019년 이러한 혈장 주사 요법에 '주의'하라고 공식적으로 말했다. 금지하는 것에서는 한 발 물러선 입장이지만 혈장을 잘못 주사했을 경우 폐 손상 및 급작스러운 알레르기 반응이 나타날 수 있다고 한다.

미국 식품의학국의 발표에 알카헤스트 사장은 다음과 같이 답변했다.

> "그와 같은 염려에 대해서는 잘 알고 있습니다. 벌써 백만 번 이상 사람에게 피와 혈장을 주사하는 실험을 했습니다. 안전 수칙을 잘 따르고 있기 때문에 지금까지 아무 문제가 없었음을 강조합니다."

미국 식품의약국은 자신의 세포를 특별한 조작없이 자기 자신에게 다시 주입하는 시술법은 문제삼지 않는다. 혈장을 농축하기 위해 원심분리기에 돌리는 것까지는 허용된다. 그리고 자기 피를 자신에게 다시 주사하니, 부작용이 없다. 요즘 운동선수들 사이에 하도 인기가 치솟다 보니 실제로 효능이 있는지 연구한 논문들이 있는데, 의견이 분분하다. 아킬레스건에 문제가 있는 환자들에게 혈장을 주사했을 때, 물을 주입한 대조군과 차이가 없었다는 논문에서부터,[105] 혈장 주사가 팔꿈치 통증에 도움을 주기는 하지만, 혈장보다는 원심분리하지 않은 피가 더 효과적이라는 연구 결과도 있다.[106] 만약 다른 젊은 사람의 피를 수혈하면 혈소판들이 더 싱싱할 테니, 효과가 더 좋지 않을까? 어딘가에서 이런 실험을 이미 하는 중일 수도 있을 것이다.

캘리포니아의 한 회사는 노인들에게 젊은 혈장 주입 임상 시험에 참여하게 해 주겠다는 조건으로 일인당 8천 달러씩 받아 지탄의 대상이 되기도 했다. 효과도 검증되지 않은 요법을 제대로 된 안전 조치도 없이 시행하는, 임상 시험을 가장한 돈벌이 행위였다. 결국 회사는 문을 닫았지만 그 회사 창업자는 또 다른 회사를 세워서 비슷한 사업을 이어가고 있다니 돈에 눈이 먼 사업가들이 만들어 놓은 세상이 요지경이다.

혈장 주사가 위험할 수 있는 이유는 혈장 속 400여 가지의 단백질 안에 피를 응고시키거나 면역 반응을 일으키는 성분이 있을 수 있기 때문이다. 그렇다면 혈장 속에서 효능이 있는 성분을 찾아내 정제하면 이러한 문제를 해결할 수 있을까? 약을 개발하겠다는 사람들은 이러한 생각으로 연구를 계속하고 있다. 하지만 논란은 계속된다. 앞서 언급한 하버드대학의 웨이저스 교수는 젊은 피 속에 많은 GDF11이라는 호르몬이 세포를 회춘시키는 효과가 있다는 논문을 발표해 이 분야 과학자들의 이목을 끌었다.[107]

하지만 곧 그 논문에 이의를 제기하는 사람들이 나타났다. 세계적인 제약 회사 노바티스의 데이비드 글라스(David Glass) 연구팀이 그중 하나다. 이들이 2015년 발표한 논문에 의하면 더욱 정밀한 방법으로 GDF11을 측정했더니 오히려 늙은 피에서 더 많은 양이 검출됐고, 이를 쥐에게 정기적으로 주사했더니 근육 회복 능력이 오히려 더 떨어졌다고 한다. GDF11이 근육의 성장을 억제하는 마이오스타틴이라는 호르몬과 대동소이하다는 결과가 계속 나왔다. 그러니 GDF11이 근육 손상을 고치는 효과가 있고 우리를 회춘시킨다는 이야기는 시간이 갈수록 공신력을 잃어갔다. 하버드 대학 연구팀에서 사용한 재료들이 잘못된 시약이었다는 이야기까지 나오면서 이 호르몬은 이제 믿을 수 없는 물질이 되었다.

이런 논란에도 불구하고 과학자들은 여전히 우리

에게 젊음을 되돌려줄 피의 성분을 열심히 찾고 있다. 급격히 증가하는 노령층에서 희망의 끈을 놓지 않기도 하지만, 또 이들을 상대로 돈을 벌고 싶어하는 투자자들이 많기 때문이다. 앞으로 정말 우리를 회춘시킬 수 있는 새로운 물질이 발견될까? 그러한 물질은 환상에 불과할까? 인슐린이나 성장 호르몬 이상으로 그 물질이 수명 연장에 효과가 있을까? 시간만이 알려줄 일이다.

SIDE
STORY
6

혈액 줄기세포의 발견

우리 혈액 속에는 수많은 세포가 떠다니는데, 이 세포들이 뼈 사이에 있는 골수와 연관되어 있다는 것이 1950년대부터 알려져 있었다.[108] 방사선을 너무 많이 쐬면 골수의 세포들이 죽는 동시에 혈액 세포가 사라진다. 그리고 이런 사람(또는 실험동물)에게 건강한 골수를 이식하면 혈액 세포가 다시 나타난다. 그렇기 때문에 빈혈이나 혈액암을 치료하기 위해 골수 이식 수술을 한다.

와이스먼 교수는 이러한 사실을 바탕으로 골수에 혈액 줄기세포가 있을 것이라고 생각했다. 혈액 세포는 혈액에서 자기들끼리 분열해서 만들어지는 것이 아니라, 골수의 줄기세포들이 분열해서 만드는 것이라 가정한 것이다. 문제는 골수 안에 여러 가지 세포들이 혼재하는데, 모양이 다 엇비슷하다는 것이다. 지금은 잘 알려진 사실이지만, 골수 안에도 만 개 중 하나의 비율로 혈액 줄기세포가 존재한다.

와이스먼 박사는 줄기세포를 찾기 위해 생화학을 활용했다. 줄기세포들이 표면에 특정 단백질을 발현할 것이라는 가정으로 이를 붙잡을 수 있는 항체를 개발하고 1988년 처음으로 혈액 줄기세포를 발견해서 발표했다.[109] 그리고 그 이후, 혈액 줄기세포들이 무슨 경로를 통해 혈액 세포들을 만들어 내는지 알아내는 데 무수히 많은 공헌을 했다. 성체 줄기세포 중에서 혈액 줄기세포들의 발생 과정이 가장 복잡한 축에 속하는데도, 와이스먼의 연구 덕택에 그 성질이 가장 잘 규명되었고 혈액 줄기세포를 이용한 치료법도 많이 발전되었다.

SIDE
STORY
7

자신의 피를 뽑아 원심분리기에 돌려서
혈장을 분리하고 자신에게 다시
주입하는 치료법은, 스포츠의학에서
널리 사용되고 있다. 유명 프로 골퍼
타이거 우즈(Tiger Woods)는 무릎이
아프다고 2008년 혈장 주사를 맞았고,
그밖에도 테니스 스타 라파엘 나달(Rafael
Nadal), 야구선수 알렉스 로드리게스(Alex
Rodriguez)와 잭 그레인키(Zack Greinke)가
이 주사를 맞았다고 알려져 있다.
운동선수들 사이에서는 '혈소판
농축 혈장 요법(Platelet Rich Plasma
therapy)'이라고 불리며, 이 요법이
효과가 있는 이유는 혈장에 혈소판이
많기 때문이라고 알려져 있다.
혈소판에 상처를 아물게 하는 물질이
많기 때문에 손상된 조직을 치유할
수 있다는 그럴듯한 논리로, 의사들이
운동선수들에게 주사를 놓는 경우가
종종 있다. 한 번 주사를 놓는 데 약 1만
달러 정도를 받는다는 이야기도 들린다.
그런데 이러한 시술법이 법적으로
문제가 되지도 않는다.

제 3 부

21세기의
건강수명

노화에 관한 과학은 그동안 눈부신 발전을 해 왔다. 그리고 그 과학 지식들이 사회에 지대한 영향을 미쳤다. 미국의 경우 평균수명이 1960년에 70세 남짓하던 것이 지금은 80세 가까이로 증가했고, 우리나라의 경우 그 증가 폭이 더 커서 1970년에 62.3세였던 것이 지금은 83.5세에 이르렀다. 물론 이렇게 증가한 것은 그동안의 과학 발전 덕택임을 아무도 부정할 수 없을 것이다.

우리가 100년 일찍 태어났다면 건강한 삶의 가장 큰 장애물로서 영양부족과 감염병을 들었을 것이다. 그렇지만 그 문제들은 20세기 초반 과학의 발전을 통해 해결되었다. 제2차 세계대전 이후 항생제가 개발되면서 폐렴과 같은 세균 감염 때문에 죽던 인구는 많이 줄어들었다. 그리고, 식량 혁명 덕분에 선진국에서는 영양실조도 찾기 어려워졌다. 대한민국의 기성세대들은 이 같은 변화를 잘 알고 있다. 1960년대에 60세의 나이로 돌아가신 나의 할아버지의 예를 보자. 그 당시 서울의 종합병원에서 내린 진단이 노환으로 인한 사망이었다. 60세 환자에게 노환이라니, 지금으로서는 상상할 수 없는 일이다. 2022년에 96세의 나이로 서거한 영국 엘리자베스 2세

여왕의 사망 원인이 노환이었다고 하니, 1960년대 의사들에게 60세 환자가 지금의 90세 환자처럼 보였던 모양이다.

식량 문제가 해결되고 지나친 영양 섭취가 건강을 위협하기 시작한 1980년대 이후에도 우리 기대수명은 꾸준히 증가해 왔다. 여기에는 여러 가지 요인이 있을 것이다. 신약 개발도 그중 하나다. 노인성 질환의 대표 역할을 하는 심혈관계 질병 치료에 쓰이는 스타틴 계통의 약들이 1980년대 이후에 개발되어 많은 사람들이 그 수혜를 받으며 노년 생활을 이어간다. 노인성 질환의 또 다른 대표 격인 당뇨병 치료제도 메트포르민을 포함해서 그동안 많은 것들이 나왔다. 사망 원인으로 심혈관계 질환과 1, 2위를 다투는 암 치료 역시 그동안 많은 발전이 있었다. 암의 원인이 되는 유전자들이 1980년대 이후 많이 발견되었고, 그 치료제들이 개발되어 일부 암의 경우는 사람들의 생존율이 많이 높아졌다.

이렇게 현대 사회에서 우리 기대수명이 늘어났지만 그와 동시에 우리 건강을 위협하는 새로운 요소들이 출현했다. 이 책에서 중점적으로 다룬 문제가 지나친 영양분 섭취로 인한 부작용이다. 이를 뒷받침하는 여러 통계가 있는데 그중 하나가 미국인들의 평균수명을 지역별로 분석한 데이터다. 미시시피, 루이지애나, 아칸소, 앨라배마, 오클라호마와 같은 남부 지역에서는 평균수명이 75세 이하이고, 서부의 캘리포니아, 워싱턴, 그리고 동부의 뉴욕, 뉴햄프셔 같은 지역은

80세에 육박한다. 평균수명이 긴 사람들이 오래 사는 뉴햄프셔와 그렇지 않은 미시시피가 다른 점은 무엇인가? 미국 주별로 사람들의 체질량 지수(BMI) 통계를 한번 살펴보자. 상대적으로 짧은 기대수명을 가진 남부의 주들에서 BMI지수가 단연 높다. 비만한 사람이 많기로 미시시피가 평균 BMI지수 1위이고, 앨라배마가 3위, 루이지애나가 4위에 올랐다. 과다한 영양 섭취가 건강을 해친다는 최근의 과학 연구 결과들과 일맥상통하는 통계이다.

한국은 어떤가? 2018년 통계청에서 발표한 자료에 의하면 서울 경기 지방의 사람들이 비교적 오래 그리고 건강하게 살고 있으며 경제적으로 낙후한 지역들의 수치가 비교적 낮았다.[110] 구체적으로 경기 분당, 그리고 서울의 서초구가 건강수명이 가장 길었으며 경남 하동, 전북 고창군이 최하위권을 형성했다. 1등과 꼴지가 무려 13.7년의 차이를 보여 사람들의 이목을 끌었다. 이 차이는 어디에서 생기는 걸까? 의료시설 때문일까? 지역에 따라 증상에 맞는 약을 제대로 처방하지 못한 탓일까? 그런 증거는 없다. 반면 각종 자료를 보면 건강수명이 긴 지역들이 바른 생활 습관에 관한 통계도 좋다는 것이 나타난다. 비만율과 반비례하는 것은 사람들의 운동량이다. 질병관리청 설문 조사 결과에 의하면 하루 30분 이상 주 5일 걷는 사람의 비율이 가장 높은 곳이 서울 송파구이다. 80% 넘는 응답자가 이 정도 운동을 한다고 응답했다. 반면 가장 낮은 곳인 경남 합천군은 2019년 전체 응답자의 14%만이 이 정도 운동을 한다고 대답했다. 이러한 통계들은 영양분, 체중 그리고 운동 습관이 건강수명과 큰 상관관계가 있다는 것을 여실히 보여준다.

하지만 대중들에게 과도한 영양분 섭취를 삼갈 것, 그리고 운동을 꾸준히 할 것을 설파하다 보면 의외로 반발하는 반응을 많이 접한다. "행복하게 사는 데 왜 귀찮게 잔소리냐", "나는 적당히 살다가 가려고 한다"는 식이다. 이런 반응의 연장선상에서 "나는 나중 일을 걱정하며 사느니 현재를 누리고 즐기겠다는" 소위 YOLO('You Only Live Once') 라는 용어도 유행했다. 젊은 세대가 자신들의 미래가 불투명하다고 생각해, 차라리 현재의 행복에 충실하자는 사고가 널리 퍼졌다는 분석이 설득력 있다.

행복하게 살겠다는데 왜 그것이 건강에 안 좋다는 것일까? 이 책의 2장에서 설명한 인류 역사 이야기에서 그 힌트를 찾을 수 있다. 우리는 1970년 이전, 즉 인류 역사의 99.95%를 먹을 것이 부족한 상태에서 진화해 왔다는 것에 주목하자. 그런 상황에서는 당연히 포도당이 많은 음식을 열렬히 찾아다니고 필요 없는 운동을 삼가는 사람들이 자연 선택된 것이다. 생존에 도움이 되는 방향으로 뇌도 덩달아 진화하니, 단 맛을 접하면 뇌에서 각종 호르몬을 분비하면서 "행복하다"고 느끼게 된 것이다. 하지만 지난 50년간 세상은 바뀌었다. 현대 사회에서 뇌가 행복하다고 느끼는 것만 따르다가는 과도한 영양 섭취의 피해를 고스란히 입을 수밖에 없다.

건강을 위해 본능을 억제하는 것이 그리 힘든 일일까? 그렇다. 우리 뇌는 영양가 높은 음식을 추구하도록 진화했기 때문에, 건강한 습관을 갖는 것에는 부단한 노력이 필요하다. 하지만 이것이 불가능한 것만은 아니다. 더 나은 미래를 준비하자는 생각은 건강 문제에만 국한된 것이 아니란 것을 상기하자. 어린 아이에게 놀고 싶은 욕구를 참고 공부 열심히 하라는 이야기, 젊은이들에게 돈 쓰고 싶은 마음을 억누르고 저축하라는 이야기, 이 모든 것들이 미래를 위해 현재의 욕구를 참아야 한다는 가치관의 연장선상에 있다.

이 책에서는 지금까지 영양 섭취와 노화의 상관관계를 이론적으로 설명하였다. 하지만 모두들 안다. 이론에 대해 왈가왈부한다고 그것이 실천으로 옮겨지지 않는다는 것을. 미국에서 『돈의 심리학』 저자로 유명한 모건 하우절(Morgan Housel)은 이 같은 현상을 다음과 같이 표현한다.

> "명문대 박사학위 받고 경제학과 수학 이론으로
> 왈가왈부하는 사람들은 뇌에서 우리 감정을 조절하는
> 물질이 분비된다는 사실을 무시하기 때문에 돈 문제에

대해 현실과 동떨어진 소리를 합니다. 경제학자 이론 얘기 들어서 빚 갚고 잘살게 됐다는 사람 봤습니까? 실제 빚과 전쟁을 하는 것은 참호 안에서 전투하는 것과 비슷해요. 뇌에서 수없이 보내는 '두려움', '공포'와 같은 신호와 씨름해야 합니다. 포기하면 망하는 것입니다. 이 사람들이 좌절하지 않고 감정을 조절할 수 있도록 도와줘야 해요. 이론 얘기하는 사람들이 간과하는 것이지요."[111]

이는 건강 문제에도 적용될 수 있는 이야기다. 운동을 안 하고, 좋지 않은 식습관을 가진 사람들이 이론을 몰라서 그러는 것은 아니다. 우리 뇌에서 이성적인 사고를 억제하는 무언가가 있기 때문이다. 어떠한 큰 계기가 있지 않는 한, 사람들은 생활 습관을 바꾸지 않는다. 평소 하지 않던 행동을 습관화하는 것은 모두에게 힘든 일이다. 조금 시도하다가 포기하기 십상이다.

　　　　이를 뇌과학 차원에서 설명하면 이렇다. 17장에서 소개했듯이 뇌가 어떤 행동을 지시하고, 또 새로운 것을 배운다는 것은 결국 신경 세포끼리 연결된 회로에 전기가 흐르면서 진행된다. 전기 신호가 잘 전달될 때 우리는 어떤 행동을 하거나 무엇을 배우는 과정을 쉽다고 느낀다. 하지만 처음 해 보는 행동이나 처음 보는 지식을 습득하는 과정에서는 이를 담당하는 뇌의 신경망에 전기 신호가 비효율적으로 흐른다. 그것을 우리 뇌는 이를 '불편하다' 내지는 '고통스럽다'고 해석한다. 너무 힘들고 고통스럽다고 느낄 때 우리 뇌는 각종 호르몬을 통해서 포기하자는 마음이 들게 한다. 새로운 시도가 거의 대부분 작심삼일로 끝나는 이유가 이 때문이다.

17장에서 소개했듯, 이 신경망 사이에 전기 신호가 전달되는 효율은 반복 학습할 때마다 증가한다. 신경 세포 사이의 틈인 시냅스의 구조가 더 효율적으로 바뀌기 때문이다. 공부를 하거나 악기를 연주한 사람들은 이를 경험으로 알고 있다. 처음 수학을 접하고 힘들어 하지 않는 사람이 얼마나 될까? 덧셈, 뺄셈을 배우고 구구단을 외워야 하는 초등학생, 방정식을 접하는 중학생, 그리고 미적분을 배우는 고등학생 시절을 떠올려 보라. 하지만 매일 조금씩 반복 학습을 할 때마다 수학이 편안해진다. 수학적 사고를 담당하는 뇌의 신경망이 더 효율적으로 전기 신호를 전달하기 때문이다. 그러면서 그것을 업으로 하겠다는 사람들이 나타난다. 매일 그 일을 하는 사람들은 더 이상 그것이 괴롭다는 생각을 하지 않는다.

새로운 생활 습관을 갖는 것도 결코 다르지 않다. 뉴욕에서 자주 교류하는 한국인 A씨의 예를 들어 보겠다. 한국에서 일류 대학을 우수한 성적으로 졸업하고, 미국의 명문대에 유학 와서 박사학위 취득 후 성공적인 학자로 일하는 사람이다. 그런데 A 씨는 나이 30대 시절부터 혈당 및 콜레스테롤 수치가 높았다. 처음에는 기준치보다 약간 높게 나왔는데,

"그 기준치라는 것은 인위적인 개념 아니냐" 하고 넘겼다. 그리고 그의 뇌가 '생활 방식을 바꾸면 힘드니 하던 대로 살아' 하는 신호를 계속 보냈다. 지극히 이성적인 사람이지만 달짝지근한 음식을 먹으며 느끼는 행복을 포기하기도 싫었다. 그렇게 살다가 나이 오십에 이르렀더니 당뇨병 증상이 나타나기 시작했다. 혈액 순환이 잘 안 돼 상처가 잘 아물지 않는 것이 확연히 보이기 시작했다. 의사를 찾아갔더니 당뇨병뿐 아니라 혈압도 높고 지방간이 심해졌다는 진단을 받았다. 그는 겁도 나고 꽤 속상했다. 술, 담배 안 하고 건실하게 살아왔는데, 술 많이 마시는 사람들이 주로 걸리는 지방간까지 있다니. 50대라면 인생의 절정기인데. 이 충격을 계기로 그는 생활 습관을 바꾸고자 노력하기 시작했다.

그는 일단 탄수화물 섭취를 줄였지만 거기서 그치지 않았다. 난생 처음 운동이라는 것을 시작했다. 그런데 운동에 소질이 없는데 어떻게 운동을 시작하나? 공부하던 시절을 되돌아보면서 하루에 조금씩이라도 매일 하자고 스스로를 달랬다. 갑자기 너무 높은 목표를 잡으면 괴로움에 포기할 가능성이 높다는 것을 그는 알고 있었다. 수학을 배울 때도 덧셈 뺄셈 곱셈 나눗셈을 수년간 반복한 후에 더 복잡한 주제로 넘어가지 않았던가? 그런 생각을 하며 앉았다 일어나기를 하루 3분씩 하는 것부터 시작했다고 한다. 허벅지 근육을 키우면 그 근육 세포가 혈중 포도당을 많이 소비한다는 인터넷 기사를 읽고 그는 이 운동을 택했다. 단 매일 빠트리지 않고 운동하는 것에 중점을 뒀다. 몇 개월간 계속하자 앉았다 일어나기 운동이 점점 편해졌다. 운동의 느낌을 지각하는 뇌의 신경 회로에서 '괴롭다'는 신호를 덜 보내기 시작한 것이다. 일 년 넘게 꾸준히 했더니 어느새 앉았다 일어나기를 한 시간 이상 할 수 있게 되었다. 반복 운동이 지루하니 요령이 생겼다. 운동을 하는 동시에 신문을 읽는 습관을 들였다. 처음에는 운동하는 동안 〈월스트리트 저널〉 읽기를 시작했다. 언젠가부터 신문을 처음부터 끝까지 읽었는데도 앉았다 일어나기를 계속할 힘이 남아서 대단한 성취감을 느꼈다. 그래서 그것을 다 읽은 다음에 〈뉴욕타임스〉를 처음부터 끝까지 읽는 수준으로 발전했다. 지금은 체력이 더 쌓여서 매일 운동하는 동안 미국 신문을 처음부터 끝까지 다 읽고 한국 신문까지 읽는 경지에 도달했다고 한다. 이제 그의 뇌에서 운동에 대한 거부감은 없어졌다. 그리고 이렇게 운동을 하니 당연히 혈당은 낮아졌고 지방간도 완전히 사라졌다. 가만히 있었으면 50대 중후반부터 온갖 잡병에 시달리며 거동이 불편한 노인이 될 뻔했는데, 하루에 조금씩 꾸준히 한다는 간단한 생각 하나 덕분에 걱정을 덜 수 있었다.

노화의 과학에 관한 대중들의 이해도가 증가하고 이를 실생활에서 실천하겠다는 사람들이 사회에 더 많아지면 우리 사회의 평균 기대수명이 훨씬 늘어날 것이다. 미국의 경우 평균 기대수명이 80세가 채 안되는 이유가 안 좋은 생활 습관을 가진 사람들이 많은 남부 몇 개 주의 통계 때문임이 데이터를 통해 여실히 드러난다. 우리나라도 서울 경기 지역의 평균 기대수명이 높은 이유 중에는 사람들 사이에서 건강한 생활 습관을 몸소 실천하는 비율이 많기 때문일 것이다. 만약 이런 생활 습관이 전국민에게 퍼진다면 당연히 평균 기대수명과 건강수명은 앞으로도 더 늘어날 것이다.

인간의 수명은 어디까지가 한계일까? 이 질문에 대한 과학자들의 의견은 서로 엇갈린다. 나는 증거가 뒷받침되는 주장만 하자는 쪽이다. 이런 관점에서, 현재까지 120년 이상 살았다는 사람들이 거의 없으니 그것이 한계라는 것이 내 추측이다. 다만 모두들 건강한 생활 습관을 실천한다면 아마도 이 한계치까지 건강하게 사는 사람들의 비율이 증가할 것이다. 현재로서는 80세까지 건강을 유지하면 복받았다고 여기는 편인데, 거기서 30~40년을 더 건강하게 지내는 시대가 온다면 큰 발전이 아닐 수 없다.

인류의 수명이 120세를 훨씬 넘길 것이라고 주장하는 과학자들도 있다. 지금의 과학으로는 입증할 수 없는 이야기지만 이러한 주장을 하는 과학자들은 '꿈을 꾸는 듯한 상상력'이 과학 발전의 원동력이라 생각한다. 이들이 '150세까지 사는 세상이 옵니다'라고 주장할 때, 그것이 가져올 사회 변화에 대해 내심 불안해하는 사람들도 많이 있을 것이다. 노화 연구의 대가 신시아 케넌 교수가 과거 한 잡지사와 인터뷰할 때 이 문제에 대해 의견을 나눴다. 여기서 그 내용을 소개하겠다.

"만약 사람들이 150세까지 사는 날이 온다고 하면,
늙어서 오는 고통이 너무 길어지지 않을까요?"

케넌 교수는 이렇게 답했다.

"저는 150세까지 살면 너무 좋을 것 같아요. 제가 연구하는
꼬마선충들을 보면 오래 살 뿐 아니라 노화 자체도
늦춰지거든요. 훌륭한 약만 개발되면 150세 노인이 지금
75세의 몸을 갖는 세상이 올지도 몰라요. 단지 오래 목숨이
붙어있는 것이 아니라, 젊고 건강한 상태를 오래 유지할 수
있는 방법을 찾고 있는 거예요."

기자가 다시 반문한다.

"그럼 이 사람들에게 연금 등 복지 혜택을 계속 제공해야
할 텐데, 그 비용을 누가 감당하나요?"

케넌 교수는 힘차게 대답한다.

"문제없어요. 왜냐하면 오래 사는 만큼 다들 오래
일할 테니까요. 그리고 만약 장수하는 알약이 개발된다
해도, 즉시 수명을 두 배로 만들지는 못할 거예요. 아마
점차적으로 효과가 있겠지요. 그래서 사회가 그 새로운
상황에 적응할 수 있는 시간적 여유도 있을 거고요. 만약
90세 노인이 생물학적으로는 40세 정도의 몸을 갖고
있다면 아마 이들에게 연금이나 복지 혜택을 주는 제도는
자취를 감추겠지요."

마지막으로 기자가 질문한다.

"그렇게 오래 살면 증손, 고손들까지 볼 텐데요?"
"얼마나 좋아요, 그 아이들과 서로 알고 지낼 수 있는 것이?
그리고 지난 50년간 과학의 발전을 보세요. 이를테면 DNA
조작 기술이 얼마나 놀랍게 발전했어요? 그러니 앞으로
50년, 100년 후의 과학은 어떻게 변해 있을까요?
오래 살면서 한번 경험해 보고 싶지 않나요?"

과연 인류가 150세까지 사는 시대가 올까? 이것은 아직 한 과
학자의 상상일 뿐이다. 그런데 케넌 교수의 이야기를 듣노라

면 모두가 건강하게 오래 사는 사회가 오는 것이 무조건 나쁘게 보이지는 않는다. 건강수명을 늘리는 이론적 토대는 많이 세워져 있다. 포기하지 않고 이를 실천하면 모두들 더 건강하고, 더 행복하게 살 수 있지 않을까 하는 것이 나의 생각이다.

에필로그

돌아가신 어머니가 살아 계실 때인 2016년 노화에 관한 나의
첫 책『불멸의 꿈』이 출판됐다. 당시 많은 지인들이 격려의
말씀을 해 주셨지만 역시 내게는 어머니의 말씀이 가장 기억에
남는다.

> "어떻게 이런 책을 썼니? 주위에서 칭찬하니 우리 아들
> 자랑스럽고 기분이 무척 좋네. 네가 이런 책을 쓸 능력이
> 되는 줄 나는 꿈에도 몰랐다!"

나 역시 내가 이런 책을 쓰리라고는 전혀 예상하지 못했다.
고등학교 시절 과학에 관심은 있었으나 생물 성적만 유독 안
좋았으니 생명과학을 업으로 하게 된 것도 정말 놀랄 일이다.
아무도 개입을 안 했다면 지금쯤 다른 일을 하고 있을 텐데,
대학 입학 원서를 준비하던 시절 어머니가 나를 이웃집에
끌고 가신 것이 내 인생에 큰 변화를 가져왔다. 연세대 의대
미생물학 교실의 이원영 교수님 댁이었는데, 이분이 반갑게
맞으시면서 생명과학에 관심 있느냐고 물으셨다. 반항기
가득했던 청소년 시절이라 솔직하게 "관심 없다"고 대답했던
기억이 난다. 그랬더니 이분이 약간 상기된 목소리로 2시간에
걸쳐 왜 생명과학이 그 어느 학문보다도 중요한지에 대해
설명했다.

"의학의 기본이 되는 생명과학이야말로 모두들 관심을
갖는 최고의 학문이다. 공학 하는 사람들은 어떻게 더 좋은
기계를 만들까 항상 고민하는데, 생명의 신비를 규명해서
공학자들에게 잘 설명하면 그 사람들도 더 나은 기계를
설계할 수 있을 것이다."

난생 처음 들어보는 진짜 과학자의 명강의였으니 어린
내 마음에 큰 영향을 미쳤다. 고교 생물학 성적이 좋지 않아
조금 주저했지만 '화학' 및 '물리학'적 접근법으로도 생명과학
연구를 한다는 말에 용기를 내서 대학에서 생화학을 공부했다.
그 이후에도 내가 살아온 길에 지대한 영향을 미친 사람들은
무수히 많았다. 대학에 가서는 열악한 환경에서 생화학 연구에
열정을 쏟던 학부 지도 교수(연세대 김유삼 교수)를 만났다.
이렇게 롤 모델이 생겼고 그분처럼 과학 연구를 하는 커리어를
쌓겠다고 마음을 먹었다. 대학 졸업 후 컬럼비아대학교에서
박사학위를 받았다. 거기에서 이 책에 소개한 에릭 캔델
교수를 만나게 됐고, 또 그의 제자인 서울대 강봉균 교수를
알게 됐다. 대학원 신입생 때 어떤 실험을 해야 할지 고민할 때
강 교수님의 조언이 내 연구 방향을 바꾸어 놓았다. "남들이
안 하는 독특한 방법을 써야 훌륭한 발견을 할 수 있어. 초파리
연구 한번 해 보지 그래?" 그래서 생물학에 소질이 없다고
화학 중심으로 공부를 해 오던 내 진로에 변화가 생겼다.

그런 연유로 컬럼비아대학에서 초파리 연구를 하던 리처드 맨(Richard Mann) 박사를 지도 교수로 삼게 되었다. 그 당시 30대였던 젊은 교수와 매일 고민하고 씨름하며 많은 것을 배웠다. 그렇게 박사학위 취득 몇 년 후 대학 교수 생활을 시작한 지도 거의 20년이 다 되어 간다.

내가 노화의 원리에 대해 본격적으로 관심을 갖게 된 것은 박사학위 취득 이후이다. 서른을 갓 넘긴 나이였으니 노화라는 주제에 공감하기에는 젊은 시기였다. 그런데 두 가지 계기 때문에 호기심이 생겼다. 첫째는 프롤로그에서도 밝혔듯이 신시아 케년 교수의 강연에 수많은 사람들이 몰리는 것을 보며, 이 분야의 과학적 발전 가능성을 목도하게 되었다. 둘째는 일반인인 아버지가 내 연구에 대해 자주 묻곤 하셨는데, 그 어떤 내용보다도 "수명이 유전자에 의해 결정됩니다"하고 말씀드리면 특별히 관심을 표하시는 것을 보며 또 다른 느낌을 받았다. 이런 경험을 하며 나는 순수한 과학적인 호기심으로 이에 관련된 연구에 발을 들이게 됐다. 건강한 생활 습관을 몸소 실천하겠다는 생각은 한참 후에야 생기게 되었다. 이 분야의 과학 문헌을 끊임없이 접하다 보니 그 중요성이 뇌에 각인된 것이다. 주위에서 만나는 다른 노화 연구자들도 비슷한 과정을 거치는 듯하다. 젊은 시절 호기심 때문에 이 분야에 들어섰다가 장년이 되면 다들 건강 전도사로 변모한다.

나는 교수로서 학생들을 가르치는 일도 하지만 내 일과에서 제일 중요한 부분은 결국 실험과 논문 집필이다. 조그마한 사실 하나를 주장하기 위해, 3~5년간 밤낮없이 실험하고 토론한 후 논문을 낸다. 그리고 동료들의 검증과 심판을 거친 후 발표를 한다. 좋은 논문이란 무엇인가? 남들이 이전에 몰랐던 새로운 것을 발견하고 보고하는 것이다. 그런데 남들이 모르는 내용을 기술하다 보니 그 내용은 이 분야를 전공하는 전문가들만이 이해할 수 있는 것이 대부분이다. 이러한 전문성이 무수히 많이 모이면서 과학계의 내러티브가 형성된다. 이 분야에 오래 몸담고 있으면서 깨달은 것이지만, 과학의 발전은 아인슈타인과 같은 슈퍼스타가 혼자 이끌어 가는 것이 아니라, 수많은 과학자들이 함께 일하고 토론과 논쟁을 거치면서 이루어진다. 획기적인 발견들도 대부분 다른 연구자들이 예전에 밝혀낸 결과를 발판 삼아 이루어지는 것이다. 이러한 연장선상에서 깨알같이 작은 결론을 내는 논문을 발표하더라도, 그 논문이 다른 과학자들에게 영향을 주고 새로운 내러티브 형성에 밀알 같은 역할을 할 수 있다는 생각으로 우리는 매일 연구에 매진한다.

약 10년 전쯤 이음 출판사 주일우 대표가 노화에 관한 글을 써 보라는 제안을 했다. 아주 전문화된 논문을 쓰는 내가 과학과 역사, 사회의 큰 흐름에 관한 책을 과연 쓸 수 있을까? 원래라면 엄두도 내지 않았을 텐데, 그때 마침 엘리슨 의학재단으로부터 노화 관련 연구를 지원받고 있었다. 그 재단에서 매년 주최하는 여름 심포지엄에는 노화와 관련한 각기 다른 분야를 연구하는 사람들이 함께 모였기에, 과학자로서 시각을 넓히는 좋은 기회가 됐다. 라파마이신이 수명을 연장한다는 주장을 열심히 하던 맷 케이벌린, 각종 동물들을 잡아다가 세포들을 분리해 내서 스트레스에 대한 내성을 연구하는 베라 고르부노바, 그리고 리처드 밀러, 프로그램에 의한 노화 이론을 열정적으로 비판하던 마틴 라프 등 이 책에 소개한 많은 과학자들이 엘리슨 재단 심포지엄을 통해 만난 사람들이다. 노화를 늦추는 약을 개발하려다 논란의 중심에 서게 된 데이비드 싱클레어 교수의 발표 장면도 그때 목격했다.

우리나라 과학계가 지난 20여 년간 눈부신 성장을 해 오다 보니 명성이 자자한 노화 전문가도 많다. 이 책의 곳곳에 구체적으로 몇몇 분들의 연구 결과를 소개하기도 했다. 노화에 관한 책을 쓰는 저자로 미국에서 활동하는 내가 가장 적합했을까? 꼭 그렇지 않을지도 모른다. 하지만 많은 과학자들은 실험실에서 특정 주제를 깊게 파는 것에 집중한다. 일반인들을 상대로 하는 책 집필에 관심이 없는 분들도 많고,

또 일반인들과의 소통을 잘하기 위해 일화를 곁들여 쓰는 일을 안 좋아할 수도 있다. 반면 과학 저널리스트 중에 이해하기 쉬운 과학 이야기를 쓰는 데에 재능 있는 사람들이 많다. 하지만, 그들은 과학이 실제 이루어지는 현장에 접근하기 어려운 면이 있을 테다. 교과서로만 과학을 접하는 학생들에게 실제 과학 현장을 생생하게 묘사하는 것도 의미 있는 일이라 생각하며 이 책을 집필하게 됐다.

엘리슨 의학재단 학회에서 배운 내용들이 기초가 됐지만, 이 책에서 소개한 내용들은 다양한 출처가 있다. 먼저 나의 직장인 뉴욕대학교의 각종 세미나 연사로 온 사람들의 명강의, 그리고 이들과 교류하며 배운 것들이 크게 도움이 됐다. 하버드대학의 스피겔만 교수가 근육 호르몬에 대해 강의한 내용, 마이클 홀 교수가 연구한 단백질과 토르 신호전달체계에 관한 내용, 신시아 케넌 교수가 발견한 꼬마선충 인슐린 신호전달체계의 효과, 야마나카 교수의 태아 줄기세포 연구 등의 내용은 이들이 뉴욕 대학을 방문하면서 내게 해 준 이야기를 바탕으로 썼다. 줄기세포를 소개하는 부분에서는 복제양 돌리에 관한 논란을 소개했는데, 그 반대 진영에 섰던 록펠러대학의 노턴 진더 교수가 이언 윌머트와 크게 논쟁하던 장면은, 뉴욕에 있는 록펠러대학에서 직접 목격했다. 더글라스 왈라스 교수가 '미토콘드리아와 노화'를 주제로 '왜 아프리카인들이 올림픽 마라톤을 항상 석권하는가'에 대해 재미있게 풀이한 내용은, 뉴욕시 인근의 콜드 스프링 하버의 심포지엄에서 접한 내용을 옮겨 보았다.

내 전공이 세포생물학이다 보니, 분자와 세포 단위의 연구를 소개하는 부분은 그동안 축적해 온 나의 학문적 경험이 반영돼 있다. 단백질이 부족할 때 세포에 신호가 가는 기작, 단백질 접기가 잘못되었을 때 세포 안에서 일어나는 일 등은 내 연구 분야다. 얼마 전까지 우리 실험실에서 박사후 과정을 하다가 울산 의과대학 교수로 자리를 옮긴 강민지 박사와 이 주제로 연구를 많이 했는데, 그 과정에서 쌓은 전문 지식이 이 책을 쓰는 데 특히 많은 도움이 됐다. 반면 영양학 관련 연구는 대중 매체 및 여러 도서들에 이미 소개된 내용을 주로 소개했다. 평소 인류의 진화 과정과 식량 혁명의 역사에 관한 책들을 즐겨 읽는데, 이 책에 그 내용을 다수 소개했다. 미국 뉴욕에서 활동하다 보니 미국인의 기대수명 통계를 책에 많이 담게 됐다. 그리고 대중 매체 중에서도 〈뉴욕타임스〉 기사들을 유독 많이 인용하는 한계를 보이게 되었는데, 그래도 이 신문이 과학계에서 평판이 괜찮은 편이고, 한국의 신문사들도 〈뉴욕타임스〉 기사를 자주 소개하는 편이니, 독자들이 너그럽게 이해해 주시길 바란다. 사람을 상대로 하는 영양학 관련 연구 내용을 나름대로 찾아 읽다 보니, 이 분야에 논란이 무척 많다는 것을 알게 되었다. 이십 년 전에는 지방질이 무조건 나쁘다고 하더니, 이제는 갑자기 동물성 지방이 그다지 나쁘지 않다는 주장이 여럿 제기되고 있는 것이 그 한 예이다. 그래서 한 가지 문헌에 의지해서 쓰지 않고, 여러 매체와 논문을 살펴보며 어느 정도 합의된 내용 중심으로 이 책에 소개했다.

무엇보다도 이 글을 쓰면서 일반인들을 상대로 과학을 쉽게 설명하고자 노력했다. '분자생물학'이니 '생화학'이 조금은 딱딱한 화학 지식을 요구하다 보니, 쓰면서 조금은 염려가 됐다. 하지만 분자, 원자, 전자는 고등학교에서 모두 배우는 개념이라는 것을 독자들에게 상기시키고 싶다. 책 여기저기에 부친과의 대화 내용을 인용하기도 했지만, 항상 질문하시고 매번 내 대답을 끝까지 이해하려 노력하셨던 아버지께 특별한 감사의 말씀을 드린다. 아들이 하는 여러 연구 중에서도 특히 노화와 관련된 내용에 많은 관심을 보이셔서, 더욱 신나서 연구를 할 수 있었다. 가족 외에도 여러 지인들과 나눈 이야기가 책 집필에 많은 도움이 됐다. 우리 대학교에서 뼈 재생을 연구하는 필립 로이히트(Philipp Leucht)교수, 화학공학 박사인 이성호 선진 뷰티사이언스 대표, 그리고 내과의사인 노태웅 박사가 여러 조언을 해 주신 것에 대해 감사드린다. 그리고 뉴욕 연방준비은행 경제학자로 활발히 활동하는 이동훈 박사님께도 감사드린다. 과학을 전공하지 않은 분이니 이분에게 먼저 책 내용을 설명해 보고, 그분이 이해하면 책에 포함시키는 전략을 썼다. 그리고 나보다 훨씬 먼저 탄수화물 섭취를 줄이는 생활을 몸소 실천해 온 아내에게 감사를 전한다. 그 덕에 지나친 탄수화물의 부작용에 대해 더 많은 관심을 갖고 공부할 수 있었다.

다른 누구보다도 나의 어머니께 감사의 말씀을 올린다. 교수라는 바쁜 본업에 더해 일반인을 대상으로 책을 한 권 쓴다는 것이 쉽게 엄두가 나는 일은 아니었다. 하지만 몇 년 전 『불멸의 꿈』을 내고 어머니께 "자랑스럽다"는 이야기를 들었던 것을 되새기며 시간을 내서 이 책을 집필했다. 어머니에게 칭찬받는 것보다 더 강한 동기 부여가 있을까? 이런 글 쓰는 작업이 보람 있다는 것을 지난 번에 여실히 확인했으니 이번 책에는 훨씬 더 많은 정성을 쏟아 부었다.

우리는 사회에서 서로 영향을 받으며 살아가는 사회적 동물이 아니었던가. 나 역시 어머니의 영향으로 이 길을 걷게 됐고, 또 수많은 과학자들과의 스치는 인연 덕에 이 책을 쓰는 중년의 과학자로 성장했다. 이제 내가 쓴 책을 통해 독자들과 또 인연을 만들었으면 한다. 독자 여러분의 사랑을 받는 책이 되었으면 하는 바람이다.

자료 출처

1

Kang, M.J., Vasudevan, D., Kang, K., Kim, K., Park, J.E., Zhang, N. Zeng, X., Neubert, T.A., Marr, M.T. 2nd, Ryoo, H.D. (2017). 4E-BP is a target of the GCN2-ATF4 pathway during Drosophila development and aging. J. *Cell Biol.* 216(1): 115-129.

2

"Celebrating the elderly with a nervous eye on Italy's future." *The New York Times,* July 17, 2013.

3

Dan Buettner (2008). *The Blue Zones: Lessons for Living Longer from the People Who've Lived the Longest.* National Geographic Books.

4

Haak, W., Lazaridis I., Patterson, N., Rohland, N., Mallick, S., Llamas, B., Brandt, G., Nordenfelt, S., Harney, E. et al. (2015). Massive migration from the steppe was a source of Indo-European languages in Europe. *Nature* 522: 207-211.

5

Reader, J. (2009). *Potato: A history of the Propitious Esculent.* New Haven: Yale University Press; Vandenbroeke, C. (1971). Cultivation and consumption of the potato in the 17th and 18th century. Acta Historiae Neerlandica 5: 15-39; Mann, C. (2011). 1493: *Uncovering the new world columbus created.* Alfred Knopf.

6

"Selected social characteristics in the United States(DP02): 2013 American community survey 1-year estimates." U.S. Cesus Bureau. Retrieved December 11, 2014.

7

Thomas Malthus (1798). *An Essay on the Principle of Population.* J. Johnson, London.

8

Charles Darwin (1859). *On the origin of species.*

9

Mark Twain (1903). *Was the world made for Man?*

10

Hu, F. B. (2013). Resolved: There is sufficient scientific evidence that decreasing sugar-sweetened beverage consumption will reduce the prevalence of obesity and obesity-related diseases. *Obes Rev.* 14(8): 606-619.

11

Buck, P. (1931). *The Good Earth.* John Day.

12

Spurling, H. (2011). *Pearl Buck in China.* Simon & Schuster.

13

Hudson, R.A. (1993). Peru: A Country Study. Federal Research Divison, Library of Congress, U.S. G.P.O. pp 31-34.

14

Melillo, E.D. (2011). The first green revolution: debt peonage and the making of the nitrogen fertilizer trade, 1840 – 1930. *Paper at five-college history seminar,* Amherst College, Feb. 11

15

Daniel Charles (2005). *Master Mind: The rise and fall of Fritz Haber, the Nobel Laureate who launched the age of chemical warfare.* Ecco.

16

Kohler, R. (1971). The background of Eduard Buchner's discovery of cell-free fermentation. *Journal of the History of Biology,* 4(1): 35-61.

17

Lynn Margulis and Dorion Sagan (1987). Microcosmos: *Four billion years of evolution from our microbial ancestors.* Harper Collins.

18

Walford, R.L., Harris, S.B., Gunion, M.W. (1992). The calorically restricted low-fat nutrient-dense diet in Biosphere 2 significantly lowers blood glucose, total leukocyte count, cholesterol, and blood pressure in humans. *Proc. Natl. Acad. Sci.* U.S.A. 89(23): 11533-11537.

19

Bing, F.C. (1970). Old Salvelinus Fontinalis. *Perspectives in Biology and Medicine* 13(4): 563-582.

20

Weindruch, R.H., Walford, R.L. (1982). Dietary restriction in mice beginning at 1 year of age: effect on life-span and spontaneous cancer incidence. *Science* 215(4538): 1415-1418; Weindruch, R., Gottesman, S.R., Walford, R.L. (1982). Modification of age-related immune decline in mice dietarily restricted from or after midadulthood. *Proc. Natl. Acad. Sci.* U.S.A. 79(3): 898-902.

21

Mattison, J.A., Roth, G.S., Beasley, T.M., Tilmont, E.M. et al. (2012). Impact of caloric restriction on health and survival in rhesus monkeys from the NIA study. *Nature* 489(7415): 318-321.

22

Howitz, K.T., Bitterman, K.J., Cohen, H.Y., Lamming, D.W., Lavu, S., Wood, J.G., Zipkin, R.E., Chung, P., Kisielewski, A., Zhang, L.L., Scherer, B., Sinclair, D.A. (2003). Small molecule activators of sirtuins extend Saccharomyces cerevisiae lifespan. *Nature* 425, 191-196; Wood, J.G., Rogina, B., Lavu, S., Howitz, K., Helfand, S.L., Tatar, M., Sinclair, D. (2004). Sirtuin activators mimic caloric restriction and delay ageing in metazoans. *Nature* 430(7000): 686-689.

23

Fabrizio, P., Gattazzo, C., Battistella, L., Wei, M., Cheng, C., McGrew, K., Longo, V.D. (2005). Sir2 blocks extreme life-span extension. *Cell* 123(4): 655-667.

24

Bernett, C., Valentini, S., Cabreiro, F., Goss, M., Somogyvari, M., Piper, M.D., Hoddinott, M. et al. (2011). Absence of effects of Sir2 over-expression on lifespan in C. elegans and Drosophila. *Nature* 477: 482-485.

25

Viswanathan and Guarente (2011) *Nature* 477: E1-2.

26

Elton, C. (2019). Has Harvard's David Sinclaire found the fountain of youth? *Boston Magazine* Oct. 29. Issue.

27

Harper et al. (2007). Skin-derived fibroblasts from long-lived species are resistant to some, but no all, lethal stresses and to the mitochondrial inhibitor rotenone. *Aging Cell* 6(1): 1-13.

28

Kirkwood (1977). Evolution of Ageing. *Nature* 270: 301-304.

29

Kim, J.H., Woo, H.R., Kim, J., Lim, P.O., Lee, I.C., Choi, S.H., Hwang, D., Nam, H.G. (2009). Trifurcate feed-forward regulation of age-dependent cell death involving miR164 in Arabidopsis. *Science* 323: 1053-1057.

30

de Araujo, I.E., Oliveira-Maia, A.J., Sotnikova, T.D., Gainetdinov, R.R., Caron, M.G., Nicolelis, M.A., Simon, S.A. (2008). Food reward in the absence of taste receptor signaling. *Neuron* 57, 930-941.

31

Dus et al. (2015). Nutrient sensor in the brain directs the action of the brain-gut axis in Drosophila. *Neuron* 87: 139-151.

32

Heitman, J., Movva, N.R., Hall, M.N. (1991). Targets for cell cycle arrest by the immunosuppressant rapamycin in yeast. *Science* 253: 905-909.

33

Kunz, J., Henriquez, R., Schneider, U., Deuter-Reinhard, M., Movva, N.R., Hall, M.N. (1993). Target of rapamycin in yeast, TOR2, is an essential phosphatidylinositol kinase homolog required for G1 progression. *Cell* 73: 585-596.

34

Sabatini, D.M. (2017). Twenty-five years of mTOR: Uncovering the link from nutrients to growth. *Proc. Natl. Acad. Sci. U.S.A.* 114(45):11818-11825.

35

Kaeberlein, M., Powers, R.W., Steffen, K.K., Westman, E.A. et al. (2005). Regulation of yeast replicative life span by TOR and Sch9 in response to nutrients. *Science* 310: 1193-1196; Powers, R.W., Kaeberlein, M., Caldwell, S.D., Kennedy B.K., Fields, S. (2006). Extension of chronological life span in yeast by decreased TOR pathway signaling. *Genes Dev.* 20(2): 174-184.

36

Easter, M. (2019). This obscure, potentially dangerous drug could stop aging. *MensHealth* July 19th.

37

Kang, M.J., Vasudevan, D., Kang, K., Kim, K., Park, J.E., Zhang, N., Zeng, X., Neubert, T.A., Marr, M.T. 2nd, Ryoo, H.D. (2017). *J. Cell Biol.* 216(1): 115-129.

38

Guevara-Aguirre, J. et al. (2011). Growth hormone receptor deficiency is associated with a major reduction in pro-aging signaling, cancer, and diabetes in humans. *Sci. Transl. Med.* 3(70): 70ra13.

39

Milman, S., Atzmon, G., Huffman, D.M., Wan, J., Crandall, J.P., Cohen, P., Barzilai, N. (2014). Low insulin-like growth factor-1 level predicts survival in humans with exceptional longevity. *Aging Cell* 13(4): 769-771.

40

Nieschlag, E., Nieschlag, S., Behre, H.M. (1993). Lifespan and testosterone. *Nature* 366, 215.

41

Paternostro, G., (1994). Longevity and testosterone. *Nature* 368, 408.

42

Hamilton, J.B., Mestler, G.E. (1969). Mortality and survival: comparison of eunuchs with intact men in a mentally retarded population. *Journal of Gerontology,* 24, 395-411.

43

Min, K.J., Lee, C.K., Park, H.N. (2012). The lifespan of Korean eunuchs. *Current Biology* 22(18): R792-793.

44

Estruch, R. et al. (2013). Primary prevention of cardiovascular disease with a mediterranean diet. *The New England Journal of Medicine* 368: 1279-1290.

45

"Mediterranean Diet Shown to Ward Off Heart Attack and Stroke". *The New York Times,* Feb 25, 2013.

46

W.C. Willett (1995). Diet, nutrition and avoidable cancer. *Environmental Health Perspect.* 103: 165-170.

47

Camerone and Pauling (1976). Supplemental ascorbate in the supportive treatment of cancer: Prolongation of survival times in terminal human cancers. *P.N.A.S.* 73: 3685-3689.

48

"George Anson, Baron Anson", Encyclopaedia Britannica, 11th ed., Vol. II, Cambridge: Cambridge University Press, 1911, pp.83-84.

49

Wood et al. (2009). Senile hair graying: H2O2-mediated oxidative stress affects human hair color by blunting methionine sulfoxide repair. *FASEB J.* 2(7):2065.

50

Gerschman et al. (1954). Oxygen poisoning and x-irradiation: a mechanism in common. *Science* 119(3097):623-626.

51

Harman (1956). Aging: a theory based on free radical and radiation chemistry. *J. of Gerontology* 11(3): 2980300.

52

Moertel et al. (1985). High-dose vitamin C versus placebo in the treatment of patients with advanced cancer who have had no prior chemotherapy. A randomized double-blind comparison. *New England Journal of Medicine* 12, 137-141.

53

Benton, E. (2022). The truth about taking NAC supplements to improve your health. *MensHealth.* May 25th.

54

Watson, J.D., Crick, F.H. (1953). Molecular structure of nucleic acids; a structure for deoxyribose nucleic acid. *Nature* 171: 737-738.

55

"Discover Interview: Lynn Margulis Says She's Not Controversial, She's Right." *Discover.* Apr, 2011.

56

Ruiz-Pesini, E., Mishmar, D., Brandon, M., Procaccio, V., Wallace, D.C. (2004). Effects of purifying and adaptive selection on regional variation in human mtDNA. *Science* 9, 223-226.

57

Gina Kolata (2016). After 'The Biggest Loser,' their bodies fought to regain weight. *New York Times.* May 2.

58

Kerns, J.C. et al. (2017). Increased physical activity associated with less weight regain six years after "The Biggest Loser" competition. *Obesity Journal Symposium.* https://doi.org/10.1002/oby.21986.

59

Endo, A. (2010). A historical perspective on the discovery of statins. *Proc. Jpn. Acad. Ser. B. Phys. Biol. Sci.* 86(5): 484-493.

60

Neill, U.S. (2014). A conversation with P. Roy Vagelos. *J. Clin. Invest.* 124(6): 2291-2292.

61

Lite, J. (2008). Statin scientist Endo, new Lasker award winner, just says "yes" to taking the drug. *Scientific American.* Sept. 15.

62

Chowdry et al. (2014). Association of dietary, circulating and supplement fatty acids with coronary risk: a systematic review and meta-analysis. *Annals of Internal Medicine* 160: 398-406.

63

Bazzano et al. (2014). Effects of low-carbohydrate and low-fat diets: A randomized trial. *Annals of Internal Medicine* 161, 309-318.

64

Mark Bittman, "Butter is Back." *The New York Times,* March 25, 2014.

65

Carey, B. (2008). H.M., an unforgettable amnesiac, dies at 82. *New York Times.* December 8th.

66

Kandel, E. (2006). *In search of memory.* Norton.

67

Van Dyck et al. (2022). Lecanemab in early Alzheimer's disease. *New England Journal of Medicine.* DOI: 10.1056/NEJMoa2212948.

68

Krishnaswamy, S. et al. (2020). Neuronally expressed anti-tau scFv prevents tauopathy-induced phenotypes in Drosophila models. *Neurobiol. Dis.* 137: 104770.

69

Morley, J.F., Morimoto, R.I. (2004). Regultion of longevity in Caenorhabditis elegans by heat shock factor and molecular chaperones. *Mol. Biol. Cell* 15(2): 657-664.

70

Taylor, R.C., Dillin, A. (2013). XBP-1 is a cell-nonautonomous regulator of stress resistance and longevity. *Cell* 153(7): 1435-1447.

71

Ngandu, T. et al. (2015). A 2 year multidomain intervention of diet, exercise, cognitive training, and vascular risk monitoring versus control to prevent cognitive decline in at-risk elderly people (FINGER): a randomized controlled trial. *Lancet* 385, (9984): 2255-2263.

72

Edwards et al. (2017). Speed of processing training results in lower risk of dementia. *Alzheimer's & Dementia.* 3(4): 603-611.

73

Brady, T. (2020). *The TB12 method: how to do what you love, better and for longer.* Simon & Schuster.

74

Davis, S. (2019). Tom Brady uses brain exercises designed for people with brain impairments and it blew away the scientists who created them. *Business Insider.* Jan.19th.

75

Hayflick, L. (1965). "The limited in vitro lifetime of human diploid cell strains." *Experimental Cell Research* 37, 614-636.

76

Harley, C.B., Futcher, A.B., Greider, C.W. (1990). Telomeres shorten during ageing of human fibroblasts. *Nature* 345, 458-460.

77

Kim, N.W., Piatyszek, M.A., Prowse, K.R., Harley, C.B., West, M.D. et al. (1994). Specific association of human telomerase activity with immortal cells and cancer. *Science* 266, 2011-2015.

78

"Immortality Enzyme Is Discovered in Many Types of Cancer." *The New York Times,* December 27, 1994.

79

Blasco, M.A., Lee, H.W., Hande, M.P., Samper, E., Landsdorp, P.M., DePinho, R.A., Greider, C.W. (1997). Telomere shortening and tumor formation by mouse cells lacking telomerase RNA. *Cell* 91(1): 25-34.

80

Lee, H.W., Blasco, M.A., Gottlieb, G.J., Horner, J.W., Greider, C.W., DePinho, R.A. (1998). Essential role of mouse telomerase in highly proliferative organs. *Nature* 392(6676): 569-574.

81

Tomas-Loba, et al. (2008). Telomerase reverse transcriptase delays aging in cancer-resistant mice. *Cell* 135, 609-622.

82

Joeng, K.S., Song, E.J., Lee, K.J., Lee, J. (2004). Long lifespan in worms with long telomeric DNA. *Nature Genetics,* 36, 607-611.

83

Cawthon, R.M., Smith, K.R., O'Brien, E., Sivatchenko, A., Kerber, R.A. (2003). Association between telomere length in blood and mortality in people aged 60 years or older. *Lancet* 361(9355): 393-395.

84

Wilmut, I., Schnieke, A.E., McWhir, J., Kind, A.J. et al. (1997). Viable offspring derived from fetal and adult mammalian cells. *Nature* 385: 810-813.

85

Sgaramella and Zinder (1998). Dolly confirmation. *Science* 279: 637-638.

86

Lee, B.C., Kim, M.K., Jang, G., Oh, H.J., Yuda, F., Kim, H.J., et al. (2005). Dogs cloned from adult somatic cells. *Nature* 436, 641.

87

Hwang, W.S. et al. (2004). Evidence of a pluripotent human embryonic stem cell line derived from a cloned blastocyst. *Science* 303: 1669-1674.

88

Hwang, W.S. et al. (2005). Patient-specific embryonic stem cells derived from human SCNT blastocysts. *Science* 310, 1769.

89

Jang, Y.Y., Sharkis, S. (2007). A low level of reactive oxygen species selects for primitive hematopoietic stem cells that may reside in the low-oxygen niche. *Blood* 110, 3056-3063.

90

Melov et al. (1999). Mitochondrial disease in superoxide dismutase 2 mutant mice. *Proc. Natl. Acad. Sci.* USA 96, 846-851.

91

Flores, I et al (2008). The longest telomeres: a general signature of adult stem cell compartments. *Genes and Development* 22, 654-667.

92

Beerman et al. (2014). Quiescent hematopoietic stem cells accumulate DNA damage during aging that is repaired upon entry into cell cycle. *Cell Stem Cell* 15, 37-50.

93

Bert, P. J. (1864). *Anatomie Physiologie* 1, 69-87.

94

Sauerbach, F. and Heyde, M. (1909). Weitere mitteilungen uber die parabiose bei warmbluten mit versuchen uber ileus und uramie. *Ztschr Exp. Path.* Therap. 6: 153-156; Bunster, E., Mayer, R.K. (1933). An improved method of parabiosis. *Anatomical record.* 57, 339-343.

95

Kamrin, B.B. (1954). Local and Systemic Cariogenic Effects of Refined Dextrose Solution Fed to One Animal in Parabiosis. *J. Dent. Res.* 33, 824-829.

96

Horrington, E.M., Pope, F., Lunsford, W., McCay, C.M. (1960). Age changes in the bones, blood pressure, and diseases of rats in parabiosis. *Gerontologia* 4, 21-31.

97

Ludwig, F.C., Elashoff, R.M. (1972). Mortality in syngeneic rat parabionts of different chronological age. Trans New York *Acad. Sci.* 34, 582-587.

98

Wright, D.E., Wagers, A.J., Gulati, A.P., Johnson, F.L., Weissman, I.L. (2001). Physiological migration of hematopoietic stem and progenitor cells. *Science* 294, 1933-1936; Wagers, A.J., Sherwood, R.I., Christensen, J.L., Weissman, I.L. (2002). Little evidence for developmental plasticity of adult hematopoietic stem cells. *Science* 297, 2256-2259.

99

Scudellari, M. (2015). Ageing research: Blood to blood. *Nature* 517, 426-429.

100

Conboy, I.M., Conboy, M.J., Wagers, A.J., Girma, E.R., Weissman, I.L., Rando, T.A. (2005). Rejuvenation of aged progenitor cells by exposure to a young systemic environment. *Nature* 433, 760-764.

101

Loffredo, F.S. et al. (2013). Growth differentiation factor 11 is a circulating factor that reverses age-related cardiac hypertrophy. *Cell* 153(4): 828-839.

102

Elabd, C. et al., (2014). Oxytocin is an age-specific circulating hormone that is necessary for muscle maintenance and regeneration. Nature *Commun.* 5, 4082.

103

Katsimpardi et al. (2014). Vascular and neurogenic rejuvenation of the aging mouse brain by young systemic factors. *Science* 344, 630-634.

104

Villeda et al. (2011). The ageing systemic milieu negatively regulates neurogenesis and cognitive function. *Nature* 477, 90-94; Villeda et al. (2014). Young blood reverses age-related impairments in cognitive function and synaptic plasticity in mice. *Nature* Med. 20, 659-663.

105

de Jonge et al. (2011). Platelet-rich plasma for chronic Achilles tendinopathy: a double-blind randomized controlled trial with one year follow up. *Br. J. Sports Med.* 45: e1.

106

Creany et al. (2011). Growth factor-based therapies provide additional benefit beyond physical therapy in resistant elbow tendinopathy: a prospective, single-blind, randomized trial of autologous blood injections versus platelet-rich plasma injections. *Br. J. Sports Med.* 45(12): 966-971.

107

Loffredo, F.S., et al, (2013). Growth differentiation factor 11 is a circulating factor that reverses age-related cardiac hypertrophy. *Cell* 153(4): 828-839.

108

Ford, C.E., Hamerton, J.L., Barnes, D.W.H., Loutit, J.F. (1956). Cytological Identification of Radiaton-Chimaeras. *Nature* 177, 452-454; Micklem, H.S., Loutit, J.F. (1966). *Tissue grafting and radiation,* New York Academy of Sciences Press, New York.

109

Spangrude, G.J., Heimfeld, S., Weissman, I.L. (1988). Purification and characterization of mouse hematopoietic stem cells. *Science* 241, 58-62.

110

김진구 (2018). '건강수명 1등은 '분당' 꼴지는 '하동'…13.7년차.' 헬스조선 10월 2일자.

111

Dubner, S.J. (2022). "Are personal finance gurus giving you bad advice?" Freakonomics Radio. Episode 518.

가장 큰 걱정 :
먹고 늙는 것의 과학

지은이	류형돈	처음 펴낸 날	
펴낸이	주일우	2023년 4월 3일	
편집	강지웅 · 이유나		
디자인	PL13	2쇄 펴낸 날	
마케팅	추성욱	2023년 5월 5일	

펴낸곳	이음	전자우편	
출판등록	제2005-000137호 (2005년 6월 27일)	editor@eumbooks.com	
주소	서울시 마포구 월드컵북로1길 52, 운복빌딩 3층	홈페이지	
전화	02-3141-6126	www.eumbooks.com	
팩스	02-6455-4207	인스타그램	
		@eumbooks	

ISBN 979-11-90944-93-9 03470
값 22,000원